高等院校艺术设计精品系列教材

3ds Max 动漫游戏角色设计实例教程

第2版 微课版

纪元元 李瑞森 编著

人民邮电出版社
北京

图书在版编目（CIP）数据

3ds Max动漫游戏角色设计实例教程 : 微课版 / 纪元元, 李瑞森编著. -- 2版. -- 北京 : 人民邮电出版社, 2023.9
高等院校艺术设计精品系列教材
ISBN 978-7-115-61742-2

Ⅰ. ①3… Ⅱ. ①纪… ②李… Ⅲ. ①三维动画软件－高等学校－教材 Ⅳ. ①TP391.414

中国国家版本馆CIP数据核字(2023)第079821号

内 容 提 要

本书是一本讲解3D动漫游戏角色设计与制作的专业教材，全书分为10章，具体内容包括动漫游戏美术设计概述、动漫游戏3D角色设计理论、3D角色建模基础与制作流程、人体模型的制作、角色道具模型制作、角色模型制作、动物模型制作、写实风格角色模型制作、幻想风格角色模型制作、机械类角色模型制作等。全书内容循序渐进、由浅入深，以理论讲解与实际项目操作相结合的方式来介绍3D动漫游戏角色的具体制作方法、流程和技巧，内容全面、实用。

本书既可作为高等职业院校3D动漫游戏制作课程的基础教材，也可作为对动漫游戏设计感兴趣的读者的参考书。

◆ 编　　著　纪元元　李瑞森
　责任编辑　王亚娜
　责任印制　王　郁　焦志炜
◆ 人民邮电出版社出版发行　　北京市丰台区成寿寺路11号
　邮编　100164　　电子邮件　315@ptpress.com.cn
　网址　https://www.ptpress.com.cn
　三河市君旺印务有限公司印刷
◆ 开本：787×1092　1/16
　印张：14.75　　2023年9月第2版
　字数：313千字　　2023年9月河北第1次印刷

定价：59.80元

读者服务热线：(010)81055256　印装质量热线：(010)81055316
反盗版热线：(010)81055315
广告经营许可证：京东市监广登字20170147号

前言
Preface

党的二十大报告指出，全面建设社会主义现代化国家，必须坚持中国特色社会主义文化发展道路，增强文化自信，围绕举旗帜、聚民心、育新人、兴文化、展形象建设社会主义文化强国，发展面向现代化、面向世界、面向未来的，民族的科学的大众的社会主义文化，激发全民族文化创新创造活力，增强实现中华民族伟大复兴的精神力量。动漫游戏产业作为文化产业，必须以增强中华文明传播力影响力为主旨，坚守中华文化立场，提炼展示中华文明的精神标识和文化精髓，加快构建中国话语和中国叙事体系，讲好中国故事、传播好中国声音。我国的动漫游戏产业虽然起步较晚，但近年来随着国家和政府的大力倡导和支持，其发展速度十分迅猛，国内的动漫游戏消费市场已经成为全球重要消费市场，动漫游戏产业也已成为我国重要的文化发展产业，其前景十分广阔。本书作为动漫游戏专业教材，以立德树人为根本任务，努力做到推动党的二十大精神进校园、进课堂、进头脑。

角色是构成动漫与游戏作品的重要元素，角色设计与制作也是行业初学者入门的必学课程。本书既有对于动漫游戏产业及职业的介绍，也有对3D制作软件及角色制作基础知识的讲解，更有大量实例制作项目帮助读者进行系统专业的学习。

全书分为概论篇、基础知识篇和项目实例篇3篇。概论篇包括第1章，主要对当今动漫游戏产业的发展、动漫游戏项目团队的构架、产品整体研发制作流程及动漫游戏设计师的学习规划和职业发展进行讲解；基础知识篇包括第2~4章，主要介绍3D角色的制作流程及规范要求、3ds Max的基本建模操作及贴图技术、人体模型制作的基础知识等；项目实例篇包括第5~10章，通过角色道具模型、角色模型、动物模型、写实风格角色模型、幻想风格角色模型、机械类角色模型6个完整的游戏和动漫角色模型制作项目，详细讲解3D动漫游戏角色的具体制作方法、流程和技巧。项目实例篇的各章都按照“项目分析—项目实施—项目总结—项目拓展”的模块划分，逻辑清晰，步骤详细，重点内容配有微课视频，能帮助读者顺利掌握软件操作技巧，提高实战水平。

为了帮助教师授课，本书提供书中所有实例的项目源文件，并提供图片素材、PPT课件、教学大纲等丰富的教学资源，教师可在人邮教育社区（www.ryjiaoyu.com）免费下载。

由于编者水平有限，书中难免存在疏漏和不足之处，请广大读者提出宝贵意见。

编者

2023年4月

目录
Contents

概论篇

第1章 动漫游戏美术设计概述

基础知识篇

第2章 动漫游戏3D角色设计理论

第3章 3D角色建模基础与制作流程

项目实例篇

第7章 游戏项目实例——动物模型制作

第8章 动漫项目实例——写实风格角色模型制作

第9章 动漫项目实例——幻想风格角色模型制作

第10章 动漫项目实例——机械类角色模型制作

概论篇

第1章 动漫游戏美术设计概述

知识目标：

- 了解动漫游戏美术的基本概念与风格分类；
- 了解计算机图形图像技术的发展历程；
- 熟悉游戏美术的职能划分；
- 熟悉CG动画和游戏的制作流程。

素养目标：

- 对动漫游戏美术行业有一个宏观系统的认知；
- 通过了解游戏美术职能划分，树立职业规划意识。

1.1 | 动漫游戏美术的概念与风格

动漫游戏美术是指在动漫游戏研发制作中用到的所有图像视觉元素。通俗地说，凡是动漫游戏中所能看到的一切画面都属于动漫游戏美术的范畴，包括场景、角色、植物、动物、特效、界面等。

动漫游戏作品通过画面效果传递视觉信息。如今的动漫游戏产品各具特色，其中起到决定性作用的就是动漫游戏作品的美术风格。动漫游戏项目在立项后，除了进行策划和解决技术问题，还必须决定使用何种美术形式和美术风格来表现画面效果，这需要项目组各部门共同讨论决定。

动漫作品的美术风格主要由作品的故事背景与视觉画面两方面来决定。故事背景是指动漫作品的剧本情境和基调，例如，《秦时明月》（见图1-1）是一部我国古代侠客题材的动漫作品，而宫崎骏的《千与千寻》则是一部富有日本特色的幻想风格的动漫作品，不同的故事背景决定了各具特色的美术风格。除此以外，美术设计师在设定作品的美术风格时还要考虑作品视觉画面的表现效果，通过对作品的综合考量来选择2D或3D的表现形式，例如，《秦时明月》是一部全3D的动漫作品，而《千与千寻》则是一部2D动漫作品。

· 图1-1 | 《秦时明月》

游戏作品的美术风格要与其主体规划相符，这需要美术设计师参考策划部门的意见，如果游戏策划描述该款游戏是以我国古代为背景的，美术设计师就不能将美术风格设计为西式风格或现代风格。另外，美术部门所选定的游戏风格及画面效果还要在技术能够实现的范畴之内，这需要美术部门与程序部门协调沟通。如果美术部门的想法依靠现有技术无法实现，那就是行不通的。下面简单介绍一下游戏美术风格及其分类。

首先，根据游戏题材的不同，游戏美术风格可分为幻想风格、写实风格及Q版风格。例

如，日本Falcom公司的《英雄传说》系列游戏属于幻想风格的游戏，游戏中的场景和建筑都要根据游戏世界观的设定进行具有艺术性的想象和加工处理；《使命召唤》则属于写实风格的游戏，游戏中的美术元素要参考现实生活中的环境，甚至要复制现实生活中的城市、街道和建筑来制作；而《最终幻想》系列游戏属于一种介于幻想和写实之间的独立风格。Q版风格是指对游戏中的建筑、角色和道具等美术元素的比例进行卡通艺术化的夸张处理。例如，Q版游戏角色（见图1-2）通常是4头身、3头身甚至2头身的比例，Q版建筑通常为倒三角形或倒梯形的设计。如今许多网络游戏都被设计为Q版风格，如《石器时代》《泡泡堂》《跑跑卡丁车》等，其可爱的特点能够迅速吸引众多年轻玩家。

· 图1-2｜Q版游戏角色

其次，按游戏画面类型的不同，游戏美术风格通常分为像素、2D、2.5D和3D这4种。像素风格是指由像素图像单元拼接而成的游戏画面效果。FC平台游戏基本都属于像素风格，如《超级马里奥》等。

2D风格是指采用平视或俯视角度的画面效果，其实3D游戏以外的所有游戏的画面效果都可以统称为2D风格，在3D技术出现以前的游戏都属于2D风格游戏。为了区分，这里所说的2D风格游戏是指较像素画面有大幅度提升的精细2D图像效果的游戏。

2.5D风格又称为仿3D风格，是指玩家视角与游戏场景成一定角度的固定画面效果，这一角度通常为45°。2.5D风格也是如今较为常用的游戏画面效果，很多2D类的单机游戏或者网络游戏都采用这种画面效果，如《剑侠情缘》和《大话西游》（见图1-3）等。

3D风格是指由三维软件制作出的可以随意改变游戏视角的游戏画面效果，是当今主流的游戏美术风格。现在绝大部分的Java手机游戏都属于像素风格，智能手机和网页游戏基本属于2D或2.5D风格，大型的MMO客户端网络游戏通常属于3D或2.5D风格。

随着科技的进步和技术的提升，游戏从最初的单机游戏发展为网络游戏，画面效果也从像素图像发展为如今的全3D视觉效果，但这种发展并没有遵循淘汰制的发展规律，即使在当下3D技术大行其道的网络游戏时代，像素风格和2D风格的游戏仍然占有一定的市场份额。例如，韩国NEOPLE公司研发的网络游戏《地下城与勇士》（见图1-4）就是2D风格的。国内在线人数众多的网络游戏中，有一半都是2D或2.5D风格的。

· 图1-3 | 2.5D风格的《大话西游》的画面效果

· 图1-4 | 《地下城与勇士》的游戏画面

最后，根据游戏背景的不同，游戏美术风格还可以分为西式、中式和日韩风格。西式风格是指以欧美国家为背景设计的游戏美术风格，这里所说的背景不仅指环境场景的风格，还包括游戏设定年代、世界观等游戏文化方面的内容。中式风格是指以中华传统文化为背景设计的游戏美术风格，这也是国内大多数游戏常用的游戏美术风格。日韩风格是一个笼统的概念，主要指日本和韩国游戏公司常用的游戏美术风格，它们多以幻想题材来设定游戏的世界观，并且善于将西式风格与东方文化相结合。

例如，育碧公司的单机游戏《刺客信条》和暴雪公司的《魔兽争霸》属于西式风格，大宇公司的“双剑”系列——《仙剑奇侠传》和《轩辕剑》（见图1-5）属于中式风格，韩国Eyedentity Games公司的《龙之谷》则属于日韩风格。

· 图1-5｜带有浓郁中式风格的《轩辕剑》游戏场景

1.2｜CG技术和计算机图形图像技术

计算机被誉为20世纪最伟大的人类发明之一，它使人类的生产和生活方式产生了翻天覆地的变化。计算机技术的发展极大地加快了人类文明发展的进程，动漫游戏领域更是受益于计算机技术的发展。传统的手绘动漫在引入CG（Computer Graphics，计算机图学）技术后，工作效率和表现效果都得到质的提升，计算机游戏随着计算机图形图像技术的发展逐渐升级，变得更加真实和生动。本节就从CG技术和计算机图形图像技术两方面的发展来讲解和介绍计算机技术给动漫游戏领域带来的巨大影响。

1.2.1　CG技术的发展

CG技术是用计算机作为数据到图形相互转换的原理、方法与技术。CG技术的应用范畴几乎涵盖利用计算机进行的所有视觉艺术创作活动。随着CG技术的发展，它被广泛应用于影视特效及计算机动画的制作当中。

早在20世纪70年代，CG技术就开始不断地被运用于电影的制作。1976年，电影《未来世界》中第一次出现了CG技术，但只是在电影中一台计算机的显示屏中显示了使用CG技术制作的几秒画面。

1982年，世界上第一部真正应用CG技术制作的电影诞生了——《星球大战2》。其中总共有60秒的CG特效镜头，利用CG技术模拟制作了导弹击中星球的特效。虽然时间不长，但这却是CG技术第一次在影视领域中的成功运用。在这一时期，CG技术应用的特点是：CG特效并不能连贯穿插在影片当中，而是在影片时间轴中独立出现。这主要是受到当时技术的限制。

随着CG技术的进步，人们可以应用高难度的影片裁剪技术，把CG特效和真实事物合成起来。1989年，电影《深渊》开启了CG技术应用的新时代，电影中的水生物以相当逼真的姿态出现在演员的身边（见图1-6）。直到今天，这仍是CG技术在影视领域中的主要应用方式，如《侏罗纪公园》《泰坦尼克号》《金刚》等。CG技术带来的真实感及声光效果是传统影视模型无法比拟的。

· 图1-6｜电影《深渊》中利用CG技术制作的水生物

1995年，完全利用CG技术制作的3D动画《玩具总动员》（见图1-7）上映。从此动画从传统的2D时代发展到3D时代，之后以皮克斯和梦工厂为代表的3D动画制作公司将一部部3D动画奉献在观众面前，《怪物史莱克》《冰河世纪》《功夫熊猫》《驯龙高手》等一系列3D动画都获得了巨大的成功。3D CG技术对传统的动画行业造成了冲击，如今越来越多的动画作品都选用3D CG技术进行制作。与传统的2D动画艺术形式相比，3D CG艺术形式具有3个显著的优势：①耗材成本很低，制作、修改、保存、运输和展示相对传统绘画都更简单，工作效率更高，也更合适团队作业；②如今的计算机数字技术配合压感笔和数位板已经可以模仿各种传统绘画；③CG数字作品具有无限复制和易于网络传播的特性。

· 图1-7｜第一部全CG 3D动画《玩具总动员》

进入21世纪后，影视及动画中的CG技术得到了长足的发展。2001年，电影《最终幻想》横空出世，制作公司利用全新的动作捕捉技术将真实演员的表演映射到CG虚拟角色上，实现了真人表演与虚拟角色的统一。动作捕捉技术作为CG技术的重要内容一直发展至今，除了在影视及动画领域，在计算机游戏领域同样得到了广泛的应用。另外，随着CG技术的进步，CG特效在电影中表现出惊人的真实感。制作公司为了让《最终幻想》的女主角看起来和真人无异，特地在她的脸上点缀了一些小雀斑，使她更接近于一个真实人物（见图1-8）。

· 图1-8 | 《最终幻想》中的女主角

2009年，3D电影《阿凡达》上映。影片首次运用了真3D技术，给观众带来了超乎寻常的视觉感受，这也是真3D技术在影视领域中的第一次运用。

《阿凡达》的成功，不仅让全球影迷们领略到真3D技术的影像魅力，还让人们看到3D电影市场蕴藏的无限潜力，极大地推进了全球3D电影产业的高速发展。

1.2.2 计算机图形图像技术的发展

游戏美术行业是依托于计算机图形图像技术发展起来的，而计算机图形图像技术是计算机游戏技术的核心内容，决定计算机图形图像技术发展的主要因素则是计算机硬件技术的发展。自计算机游戏诞生之日起，计算机图形图像技术经历了像素图像时代、2D图像时代与3D图像时代3个发展阶段。与此同时，游戏美术制作技术也同样经历了程序绘图时代、软件绘图时代与游戏引擎时代3个对应的阶段。下面就简单讲述一下计算机图形图像技术的发展。

1. 像素图像时代

在计算机游戏发展之初，由于受计算机硬件的限制，只能用像素显示图形画面。所谓的“像素”（Pixel），是数字图像的最小单元，即数字显示屏上的最小可寻址或可控制单位。

像素图像时代诞生了一系列优秀的游戏作品，如《创世纪》系列，国内第一批计算机用户的启蒙游戏《警察捉小偷》《掘金块》《吃豆子》，动作游戏《波斯王子》的前身《决战富士山》，大宇公司于1987年也制作了自己的第一个游戏——《屠龙战记》，这是最早的中文角色扮演游戏（Role-Playing Game，RPG）之一。

由于计算机分辨率的限制，当时的像素图形在今天看来或许更像是一种意向图形，很难分辨出它们的外观。这一时代的游戏的显著特点就是在保留完整的游戏核心玩法的前提下，尽量简化其他一切美术元素。

随着计算机硬件的发展和图像分辨率的提高，游戏画面质量相较于之前有了显著的提高，像素图形再也不是大面积色块的意向图形，而是有了更加精细的表现。

技术的提升带来的是创意的更好呈现。游戏研发者可以把更多的精力放在游戏规则和游戏内容的实现上。也正是在这个时代，不同类型的计算机游戏纷纷出现，并确立了计算机游戏的基本类型，如动作游戏（ACT）、角色扮演游戏（RPG）、冒险游戏（AVG）、策略游戏（SLG）、即时战略游戏（RTS）等，这些概念在今天也仍在使用。而这些游戏类型的经典代表作品也都是在这个时代产生的，如AVG的《猴岛小英雄》系列、《神秘岛》系列；ACT的《波斯王子》《决战富士山》《雷曼》；SLG的《三国志》系列、席德梅尔的《文明》系列（见图1-9）；RTS的开山之作——暴雪娱乐公司的《魔兽争霸》系列及后来Westwood公司的《命令与征服》系列等。

·图1-9｜席德梅尔《文明I》游戏封面

随着技术的提升，计算机游戏不再是最初仅仅遵循一个简单的规则去控制像素的单纯游戏，其制作要求更为复杂的内容设定，在规则与对象之外甚至需要剧本，这也就要求更多的图像内容来实现游戏的完整性。这时便衍生出了一个全新的职业——游戏美术设计师。

通俗地说，凡是计算机游戏中所能看到的一切图像内容的制作都属于游戏美术设计师的工作范畴，包括地形、建筑、植物、人物、动物、动画、特效、界面等的制作。随着游戏美术工作量的不断增大，游戏美术又逐渐细分为原画设定、场景制作、角色制作、动画制作、特效制作等。在1995年以前，虽然游戏美术有了如此多的细分，但总体来说，游戏美术仍是一项处理像素图像的单一工作，只不过随着图像分辨率的提高，像素图像的精细度变得越来越高。

2. 2D图像时代

1995年，微软公司的Windows 95操作系统问世。在Windows 95操作系统诞生之后，越来越多的DOS游戏陆续推出了Windows版本，越来越多的主流计算机游戏公司也相继停止了在DOS平台的游戏开发，转而投入对Windows平台中的图像技术和游戏的研发。这个转折时期的代表游戏就是暴雪娱乐公司的《暗黑破坏神》系列。之后，游戏画面日趋华丽丰富，同时更多的图像特效技术被应用到游戏当中，这时的像素图像已经精细到肉眼很难分辨其图像边缘的像素化细节的程度，最初的大面积像素色块的游戏图像被现在华丽精细的2D游戏图像所取代，2D图像时代到来。

这一时代的中文RPG也引领了国内游戏制作业的发展，从早先的《屠龙战记》开始，到1995年的《轩辕剑——枫之舞》和《仙剑奇侠传》（见图1-10）为止，国产中文RPG历经了一个前所未有的发展高峰。国内的游戏制作公司以传统武侠文化为依托，创造了一个个绚丽的神话世界，吸引了大量玩家投入其中。而其中的佼佼者《仙剑奇侠传》更是通过中华传统文化的深厚内涵、极富个性的人物、跌宕起伏的剧情和动听的音乐在玩家心目中留下难以磨灭的记忆。

拓展阅读

国产游戏的崛起

· 图1-10 | 被国内玩家喜爱的《仙剑奇侠传》

这时的游戏制作不再是仅靠程序员就能完成的工作了，游戏美术设计师的工作量日益庞大，游戏美术的分工日益细化，原画设定、场景制作、角色制作、动画制作、特效制作等游戏美术的相关岗位相继出现，并成为游戏图像开发不可或缺的重要岗位。游戏图像从程序绘图时代进入软件绘图时代，游戏美术设计师需要凭借自己深厚的美术功底和艺术修养并借助专业的二维图像绘制软件来完成游戏图像的绘制工作，真正意义上的游戏美术场景设计师由此出现，这也是最早的游戏二维场景美术设计师。以CorelDRAW为代表的像素图像绘制软件和综合型绘图软件Photoshop逐渐成为主流的游戏图像制作软件。

3. 3D图像时代

1996年，3dfx公司生产出Voodoo显卡（见图1-11），在游戏业界掀起了一场技术革命风暴，宣告3D图像时代即将到来。

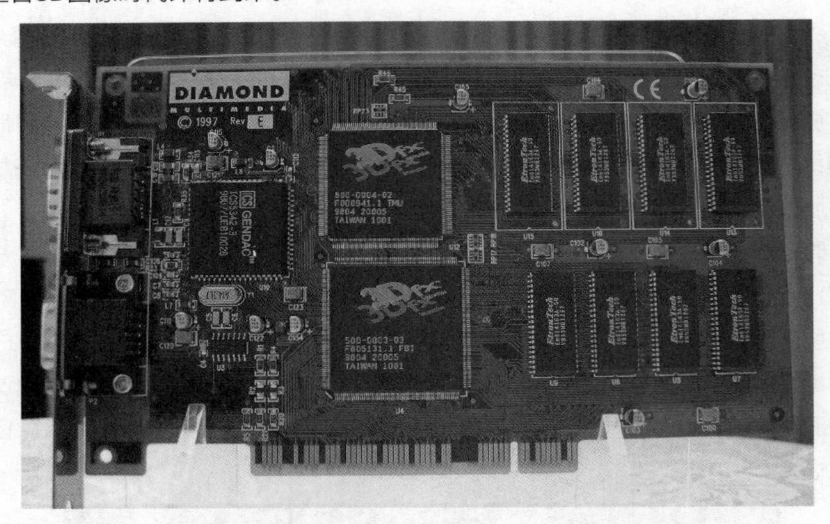

· 图1-11 | Voodoo显卡

第一款正式支持Voodoo显卡的游戏是《古墓丽影》（见图1-12），其中游戏人物的绘制用到了Voodoo 3D图形卡。在3dfx公司相继推出Voodoo2、Banshee和Voodoo3等几款广受欢迎的产品后，几乎所有的3D游戏，如《极品飞车》《雷神之锤》等都对Voodoo系列显卡进行了优化。

1996年6月，id Software公司制作的3D游戏《雷神之锤》的诞生是计算机游戏进入3D时代的一个重要标志。在《雷神之锤》里，所有的背景、人物、物品等图形都是由数量不等的多边形构成的，这是一个真正的3D虚拟世界。《雷神之锤》出色的3D图形在很大程度上得益于3dfx的Voodoo加速子卡，它让游戏画面更为流畅，色彩更加绚丽。除了3D图形，《雷神之锤》在联网方面的功能也得到了很大的加强，对战人数由过去的4人增加到16人。TCP/IP等网络协议让玩家有机会和世界各地的玩家共同对战。与此同时，id Software公司还组织了各种游戏比赛，开创了当今电子竞技运动的先河。

・图1-12｜《古墓丽影》

在《雷神之锤II》还在风靡市场的时候，Epic公司的Unreal引擎问世。Unreal引擎的应用范围不限于游戏制作，还涵盖教育、建筑等其他领域。Digital Design公司曾与联合国教科文组织的世界文化遗产分部合作，采用Unreal引擎制作出一款软件，用于巴黎圣母院的内部虚拟演示，Zen & Tao公司采用Unreal引擎为空手道选手制作过武术训练软件，Vito Miliano公司也采用Unreal引擎开发了一套名为“Unrealty”的建筑设计软件，用于房地产演示。图1-13所示为第四代Unrealty引擎标志。

・图1-13｜第四代Unrealty引擎

随着计算机游戏图像技术的不断发展，游戏引擎已经发展为一套由多个子系统共同构成的复杂系统，从建模、动画到光影、粒子特效，从物理系统、碰撞检测到文件管理、网络特性，还有专业的编辑工具和插件，几乎涵盖了游戏开发过程中的所有重要环节，这一切所构成的集合系统才是我们今天所说的真正意义上的游戏引擎。

在2D图像时代，游戏美术设计师只负责根据游戏内容的需要，设计必要的美术元素提供给程序设计师，然后由程序设计师将所有元素整合到一起，形成完整的计算机游戏。随着游戏引擎被广泛地引入游戏制作领域，计算机游戏制作流程和职能分工也逐渐发生改变。现在要制作一款3D游戏，需要更多的人员和部门进行通力协作，即使是游戏美术的制作也不再是一个部门就可以独立完成的工作。

随着游戏引擎和更多专业设计工具的出现，游戏美术设计师的职业要求表现出专业化、高端化的特点。游戏美术设计师不仅要掌握更多的专业知识与技术，还要广泛地学习与游戏设计相关的学科知识。要成为一名合格的游戏美术设计师并非一朝一夕之事，不可急于求成，需要找到合适自己的学习方法并勤于实践。

1.3 | CG动画的制作流程

CG技术的发展催生了3D动画制作行业的出现，全3D化的表现形式成了动画制作的主流方向，除此之外，CG技术也使传统2D动画制作行业产生了重大的变革。本节就分别来介绍2D动画和3D动画的制作流程。

1.3.1 2D动画的制作流程

传统2D动画的制作流程整体分为制作前期、中期和后期3个阶段，下面分别进行具体讲解。

1. 2D动画制作前期

动画制作前期是一部动画片的起步阶段，前期准备充分与否尤为重要，往往需要主创人员（编剧、导演、美术设计师、音乐编辑）就剧本的故事、剧作的结构、美术设计的风格和场景的设置、人物造型（包括演员的选取）、音乐风格等一系列问题进行反复的探讨、商榷。首先要有一部构思完整、结构出色的文学剧本；其次需要有详尽的文字分镜头脚本、完整的音乐脚本和主题曲；再次要根据文学剧本和导演的要求确定美术设计风格，设计主场景和人物造型；当美术设计风格和人物造型确定以后，最后由导演将文字分镜头脚本形象化，绘制动画分镜头脚本。

动画分镜头脚本的绘制，是由导演将文字分镜头脚本中的文字变为镜头画面，将故事和剧本视觉化、形象化，这不是简单的图解，而是一种具体的再创作（见图1-14）。动画分镜头脚本是一部动画片绘制和制作的最主要依据，中后期所有的环节都是依据动画分镜头脚本进行的，各方面都必须严格符合动画分镜头脚本的要求。

景号	画面	剧情	长度	对白
J30		镜头穿过窗户，越过驾驶员的头，推进到领队的脸部。		驾驶员：即将到达目的地上方，准备降落！ 领队：准备！
J31		救生船振动		领队：记住刚才的话！
J32		驾驶员不停地敲击控制板上的按钮。		驾驶员：急降 1200 英尺，高度 1 万 2000 英尺，机舱门打开，预备！

· 图1-14｜动画分镜头脚本

2. 2D动画制作中期

动画制作中期的主要任务是完成具体的绘制和检验等工作，包括设计稿、原画、动画和背景的绘制、检查及校对等。制作中期是一部动画片制作的关键环节，工作量较大，是人员投入最多的环节，要求参与绘制的人员具有扎实的绘画基本功和较高的艺术修养。

设计稿是将动画分镜头脚本中每个镜头的小画面放大、加工的铅笔画稿，是动画设计和绘景人员进行绘制的依据。设计稿又分为角色设计稿和背景设计稿（见图1-15）。角色设计稿需按规格画出角色在画面中的起止位置及动线，角色最主要的动态和表情，角色与背景的关系。简单镜头一般只画一张角色设计稿，复杂镜头需要画两张或两张以上的角色设计稿。动画中的背景是指动画中角色所处的环境。背景设计稿可以采用铅笔画、水彩画、水粉画、油画、国画等多种形式表现，在画纸或赛璐珞片上绘制均可。

动画制作中期的工作量巨大，工作内容复杂，人员众多，所以一个高效的、熟悉动画片制作环节的且具有责任心的制片人员是必不可少的。制片人员的任务是协调动画制作前、中、后期的工作，监督各流程及各工种的进度，并与导演和其他主创人员及后期制作人员就成本的控制与艺术、技术等问题达成一致的意见，从而确保整部动画片的制作周期和成本处于合理范围内。

· 图1-15 | 背景设计稿

3. 2D动画制作后期

动画制作后期是一部动画片的收尾阶段，其完成的质量关系到动画片的最终播放效果。制作后期的工作主要是对制作中期完成的画稿进行上色、校色，进而与背景一同进行拍摄（胶片工艺）、扫描合成（计算机工艺）并完成最终的剪辑、配音、配乐等工作。

在传统2D动画的制作过程中，制作后期通常利用胶片拍摄来完成，这与早期电影的制作原理相同，一般采用传统手工描线、上色等工艺。专职人员先将已经校对好的画稿用黑色或彩色墨水按原样描到透明胶片（赛璐珞片）上，待干后再在反面用毛笔沾上专门的动画颜料进行上色，待全部颜色干透后将赛璐珞片翻过来使用。

随着CG技术的不断完善和后期特效技术的迅猛发展，传统的手工上色和繁复的胶片拍摄已逐渐退出动画制作后期。

除此以外，CG技术的引入也使传统2D动画制作中期的流程有了很大变化。以前，背景、原画和动画都需要手工绘制，这个阶段的工作量巨大，工作内容复杂，每一集动画片大约需要绘制几千张画稿。在绘制原画和动画时，绘制人员要利用专门的透写台。透写台的下方是一个灯箱，灯箱上面覆盖着一片毛玻璃或压克力板，在将多张重叠的动画纸放在毛玻璃或压克力板上后，打开灯箱开关，此时光线会透过毛玻璃或压克力板而映射在动画纸上。这样一来，绘制人员就可以清楚地看到多张重叠的动画纸上的图像线条，从而画出它们之间的分解动作，即动画（见图1-16）。

传统的2D动画绘制不仅过程烦琐，而且会耗费大量的纸材、颜料等，同时具有不可修改等缺陷。在引入CG技术后，这一系列过程都可以通过计算机来完成，绘制人员可以利用Painter创作出各种类型的背景图像，如水粉背景、水彩背景、油画背景等；可以利用Photoshop绘制出各种人物造型；还可以通过数位板的压力感触模拟纸上作业的手感和各种笔触，极大地节省了资源和制作时间，提高了工作效率。

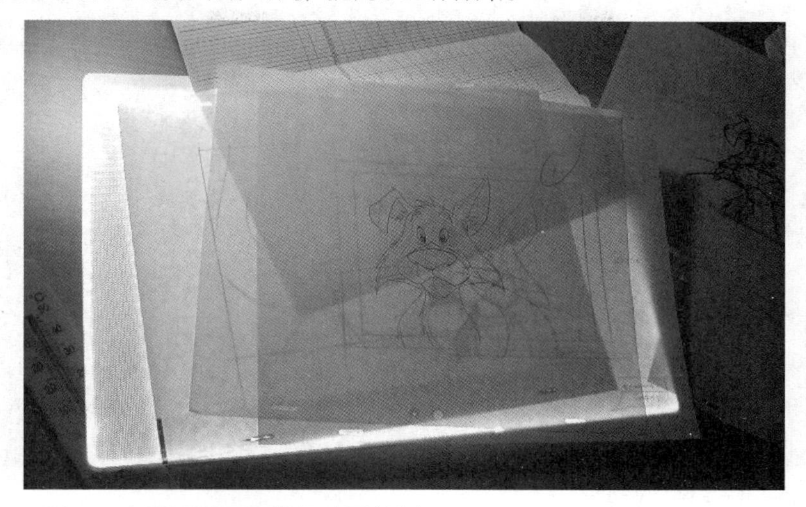

· 图1-16 | 利用透写台进行动画绘制

1.3.2 3D动画的制作流程

与2D动画相比，3D动画的整个制作流程都离不开计算机，制作中期所有的制作内容都必须依靠三维制作软件来完成，制作后期也需要通过后期处理软件来进行整体合成。但从整体来看，3D动画的整体执行与运作流程并没有完全脱离2D动画的流程框架，也分为制作前期、中期以及后期三大阶段。

1. 3D动画制作前期

在3D动画的制作前期，首先要进行项目整体策划，其中就包括完成动画片故事背景的设定及文学剧本的创作。文学剧本是动画片制作的基础，要求将文字描述视觉化，即剧本所描述的内容应可以用画面来表现，不能视觉化的文字描述（如抽象的心理描述等）是禁止出现的。然后要进行概念设计，即根据文学剧本进行资料收集和概念图设计，确定动画片的美术风格。最后进行角色造型设计和场景设计等。

角色造型设计包括人物造型、动物造型等的设计，设计内容包括角色的外形设计与动作设计。角色造型设计的要求比较严格，如一个角色要有标准造型图、转面图、结构图、比例图、道具服装分解图等（见图1-17）。设计人员可通过角色的典型动作设计来体现角色的性格，并且附以文字说明。角色造型可适当夸张，但要突出角色特征，合乎运动规律。场景设计限定了整个动画片中的景物和环境，比较严谨的场景设计包括平面图、结构分解图、色彩气氛图等，而这些图在最终呈现时通常要整合为一幅图。

·图1-17｜角色造型设计

在3D动画制作前期最重要的一个步骤就是创作动画分镜头脚本。动画分镜头脚本的形式通常为图片加文字，表达的内容包括镜头的类别和运动、构图和光影、运动方式和时间、音乐与音效等。

2．3D动画制作中期

3D动画制作中期主要是根据前期设计，在计算机中通过三维制作软件制作出动画片段，制作流程包括建模、赋予材质、赋予贴图、赋予灯光、摄影机控制、动画制作等。

建模是动画师根据前期的角色造型设计，通过三维建模软件在计算机中构建出角色模型。这是3D动画制作中很繁重的一项工作，场景中出现的角色和物体都要建模。常用的建模软件有3ds Max、Softimage、Maya等。赋予材质就是对模型赋予生动的表面特性，具体体现为物体的颜色、透明度、反光度、自发光及粗糙程度等特性。赋予贴图是指把二维图片通过软件的计算贴到三维模型上，形成表面细节和结构。赋予灯光是用三维制作软件在场景中最大限度地模拟自然界的光线和人工光线，三维制作软件中的灯光一般有泛光灯（如太阳、蜡烛等向四面发射光线的光源）和方向灯（如探照灯、电筒等照明方向单一的光源）。

在完成建模、赋予材质、赋予贴图及赋予灯光等制作工作后，动画师还需要完成3D动画故事板（见图1-18）的制作。3D动画故事板是根据剧本和动画分镜头脚本制作出的，其中包括软件中摄影机摆放位置的安排、镜头时间定制等。

之后就要开始进行摄影机控制及动画制作。摄影机控制是依照摄影原理在三维制作软件中使用摄影机工具，实现动画分镜头脚本设计的镜头效果。画面的稳定、流畅是使用摄影机工具的第一要素，摄影机工具只有在情节需要时才使用，摄影机的位置变化能使画面产生动态效果。

动画制作是根据3D动画故事板与动作设计，运用已设计的角色造型在三维制作软件中制作出一个个动画片段。动作与画面的变化通过关键帧来实现，设定动画的主要画面为关键帧，关键帧之间的过渡由计算机来完成。

· 图1-18 | 3D动画故事板

3．3D动画制作后期

在3D动画制作后期，动画师首先要将制作完成的动画片段在三维制作软件中进行渲染。渲染是指根据场景的设置、赋予物体的材质和贴图、灯光等，由三维制作软件合成一个完整的画面或一段动画。3D动画必须渲染后才能输出，渲染是由渲染器完成的，渲染器有线扫描（Line-scan）方式、光线跟踪（Ray-tracing）方式以及辐射度渲染（Radiosity）方式等，各方式的渲染质量依次递增，所需时间也依次增加。常用的3D动画渲染器有MetalRay和RenderMan等。

然后动画师通过后期处理软件将动画片段、特效等素材，按照动画分镜头脚本的设计，通过非线性编辑软件进行编辑、剪辑，如配上背景音乐、音效及各种人声等，就完成了3D动画的制作。

1.4 | 游戏的研发制作流程

随着硬件技术和软件技术的发展，计算机游戏开发设计变得越来越复杂，游戏制作再也不是以前仅凭借几个人的力量就能完成的工作，现在的游戏制作领域更加趋于团队化、系统化和复杂化。对于一款游戏的设计开发，尤其是3D游戏，动辄就要几十人的研发团队，通过细致的分工和协调的配合，才能制作出一款完整的游戏作品。所以，在进入游戏制作行业前，全面地了解游戏制作中的职能分工和制作流程是十分必要的，这对于大家日后顺利进入游戏制作公司和融入游戏研发团队都至关重要。下面就针对游戏制作公司的部门架构、游戏美术的职能画分及游戏的制作流程进行介绍。

1.4.1 游戏制作公司的部门架构

微课视频

游戏制作公司的部门架构

图1-19所示是一般游戏制作公司的部门架构图。游戏制作公司主要设有市场部、研发部和管理部三大部门。其中体系最为庞大和复杂的是研发部，它也是游戏制作公司最为核心的部门。研发部下设有测试部和制作部。根据不同的技术分工，制作部又分为企划部、美术部、程序部等，且每个部门下有更加详细的职能划分。下面就针对这些职能部门展开介绍。

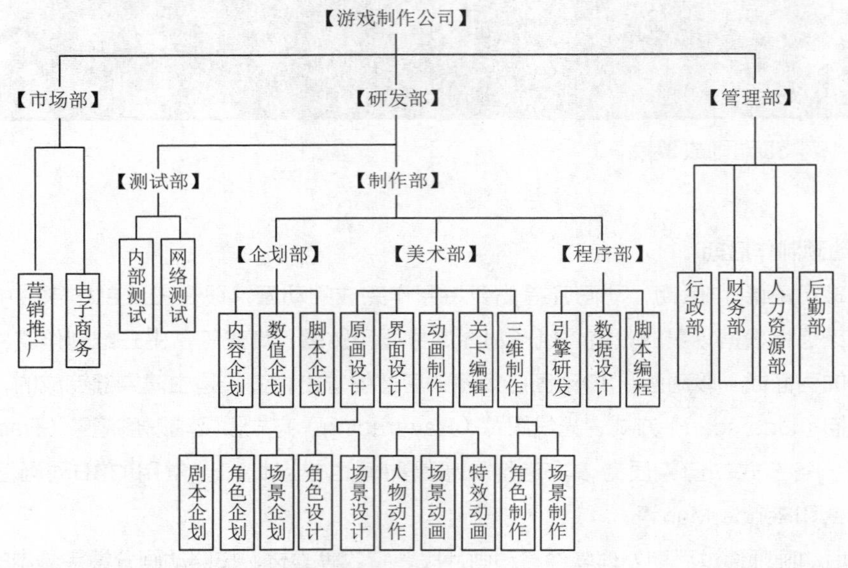

· 图1-19 | 游戏制作公司的部门架构图

1. 市场部

游戏属于文化、艺术与科技的产物。但在这之前，游戏首先作为商品而存在，这就决定了游戏离不开商业推广和市场销售，所以在游戏制作公司中，市场部是相当重要的部门。

市场部主要负责游戏产品市场数据的研究、游戏市场化的运作、广告营销推广、电子商务的开展、发行渠道的拓展及相关商业合作的开展等工作。这一系列工作的开展首先需要市场部对游戏产品深入了解，并挖掘出游戏产品的宣传点。其次市场部需要充分了解游戏产品的用户群体，抓住用户群体在心理、文化层次、消费水平等方面的特点，针对性地研究宣传推广方案，只有这样才能做到全面、成功的市场推广。

2. 研发部

游戏制作公司中的研发部是整个公司的核心部门，主要分为制作部和测试部，其中制作部集中了研发团队的主要核心力量，属于游戏制作的主体团队。制作部一般下设企划部、美术部和程序部三大部门，这种团队架构在业内被称为“三位一体”（Trinity），或者称作“三驾马车”。

企划部负责游戏整体概念的设计和内容的编写，具体工作内容包括内容企划、数值企划、脚本企划等。美术部负责游戏的视觉效果表现，具体工作内容包括角色设计、场景设计、界面设计、人物动作制作、场景动画制作、特效动画制作、关卡编辑、角色制作、场景制作等。程序部负责解决游戏内的所有技术问题，具体工作内容包括引擎研发、数据设计、脚本编程等。

游戏测试与其他程序软件的测试一样，测试的目的是发现游戏中存在的缺陷和漏洞。游戏测试需要测试人员按照产品行为描述来实施，产品行为描述除了包括游戏主体源代码和可执行程序，还包括书面的规格说明书、需求文档、产品文件或用户手册等。

测试部的工作主要包括内部测试和网络测试。内部测试是游戏制作公司专职测试员对游戏进行的测试工作，它贯穿于整个游戏的研发过程中，属于全程式智能分工。网络测试是在游戏整体研发结束后，通过招募大量网络用户来进行的半开放式测试工作，通常包括Alpha测试、Beta测试、封闭测试和公开测试4个阶段。测试部虽然没有直接参与游戏的制作，但对于游戏产品的完善却起到了功不可没的作用，测试部工作的细致程度也直接决定了游戏产品的品质。

3. 管理部

游戏制作公司中的管理部是公司基础构架的一部分，其职能与其他各类公司中的相同，管理部为公司整体的发展和运行提供了良好的保障。通常来说，管理部主要下设行政部、财务部、人力资源部、后勤部等。其中行政部主要围绕公司的整体战略方针和目标展开工作，部署公司的各项行政事务，包括公司文化管理、制定各项规章制度、对外联络、对内协调沟通、安排各项会议、管理公司文件等。财务部主要负责公司财务方面的管理，包括公司财务预算的拟定、财务预算管理、对预算执行情况进行考核、资金运作、成本控制、工资发放等。人力资源部主要依据公司的人事政策，制定并实施有关聘用、定岗、调动、解聘的制度，负责公司员工劳动合同的签订，对新员工进行公司制度培训及公司文化培训，对员工进行绩效考核等。后勤部主要负责公司各类用品的采购、管理等后勤性质的保障工作。

1.4.2 游戏美术的职能划分

1. 游戏美术原画师

游戏美术原画师是指在游戏研发阶段负责游戏美术原画设计的人员。在实际的游戏美术元素制作前，游戏美术团队中的游戏美术原画师要先根据游戏策划的文案描述进行原画设定。原画设定是对游戏整体美术风格的设定和对游戏中所有美术元素的设定。从类型上来分，游戏美术原画分为概念类原画和制作类原画。

概念类原画（见图1-20）是指游戏美术原画师根据游戏策划的文案描述进行整体美术风格和游戏环境基调设计的游戏美术原画类型。游戏美术原画师会根据游戏策划的构思和设想，对游戏中的环境、场景和角色进行创意设计和绘制，概念类原画不要求绘制得十分精细，但要综合游戏的世界观背景、游戏剧情、环境色彩、光影变化等因素，确定游戏整体的风格和基调。相对于制作类原画的精准设计，概念类原画更加笼统，这也是将其命名为概念类原画的原因。

· 图1-20 | 概念类原画

在概念类原画绘制好之后，游戏基本的美术风格就确定了，之后就进入实际的游戏美术元素制作阶段，游戏美术原画师这就需要进行制作类原画的设计和绘制。制作类原画是指对游戏中美术元素的细节进行设计和绘制的游戏美术原画类型。制作类原画又分为场景原画、角色原画（见图1-21）和道具原画，分别对游戏场景、游戏角色及游戏道具进行设定。制作类原画不仅要在整体上表现出清晰的物体结构，而且要对设计对象的细节进行详细描述，这样才能便于后期美术制作人员进行实际美术元素的制作。

· 图1-21 | 角色原画

游戏美术原画师需要具有扎实的手绘基础和出色的美术表现能力，同时能熟练运用二维美术软件对文字描述内容进行美术还原和艺术再创造。游戏美术原画师还必须具备丰富的想象力，这是因为游戏美术原画与传统的美术绘画不同，游戏美术原画并不要求对现实事物进行客观描绘，而是需要创作者在现实元素的基础上进行虚构的创作和设计。另外，游戏美术原画师还需要掌握一些游戏相关学科的基础知识。以场景原画的设计为例，如果要设计一座唐朝风格的建筑，游戏美术原画师就必须具备一定的建筑学知识和唐朝历史文化知识。

2. 二维美术设计师

二维美术设计师是指在游戏美术团队中负责平面美术元素制作的人员。这是游戏美术团队中必不可缺的职位，无论是2D游戏项目还是3D游戏项目，都必须有二维美术设计师参与制作。

通常，二维美术设计师要根据游戏策划的描述文案或者原画设定来开展工作。在2D游戏项目中，二维美术设计师主要制作游戏中的各种二维美术元素，包括游戏平面场景、游戏场景地图、角色平面形象及游戏中用到的各种2D素材。例如，在像素或2D游戏中，游戏场景地图是由一定数量的图块（Tile）拼接而成的，其原理类似于铺地板，每一块Tile中包含不同的像素图形，通过不同Tile的自由组合拼接就构成了画面中不同的美术元素。通常来说，平视或俯视类2D游戏中的Tile是矩形的，2.5D游戏中的Tile是菱形的（见图1-22），二维美术设计师的工作就是负责绘制每一块Tile，并组合制作出各种游戏场景素材。

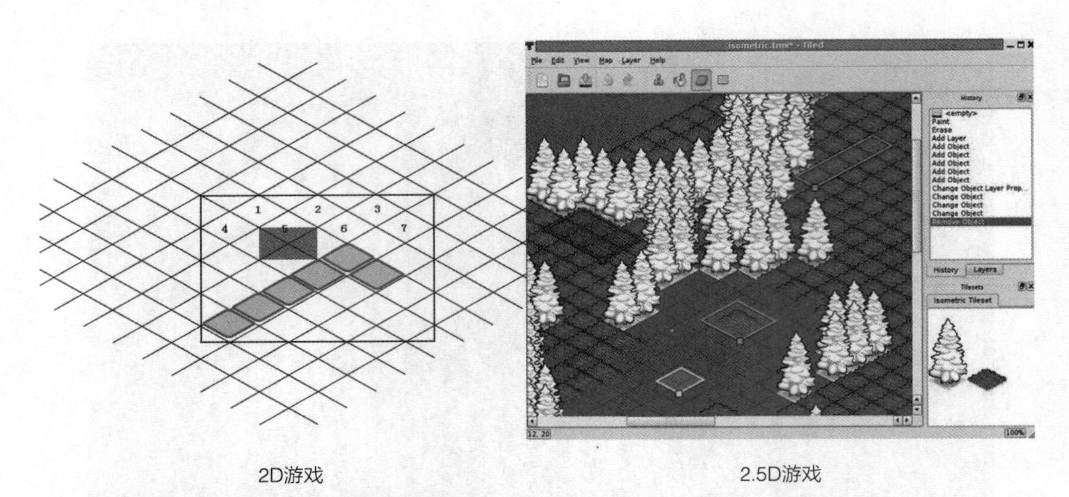

· 图1-22｜二维游戏场景地图的制作原理

而对于像素或2D游戏中的角色来说，角色的行走、奔跑、攻击等动作都是利用关键帧动画来制作的，需要二维美术设计师分别绘制出角色每一帧的姿态图片，然后将所有图片连续播放就实现了角色的运动。以角色的行走为例，二维美术设计师不仅要绘制出角色行走时的动态，还要分别绘制角色朝不同方向行走时的姿态（见图1-23）。所有动画序列中的每一个关键帧的角色素材图都是需要二维美术设计师来制作的。

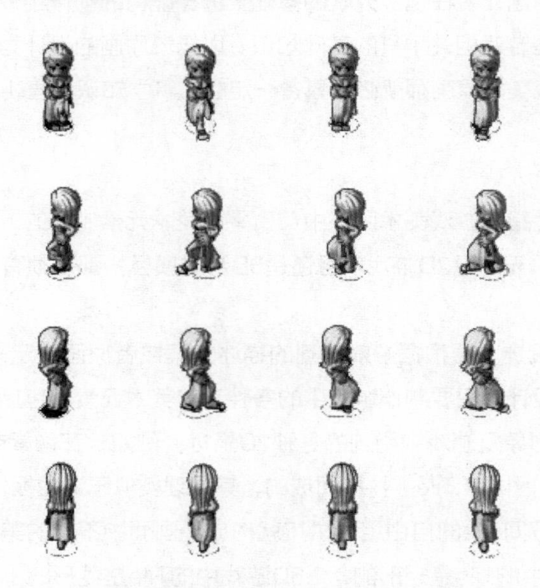

· 图1-23｜2D游戏角色行走姿态素材

在3D游戏项目中，二维美术设计师主要负责平面地图的绘制、角色平面形象的绘制及各种模型贴图的绘制（见图1-24）等。

· 图1-24 | 3D角色模型贴图

另外，游戏UI设计也是二维美术设计师重要的工作内容。用户界面（User Interface，UI）设计是指对软件的人机交互、操作逻辑、界面的整体设计。而具体到游戏制作来说，游戏UI设计通常是指游戏画面中的各种界面、窗口、图标、角色头像、游戏字体等美术元素的设计和制作（见图1-25）。出色的游戏UI设计不仅能让游戏画面变得有个性、有品质，更能让游戏的操作和人机交互过程变得舒适、简单和流畅。

· 图1-25 | 游戏UI设计

3. 三维美术设计师

三维美术设计师是指在游戏美术团队中负责三维美术元素制作的人员。三维美术设计师是在3D游戏出现后才发展出的岗位，是3D游戏开发团队中的核心制作人员。在3D游戏项目中，三维美术设计师主要负责各种三维模型的制作及角色动画的制作。

三维美术设计师最主要的工作就是对三维模型的设计制作，包括三维场景模型、三维角色模型及各种游戏道具模型等。三维模型师是三维美术设计师的重要岗位之一，负责制作游戏中需要的大量三维模型，用于充实、完善游戏的主体内容。三维美术设计师需要具备较强的专业技能，不仅要熟练掌握各种复杂的三维制作软件的操作技能，而且要有较强的美术塑形能力。图1-26所示为利用Zbrush雕刻的角色模型。专业的三维美术设计师大多都是美术雕塑系或建筑系出身的。除此之外，三维美术设计师还需要储备一些学科的基础知识，如物理学、生物学、历史学等。

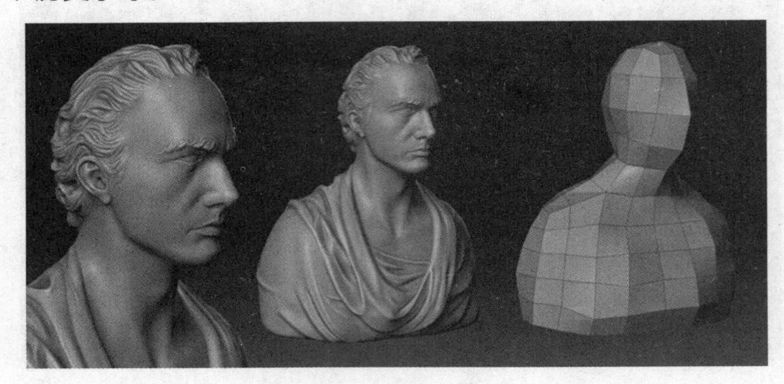

· 图1-26 | 利用Zbrush雕刻的角色模型

除了三维模型师，三维美术设计师还包括三维动画师。这里所谓的动画制作并不是指游戏片头动画或过场动画等预渲染动画内容的制作，而是指游戏中实际应用的动画内容的制作，包括角色动作和场景动画等。角色动作主要指游戏中所有角色的动作流程。游戏中的每一个角色都包含大量已经制作完成的规定套路动作，通过不同动作的衔接组合就形成了一个个具有完整能动性的游戏角色，而玩家控制的角色的动作中还包括大量人机交互内容。三维动画师的工作就是负责角色每个独立动作的调节和制作，如跑步、走路、挥剑、释放法术等（见图1-27）。场景动画主要指游戏场景中需要应用的动画内容，如流水、落叶、雾气、火焰等环境氛围动画，还包括场景中指定物体的动画效果，如门的开闭、宝箱的开启、机关的触发等。

· 图1-27 | 三维角色动作调节

4. 游戏特效美术师

游戏中的光影视觉效果都属于游戏特效的范畴。游戏特效美术师主要负责制作并丰富游戏中的各种光影视觉效果，包括角色技能特效（见图1-28）、场景光效及其他各种粒子特效等。

· 图1-28 | 游戏中角色华丽的技能特效

游戏特效美术师在游戏美术团队中有一定的特殊性，既难以将其归类于二维美术设计师，也难以将其归类于三维美术设计师。因为游戏特效的设计和制作同时涉及二维和三维美术的范畴，另外在具体制作流程上又与其他美术设计有所区别。

对于三维游戏特效制作来说，游戏特效美术师首先要利用3ds Max等三维制作软件创建出粒子系统，其次将事先制作的三维特效模型绑定到粒子系统上，再次针对粒子系统进行贴图的绘制，贴图通常要制作为带有镂空效果的Alpha贴图，有时还要制作贴图的序列帧动画，最后将制作完成的素材导入游戏引擎的特效编辑器中，对特效进行整合和细节调整。如果是制作角色技能特效，游戏特效美术师还要根据角色的动作提前设定特效产生的流程（见图1-29）。

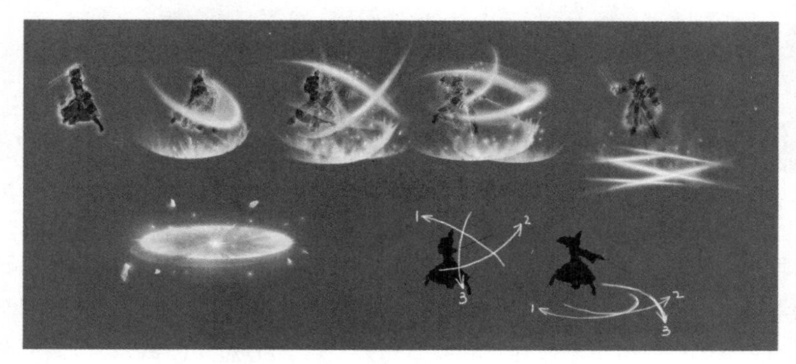

· 图1-29 | 角色技能特效设计思路和流程

游戏特效美术师不仅要掌握三维制作软件的操作技能，还要对三维粒子系统有深入研究，同时要具备出色的修图能力，掌握游戏动画的设计和制作方法。所以，游戏特效美术师是一个具有复杂性和综合性的游戏美术设计岗位，是游戏开发中非常重要的职位，同时门槛也比较高，需要从业者具备高水平的专业能力。在大型的游戏制作公司中，游戏特效美术师通常都是由具有多年制作经验的资深从业人员担当。

5. 地图编辑美术师

地图编辑美术师是指利用游戏引擎地图编辑器来编辑和制作游戏场景地图的美术设计人员，也被称为地编设计师。在成熟的3D游戏商业引擎普及之前，以及在早期的3D游戏开发中，游戏场景中所有美术资源的制作都是在三维制作软件中完成的，包括场景道具、场景建筑模型，甚至包括游戏中的山脉等都是利用模型来制作的。而一个完整的3D游戏场景包括众多的美术资源，所以用这样的方法来制作的游戏场景模型会产生数量巨大的模型面数。图1-30所示的大型山地场景用到了超过15万个模型面数，这不仅使导入游戏的过程变得十分烦琐，而且制作过程中三维制作软件也会承担巨大的负载，所以经常会出现系统崩溃、软件闪退的现象。

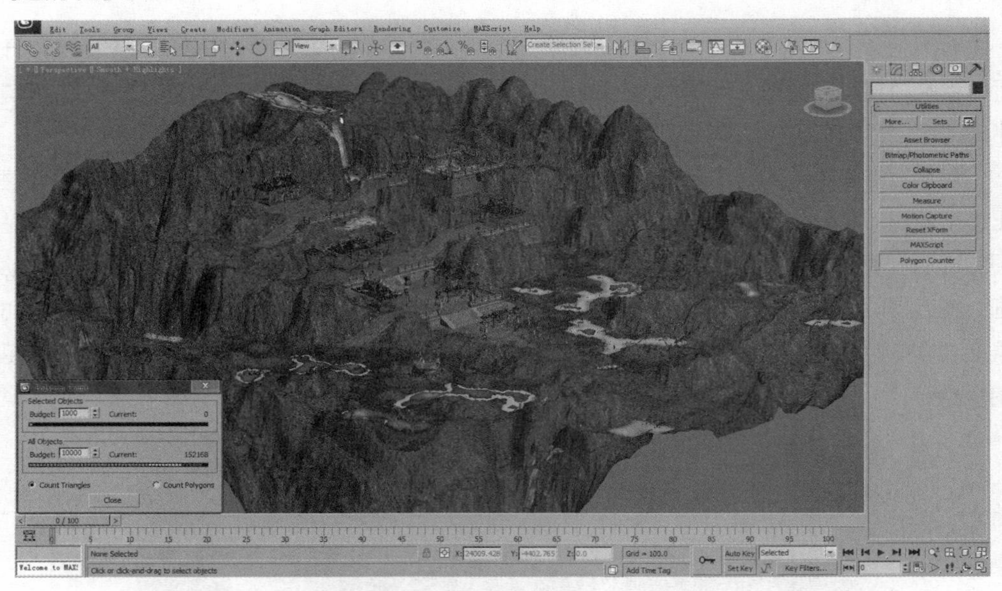

· 图1-30 | 利用三维制作软件制作的大型山地场景

在进入游戏引擎时代之后，除了山脉，水面、天空、大气、光效等很难利用三维制作软件制作的元素都可以通过游戏引擎地图编辑器来制作。尤其是野外游戏场景的制作，美术人员只需要利用三维制作软件来制作独立的模型元素，其余80%的工作都可以通过游戏引擎地图编辑器来完成。这部分工作的美术人员就是地图编辑美术师。

地图编辑美术师利用游戏引擎地图编辑器来制作游戏场景地图时主要包括以下几方面的

工作。

（1）场景地形的编辑和制作。

（2）场景模型元素的添加和导入。

（3）场景环境效果的设置，包括日光、大气、天空、水面等。

（4）场景灯光效果的添加和设置。

（5）场景特效的添加与设置。

（6）场景物体效果的设置。

其中，大量的工作时间都用在场景地形的编辑和制作上。利用游戏引擎地图编辑器制作的场景地形其实分为两大部分——地表和山体。地表是指虚拟三维空间中起伏较小的地面模型，山体则是指虚拟三维空间中起伏较大的山脉模型。地表和山体是对使用游戏引擎地图编辑器所创建的同一地形的不同区域进行编辑和制作的结果，两者是统一的整体，并不是对立存在的。

使用游戏引擎地图编辑器制作山脉的原理是将地表平面划分为若干个网格模型，然后利用笔刷进行控制，垂直拉高形成山体效果或者塌陷形成盆地效果，然后通过使用类似于Photoshop的笔刷绘制方法来对地表进行贴图、材质的绘制，最终得到自然的场景地形效果（见图1-31）。

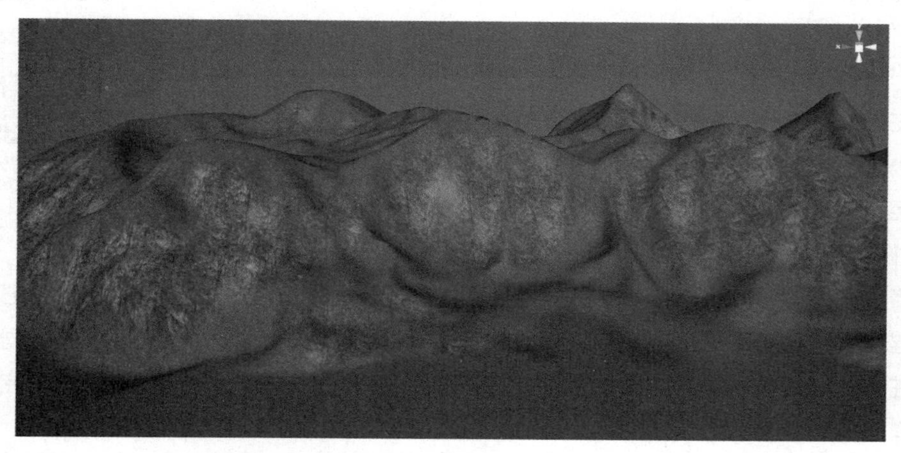

·图1-31｜利用游戏引擎地图编辑器制作的山脉

如果要制作高耸的山体往往要借助三维模型，地图编辑美术师首先制作场景中海拔较高的山体部分的三维模型，然后将该模型置于地形山体之上，两者相互配合就能实现较好的效果（见图1-32）。另外，在有些场景中地形也起到了衔接的作用，如将山体模型直接放在海水中，那么模型与水面相接的地方会非常生硬，利用起伏的地形包围住山体模型，这样山体就能与水面进行更好的衔接。

· 图1-32 | 利用三维模型制作的山体

在实际的3D游戏项目制作中，利用游戏引擎地图编辑器制作游戏场景地图的第一步是创建场景地形。场景地形是游戏场景地图制作和整合的基础，它为三维虚拟空间搭建出了具象的平台，所有的场景美术元素都要依托于这个平台来进行编辑和整合。所以，地图编辑美术师在如今的3D游戏开发团队中占有十分重要的地位。而一个出色的地图编辑美术师不仅要掌握三维场景制作的知识和技能，更要对自然环境和地理知识有深入的了解和认识，只有这样才能让制作的地图场景更加真实、自然，贴近游戏需要的效果。

1.4.3 3D游戏的制作流程

微课视频

3D游戏的制作流程

在三维软硬件技术出现以前，3D游戏的设计与开发流程相对简单，职能分工也比较单一，如图1-33所示。虽然早期的游戏制作公司与现在的游戏制作公司相同，都分为企划部、美术部、程序部三大部门，但每个部门中的工种与职能并没有进行严格细致的划分，在人力资源的分配上也比现在的游戏团队要少得多。企划部负责撰写游戏剧本和游戏内容（策划方案）的文字描述，然后交由美术部；美术部把这些文字描述制作成美术元素，并把制作完成的美术元素提供给程序部进行最后的整合，同时企划部在后期也需要提供给程序部游戏剧本和对话文字脚本等；最后程序部整合制作出完整的游戏作品。

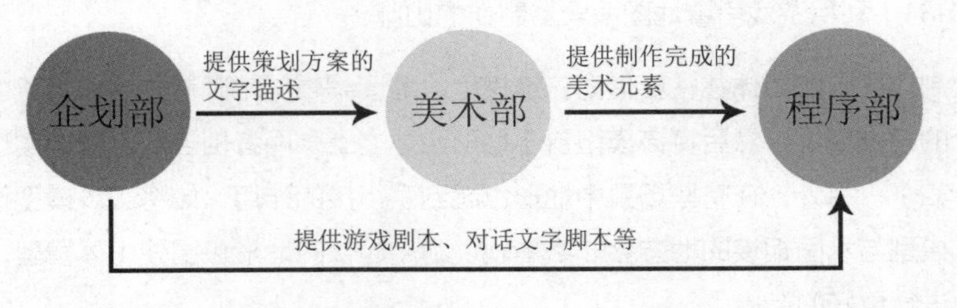

· 图1-33 | 早期的3D游戏制作流程

在这种制作流程下，企划部和美术部的工作任务基本都属于前期制作，从整个流程的中后期开始几乎都是由程序部独自承担大部分的工作，所以当时游戏设计的核心技术人员就是程序员，而计算机游戏制作研发也被看作程序员的工作领域。如果把企划部、美术部、程序部的人员配置比例假定为$a:b:c$，那么当时一定是$a<b<c$这样一种金字塔式的人员配置结构。

在3D时代，计算机游戏制作行业发生了巨大改变，特别是职能分工和制作流程都与之前有了较大的不同，主要体现在以下几个方面。

（1）职能分工更加明确细致。

（2）对制作人员的技术要求更高、更专一。

（3）整体制作流程更加先进合理。

（4）制作团队之间的配合更加默契协调。

特别是在3D游戏引擎技术诞生并被越来越多地应用到游戏制作领域后，这种变化更加明显。企划部、美术部、程序部3个部门的结构主体依然存在，但从制作流程来看，三者早已摆脱了过去单一的线性结构，而是紧紧围绕着游戏引擎这个核心展开工作，相互协调配合，完成游戏产品的开发和制作。可以说当今游戏制作的核心内容就是游戏引擎，游戏制作公司只有深入研究并开发出属于自己的强大游戏引擎，才能在日后的游戏设计研发中事半功倍。下面对目前游戏制作公司的游戏制作流程进行介绍。

1. 立项与策划阶段

立项与策划阶段是整个游戏项目实施的第一步。这个阶段大致占整个项目开发周期的20%。在一个新的游戏项目启动之前，游戏制作人必须要向公司提交一份项目可行性报告书，当这份报告书在公司管理层集体审核通过后，游戏项目才能正式被确立和启动。项目可行性报告书并不涉及游戏本身的实际研发内容，而是侧重于对商业行为的阐述，主要用来讲解游戏项目的特色、盈利模式、成本投入、资金回报等方面的内容，以对公司股东或投资者说明对此项目进行投资的意义，这与其他各种商业项目的可行性报告书的作用基本相同。

这里需要解释一下游戏制作人的概念，游戏制作人是游戏项目的主管或项目总监，是游戏制作团队的最高领导者，需要统筹管理游戏项目研发制作的方方面面。游戏制作人虽然属于公司管理层，但需要实际深入参与游戏研发，并具体负责各种技术问题的指导和解决。大多数游戏制作人都是技术人员出身，积累了丰富的项目经验，才逐渐走上这个岗位。

当项目可行性报告书审核通过后，游戏项目正式启动。接下来游戏制作人需要与游戏项目的策划总监及游戏制作团队中其他的核心研发人员开展“头脑风暴”会议，为游戏整体的初步概念进行设计和策划，包括游戏背景、视觉画面风格、游戏系统和游戏战斗机制等。通过多次会议讨论，集中针对游戏项目的各种创意，游戏制作人将带领游戏策划团队进行项目策划文档的设计和撰写。

项目策划文档不仅是整个游戏项目的内容大纲，同时涉及游戏设计与制作的各个方面，包括游戏背景设定、游戏剧情设定、角色设定、场景设定、游戏系统策划、游戏战斗机制策划、各种道具的数值设定、游戏关卡设计等。如果将游戏项目比作一个生命体，那么项目策划文档就是这个生命体的灵魂，这也间接说明了游戏策划团队在整个游戏制作团队中的重要地位和作用。图1-34所示为游戏项目立项与策划阶段的流程示意图。

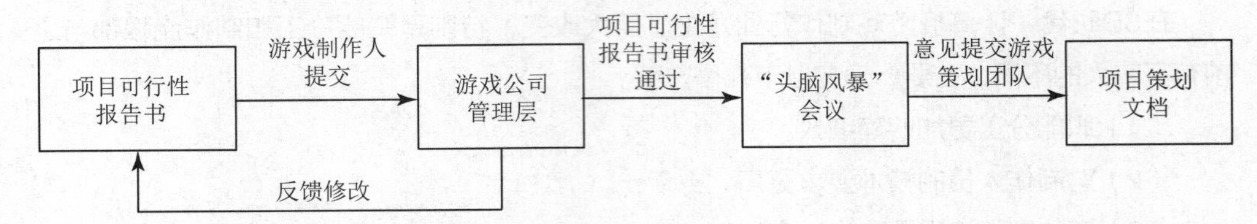

· 图1-34｜游戏项目立项与策划阶段的流程示意图

2. 前期制作阶段

前期制作阶段属于游戏项目的准备和实验阶段，这个阶段占整个项目开发周期的10%~20%。在这一阶段中会有少量的制作人员参与项目制作，虽然人员数量较少，但各部门的人员配比十分合理，因此这一阶段可以看作整体微缩化流程的研发阶段。

这一阶段的目标通常是制作一个游戏Demo。所谓游戏Demo就是指一款游戏的试玩样品。利用紧缩型的游戏制作团队来制作的游戏Demo虽然并不是完整的游戏，可能只有一个角色、一个场景或关卡，甚至只有几个怪物，但它的游戏机制和实现流程与完整的游戏基本相同，差别只在于游戏内容的多少。制作游戏Demo可以为实际游戏项目研发积累经验，游戏Demo制作完成后，后续研发就可以复制和拷贝游戏Demo的设计流程，剩下的就是大量游戏元素的制作、添加与游戏内容的扩充。

前期制作阶段还需要完成以下几个任务。

（1）研发团队的组织与人员安排

这里所说的并不是参与游戏Demo制作的人员，而是整个实际游戏项目研发团队的人员配置。在前期制作阶段，游戏制作人需要对研发团队进行合理和严谨的规划，为之后进入实质性研发阶段做准备，具体内容包括研发团队的初步建设、各部门人员数量的配置、具体员工的职能分配等。

（2）制订详尽的项目研发计划

这也是需要游戏制作人完成的任务，项目研发计划包括研发团队的配置、项目研发日程规划、项目任务的分配、项目阶段性目标的确定等。项目研发计划与项目策划文档相辅相成，从内外两方面来规范和保障游戏项目的推进。

（3）确定游戏的美术风格

在游戏Demo的制作过程中，游戏制作人需要与项目美术总监及游戏美术团队共同研究和发掘符合自身游戏项目的视觉画面风格，确定游戏项目的美术风格基调。要达成这一目标需要相关人员反复实验和尝试，甚至在进入实质性研发阶段后游戏项目的美术风格仍有可能被改变。

（4）固定技术方法

在游戏Demo的制作过程中，游戏制作人需要与项目程序总监以及程序技术团队一起研究和设计游戏的基础程序构架，包括各种游戏系统和机制的运行和实现，对于3D游戏项目来说也就是游戏引擎的研发设计。

（5）游戏素材的积累和游戏元素的制作

在前期制作阶段，研发团队需要积累大量的游戏素材，包括参考照片、贴图素材、概念参考文档等。例如，要制作一款中国风的武侠游戏，就需要搜集大量特定年代风格的建筑照片、人物服饰照片等。游戏美术团队也可以开始制作大量的游戏元素，如基本的建筑模型、角色和怪物模型、各种游戏道具模型等。游戏素材的积累和游戏元素的制作都能为后面进入实质性研发阶段打好基础。

3. 游戏研发阶段

这一阶段属于游戏项目的实质性研发阶段，大致占整个项目开发周期的50%。这一阶段是游戏项目研发中最耗时的阶段，也是整个项目开发周期的核心阶段。从这一阶段开始，大量的制作人员开始加入项目研发团队中，在游戏制作人的带领下，企划部、程序部、美术部等研发部门按照先前制订的项目研发计划和项目策划文档开始有条不紊地制作。在项目研发团队中，团队成员的5%为项目管理人员，25%为项目企划人员，25%为项目程序人员，45%为项目美术人员。游戏研发阶段又可以细分为制作前期、制作中期和制作后期3个阶段，具体的研发流程如图1-35所示。

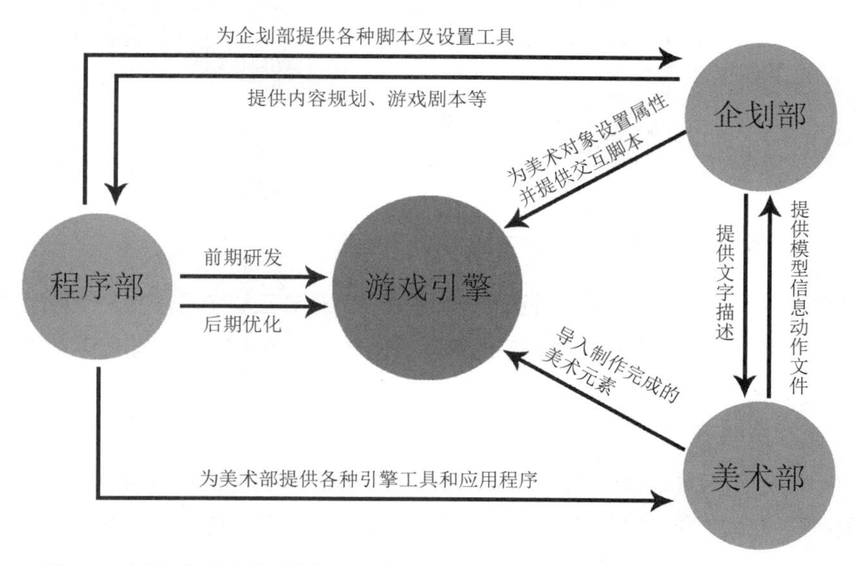

· 图1-35 | 游戏项目实质性研发阶段的流程示意图

（1）制作前期

企划部开始撰写游戏剧本和游戏内容的整体规划。美术部中的游戏美术原画师开始设定游戏整体的美术风格，三维模型师根据既定的美术风格制作一些基础模型。这些模型大多只用于前期的游戏引擎测试，并不是最终游戏中会大量使用的模型，所以在制作细节上并没有太多要求。程序部在制作前期的任务最为繁重，他们不仅要搭建游戏引擎的主体框架，还要开发许多引擎工具以供日后企划部和美术部使用。

（2）制作中期

企划部进一步完善游戏剧本，内容企划开始编撰游戏内角色和场景的文字描述文档，内容包括主角背景设定、不同场景中NPC和怪物的文字设定、BOSS的文字设定、不同场景风格的文字设定等。各种文档要同步传给美术部以供其参考使用。

美术部在这个阶段要承担大量的制作工作，游戏美术原画师在接到文字描述文档后，要根据文字描述文档的内容设计绘制相应的角色和场景原画设定图，然后把这些图片交给三维制作组来制作大量游戏中需要应用的三维模型。同时三维制作组还要尽量配合动画制作组以完成角色动作、技能动画和场景动画的制作，之后美术部要利用程序部提供的引擎工具把制作完成的各种角色和场景模型导入游戏引擎。另外，关卡编辑师要利用游戏引擎地图编辑器着手各种场景或关卡地图的编辑绘制工作，而界面美术师也需要在这个阶段开始游戏整体界面的设计绘制工作。图1-36所示为制作中期美术部的工作流程。

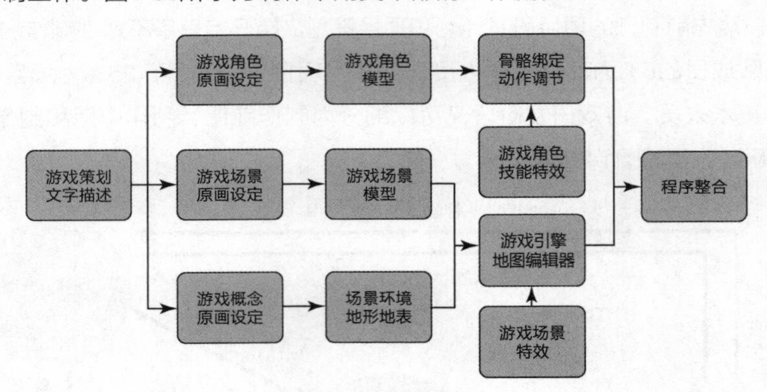

·图1-36｜制作中期美术部的工作流程图

由于已经初步完成了整体游戏引擎的设计研发，程序部在这个阶段的工作量相对减少，主要负责继续完善游戏引擎和相关程序的编写，同时针对美术部和企划部反馈的问题进行解决。

（3）制作后期

企划部利用程序部提供的引擎工具对已经制作完成的角色模型赋予相应属性，脚本企划同时要配合程序部进行相关脚本的编写，数值企划则要通过不断的演算测试调整角色属性和技能数据，并不断对其中的数值进行平衡化处理。

美术部中的原画组、模型组、动画组则继续执行制作中期的工作任务，完成相关设计、三维模型及动画的制作，同时配合关卡编辑师进一步完善关卡和地图的编辑工作，并加入大量的场景效果和后期粒子特效，界面美术设计师则继续对游戏界面的细节部分做进一步的完善和修改。

程序部在这个阶段要对已经完成的所有游戏内容进行最后的整合，完成大量人机交互内容的设计制作，同时要不断优化游戏引擎，并配合另外两个部门完成相关工作，最终制作出游戏的初级测试版本。

4. 游戏测试阶段

游戏测试阶段是游戏上市发布前的最后阶段，占整个项目开发周期的10%～20%。在游戏测试阶段中，测试人员主要寻找和发现游戏运行过程中存在的各种问题和漏洞，这既包括游戏美术元素以及程序运行中存在的各种直接性BUG，也包括因策划问题所导致的游戏系统和机制的漏洞。

事实上，对于游戏产品的测试并不是只在游戏测试阶段才展开，测试工作出现在产品研发的全程。研发团队中的内部测试人员随时要对已经完成的游戏内容进行测试，内部测试人员每天都会对企划部、美术部、程序部等反馈测试问题报告，这样游戏中存在的问题会得到及时的解决，不至于让所有问题都堆积到最后，减小了最后游戏测试阶段的压力。

游戏测试阶段的任务更侧重于对游戏整体流程的测试和检验，通常来说，游戏测试阶段分为Alpha测试和Beta测试两个阶段。当游戏的初级测试版本基本制作完成后，研发团队就可以宣布进入Alpha测试阶段了，Alpha版本的游戏基本上具备了游戏预先规划的所有系统和功能，游戏的情节内容和流程也应该基本到位。Alpha测试阶段的目标是将以前所有的临时内容全部替换为最终内容，并对整个游戏体验进行最终的调整。随着测试人员对问题的反馈和整理，研发团队要及时修改游戏内容，并不断更新游戏的版本序号。

正常来说，处于Alpha测试阶段的游戏产品不应该出现大规模的BUG，如果在这一阶段研发团队还面临大量的问题，就说明先前的研发阶段存在重大的漏洞，如果出现这样的问题，游戏产品应该终止测试，转而“回炉”，重新进入研发阶段。如果游戏产品测试基本通过Alpha，就可以进行Beta测试了。一般处于Beta测试阶段的游戏产品不会再被添加大量的新内容，此时的工作重点是对游戏产品进行进一步的整合和完善。相对来说，Beta测试阶段所用的时间要比Alpha测试阶段所用的时间短，Beta测试通过后游戏制作公司就可以对外发布游戏产品了。

如果是网络游戏，在Beta阶段之后，游戏制作公司还要在网络上招募大量的游戏玩家展开游戏内测。在内测阶段，游戏制作公司会邀请玩家对游戏运行性能、游戏设计、游戏平衡性、游戏BUG以及服务器负载等进行多方面测试，以确保游戏正式上市后能顺利进行。内测结束后即进入公测阶段，代表游戏正式发布。

1.5 | 动漫游戏美术设计师的成长之路

微课视频

动漫游戏美术设计师的成长之路

成为一名出色的动漫游戏美术设计师并不是一件容易的事，需要进行持之以恒的学习及实践经验的积累，同时需要掌握大量的外延学科知识。想要进入动漫游戏制作领域的新人，要怀抱明确的目标和志向，通过合理化的教育培训，掌握科学的学习方法与流程。本节将主要剖析进入动漫游戏制作领域前的成长阶段，进而让大家的求学之路变得更加明确和清晰。

一位立志想要进入动漫游戏设计领域的新人在正式进入动漫游戏制作公司之前，必须要接受合理化的教育和培训，培养和提升自己的个人能力和专业技能，以达到符合动漫游戏制作公司的用人要求和标准，这就是动漫游戏美术设计师的成长阶段。通常来说，这一成长阶段可细分为5个阶段，如图1-37所示。

零基础的新人阶段	基础学习阶段	有基础和技术的新人阶段	提升学习阶段	求职阶段
对动漫游戏行业的热爱及对制作的热情	学习和掌握基本的软件知识和操作技巧	能够利用软件进行基本制作	了解行业，确定职业目标，有针对地进修学习	制作个人信息档案和简历并广发以应聘

· 图1-37 | 进入动漫游戏制作领域前的成长阶段

1. 零基础的新人阶段

第一个阶段是零基础的新人阶段。对于一个没有掌握任何软件和制作技术的新人来说，对动漫游戏行业的热爱以及对制作的热情就是入门的最好基础。每个动漫游戏美术设计师都是从这一阶段开始起步的，所以接下来为了快速入门，新人就必须要学习和掌握基本的软件知识和操作技巧，进入基础学习阶段。

2. 基础学习阶段

对于动漫游戏美术设计师来说，常用的二维制作软件包括Photoshop、Painter等，三维制作软件包括3ds Max、Maya等。下面分别介绍这些常用制作软件的用途和功能。

二维制作软件在动漫游戏美术制作领域中主要用于原画的绘制和设定、UI设计以及模型贴图的绘制等。常用的二维制作软件主要有Photoshop和Painter。Photoshop作为通用的标准化二维图形设计软件主要用于UI像素图形的绘制和模型贴图的绘制，Painter凭借其强大的笔刷功能主要用于原画的绘制。另外，动漫游戏美术设计师也会通过Deep Paint 3D和BodyPaint 3D等插件来绘制三维模型贴图（见图1-38）。

· 图1-38 | 三维模型贴图的绘制

三维动画的制作通常使用Maya，而国内大多数游戏制作公司主要使用3ds Max制作三维模型，这主要是由游戏引擎技术和程序接口技术所决定的。这两款软件虽然同为Autodesk公司旗下的产品，但在功能界面和操作方式上有着很大的不同。

近几年，随着次世代引擎技术的飞速发展，法线贴图技术成为主流的游戏美术制作技术。所谓的法线贴图是可以应用到3D模型表面的特殊纹理，它可以让平面贴图变得更加立体、真实（见图1-39）。

· 图1-39 | 游戏中的法线贴图技术

3. 有基础和技术的新人阶段

当掌握了一定的软件和技术后，新人就进入到第三个阶段。在这一阶段中，新人可以利用自己掌握的软件和技术进行基本的制作，但与实际一线动漫游戏制作公司的要求还有一定距离，所以这一阶段称为有基础和技术的新人阶段。新人所掌握的基本的软件知识和操作能力为下一步的学习打下了基础。为了能成功进入一线动漫游戏制作公司，成为一名合格的动漫游戏美术设计师，新人必须要进入第四个学习阶段，也就是提升学习阶段。

4. 提升学习阶段

在提升学习阶段，新人必须全面了解一线动漫游戏制作公司所属的行业和领域，确立自己的职业目标并进行有针对性的学习。不同的动漫游戏制作公司有不同的项目流程及职业分工，设计师也不可能掌握全部的技术，新人要做的是成为专业领域中的“螺丝钉”，在自己所属的领域全面发挥出自己的特长和才干。这也是提升学习阶段和基础学习阶段最大的区别，基础学习阶段侧重全面基础知识的学习，而提升学习阶段则侧重于专业技能的掌握。相对于基础学习阶段，提升学习阶段是一个漫长的过程，每个人都需要脚踏实地学习，通过点滴积累为日后打下坚实的基础。

5. 求职阶段

当完成了提升学习阶段的学习并积累了足够的个人作品后，新人就可以着手制作个人信息档案和简历开始求职。简历的文字要简明扼要，要能够突出自己的个人专长和技能，并写出明确的就业岗位方向，同时要附有自己的代表性作品，可以是图片，也可以是视频等。之后就可以通过招聘网站或各公司主页中发布的HR邮箱进行简历和作品的投递，准备正式踏入动漫游戏制作领域。

拓展阅读

国内游戏产业的未来

基础知识篇

第2章 动漫游戏3D角色设计理论

知识目标：

- 了解动漫游戏角色设计的基本概念；
- 掌握3D角色设计制作的基本流程；
- 了解人体比例及结构基础知识；
- 掌握3D角色模型制作要求及规范。

素养目标：

- 建立对于动漫游戏角色设计制作的基本理论体系；
- 熟悉人体比例及基本结构，以相同的学习模式了解其他类型的生物结构。

2.1 动漫游戏角色设计概论

任何一门艺术都有区别于其他艺术形态的特征，动漫游戏的最大特征就是其参与感和互动性。它使玩家能够跳出第三方旁观者的身份限制，真正融入作品当中。动漫游戏作品中的角色作为其主体表现形式，承载了用户的虚拟体验过程，是动漫游戏作品中的重要组成部分。所以，动漫游戏作品中的角色设计直接关系到作品的质量与成败，是动漫游戏产品研发中的核心内容。

1. 动画角色

动画作品中的角色是指一部动画片中的表演者，造型设计是指对动画片中所有角色的造型、服饰、常用道具等进行设定及创作。动画片作为影视创作中的一个独特类型，其角色形象起着演绎故事、推动故事情节及揭示人物性格、命运和影片主题的重要作用。

一个优秀的动画角色可以凭借个性的造型设计，幽默、机智的性格特征，积极乐观的人生态度及丰富的人文内涵赢得各年龄阶层人们的喜爱。一部动画作品的成功必须建立在动画角色塑造成功的基础上。随着时间的流逝，动画作品中的情节也许会在人们的脑海中渐渐淡去，但造型生动有趣、性格独特的动画角色往往能够让人产生无比深刻的印象。角色造型设计与其他美术元素设计共同影响着动画作品的美术风格，并在其中起到决定性的作用。

在夸张风格的动画作品中，角色的动作、表情等通常会设计得十分夸张，以强调平面的影像效果。这类角色通常色彩单纯，倾向于符号化的表现，形象简洁，具有幽默风趣的艺术特点，往往比现实生活中的形象更亲切可爱（见图2-1）。在写实风格的动画作品中，角色造型设计基本以自然界中的物象为基准，较贴近生活，容易让观众产生共鸣。在拟人化风格的动画作品中，设计师可以充分发挥想象力，模糊动物与人之间的界限，赋予其人的特征。抽象化动画作品中角色的特点是造型抽象，随意性比较强，在实验性动画片中较为常见。

· 图2-1 | 夸张的动画角色

动画角色造型与其他造型艺术不同，要进行多体面的展示而非单一体面的展示，因此需要设计师对角色进行正、背、侧、仰、俯等多种角度的设计，并画出转面图（见图2-2），清晰表达出角色在不同角度下的形体特征。动画角色通常具有符号化的特征，可以以单纯、简洁的造型为基础，以提高角色造型的识别度，如米老鼠的头部造型基本由3个圆形构成，而加菲猫最突出的莫过于其总是半闭着的双眼和与众不同的胡子。符号化设计能使角色造型有明显的特征，也有利于动画作品整体角色造型风格的统一。

· 图2-2｜动画角色的转面图

在多个动画角色造型的组合设计中，使不同角色的形态、体格等产生差异，可以强化组合的趣味性和戏剧效果。另外，确定好各角色的比例关系也至关重要。角色比例图（见图2-3）用于体现主要角色的比例关系，同时为分镜头画面设计、设计稿绘制等提供参考。商业动画通常具有较长的制作周期和大规模的合作团队，所以绘制一整套细致、完整的角色设计规范图是非常重要的，如角色设计稿、角色结构分析图、角色转面图、角色动态表情图、角色口型图、角色细节设计图、特殊情境设计图、人景关系图、色彩设定稿等。这些角色设计规范图能有效地确保动画作品的质量，同时为团队合作提供了重要的依据。

· 图2-3｜角色比例图

2. 游戏角色

一个成功的游戏角色往往会带来不可估量的“明星效应”，如何塑造一个充满魅力、让人印象深刻的游戏角色是每一位游戏制作者思考和追求的重点。游戏制作者会绞尽脑汁为自己心中理想的角色设计出各种造型与细节，包括相貌、发型、服装、道具，甚至神态和姿势，尽量让角色形象丰满且具有真实感。图2-4所示的马里奥就是一个成功的游戏角色。

· 图2-4｜游戏角色

游戏作品当中的角色从整体来说分为3种类型：主角、NPC和怪物。主角是指玩家操作的游戏角色；NPC是指非玩家角色（不能与玩家发生战斗关系），通常玩家会通过NPC来实现某些游戏的交互功能，如对话（见图2-5）、接任务、买卖等；怪物是指与玩家成对立敌对关系的非玩家角色，玩家可以通过与怪物的战斗获得升级经验及奖励等。

· 图2-5｜游戏中玩家与NPC之间的对话交互

虽然每部游戏作品都有自己的风格和特色，但从整体来看，游戏的画面风格主要分为写实类和Q版两种类型，所以游戏角色的风格也可以以此进行分类。这两种风格的区别主要体现在游戏角色的比例上：写实类游戏角色是以现实中正常的人体比例为标准进行设计的，通常为8头身或9头身的人体比例；而Q版游戏角色通常是3头身～6头身的人体比例（见图2-6）。

游戏作品中的角色相对于动画作品中的角色来说更具客观性，设计师除了对游戏角色的形象进行设计，还要考虑到角色的故事背景及所处的场景等相关信息的设定。设计师需要对角色策划剧本进行反复研究，从中了解游戏的整体性，然后参考各种素材和资料，对文字描述的角色进行草稿绘制，并对角色的种族、职业、性格及装备等进行设定。

·图2-6｜写实类和Q版游戏角色

首先设计师需要对游戏角色的基本骨骼、肌肉和形体比例进行了解，然后以人类为基础设计出各种不同种族的生物，如精灵族、矮人族、兽人族等。例如，精灵族身材高挑，肤色各异，居住于深山丛林之中，擅长夜间作战；矮人族身材粗短，肌肉发达，用重型铠甲武装自己，往往喜欢冲锋陷阵；兽人族比人类略高，身材强壮，肌肉线条明显，能使用各种武器，擅长地面作战等（见图2-7）。另外，不同种族的生物都有属于自身的种族背景和文化，同时也有身份、地位和阶级等区分。

·图2-7｜游戏中不同种族的角色

另外，对角色道具、服装和装备的设定也是游戏角色设计的核心内容。在游戏中，服装和装备应在一定程度上体现出角色所处环境的人文背景。设计师在设计角色装备时，不仅要考虑如何搭配，还要尽量体现服装所代表的角色性格、内涵及身份地位，而且要结合游戏的时代背景来设计，这样才能设计出符合游戏世界观的装备。而游戏中NPC等非玩家角色的服装和装备也能体现出角色自身的性格特点，如暖色调的服装和装备会让角色显得热情和正派，冷色调的服装和装备会让角色显得阴险和深沉（见图2-8）。

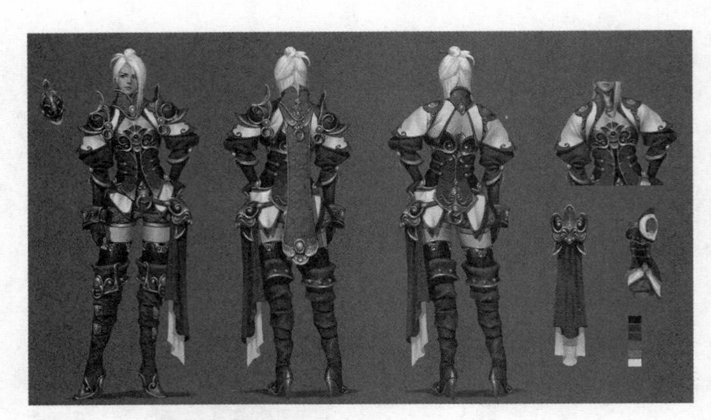

·图2-8｜游戏角色服装和装备设计

2.2｜3D角色设计与制作流程

无论是3D动画还是3D游戏，角色的设计与制作流程基本一致，主要分为以下4个步骤：原画设定、模型制作、模型材质调节和贴图制作、骨骼绑定与动作调节等。

1．原画设定

3D角色的原画设定通常是将策划的文字信息转换为平面图片的过程。图2-9所示为一张角色原画设定图，图中设计的是一位身穿金属铠甲的女性角色，设定图从正面和背面清晰地展示了角色的体型、身高、面貌以及所穿的装备、服装。因为金属铠甲腿部有部分被靴子覆盖，所以在图片左下角画有完整的腿甲图示，除此之外，图中还有装饰纹样以及角色武器的设定。依据这样多方位、立体式的原画设定图，后期的三维美术设计师可以很清楚地了解自己要制作的3D角色的所有细节，这也是原画设定在整个流程中的作用和意义。

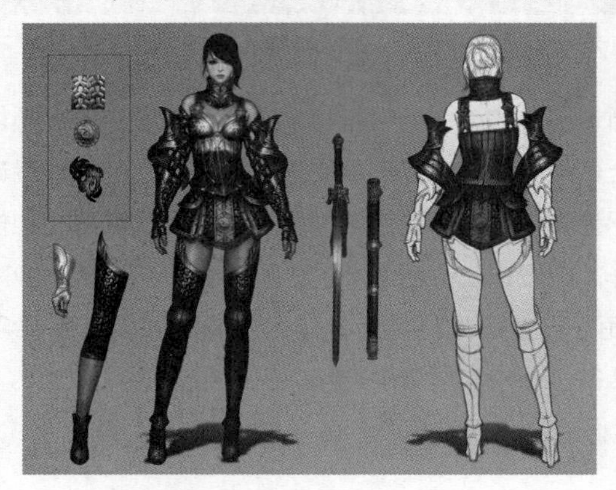

·图2-9｜角色原画设定图

2. 模型制作

3D角色的原画设定完成后，三维美术设计师就要根据原画设定图进行三维模型的制作。3D动画角色模型通常利用Maya来制作，3D游戏角色模型通常利用3ds Max来制作。首先需要制作一个高精度模型，可以直接利用三维软件来制作，也可以先在三维软件中制作一个具有基本形态的低精度模型，然后通过ZBrush等三维雕刻类软件制作出模型的高精度细节（见图2-10）。

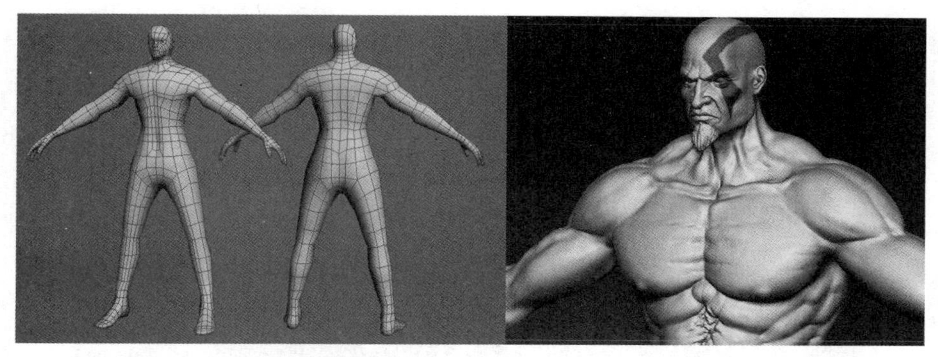

· 图2-10｜利用ZBrush雕刻出高精度模型

如果是3D动画角色，可以直接利用已经制作完成的高精度模型来进行动画的制作；如果是3D游戏角色，就还需要在三维软件中进行低精度模型和中精度模型的制作，因为游戏中最终使用的是低精度和中精度的模型，高精度模型只是用来烘焙和制作法线贴图，增加模型的细节。图2-11上图是低精度模型添加法线贴图后的效果，下图左右分别是模型的法线与高光贴图。

· 图2-11｜添加法线贴图后的模型效果及法线与高光贴图

3. 模型材质调节和贴图制作

模型制作完成后，需要将模型的贴图坐标进行分展，保证模型的贴图能够正确显示（见图2-12），之后需要进行模型材质的调节和贴图的绘制。对于3D动画角色模型，需要对其材质球进行设置，保证不同贴图效果的质感，以实现渲染后的完美效果；对于3D游戏角色模型，无须对其材质球进行复杂设置，只需要为其不同的贴图通道绘制不同的模型贴图，如固有色贴图、高光贴图、法线贴图、自发光贴图及Alpha贴图等（见图2-13）。

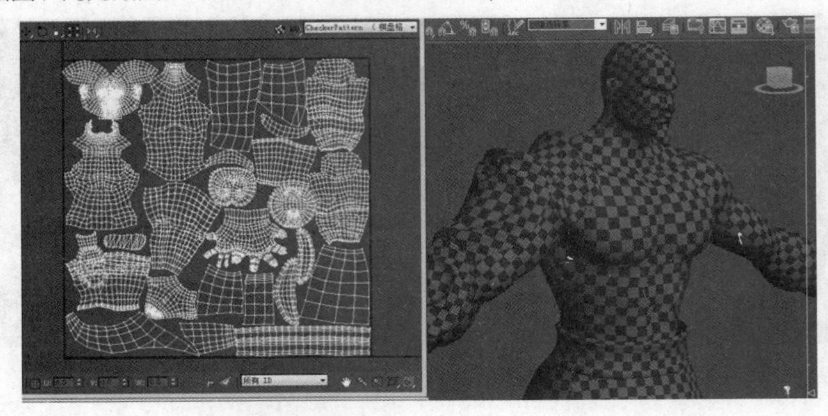

· 图2-12 | 分展模型的贴图坐标

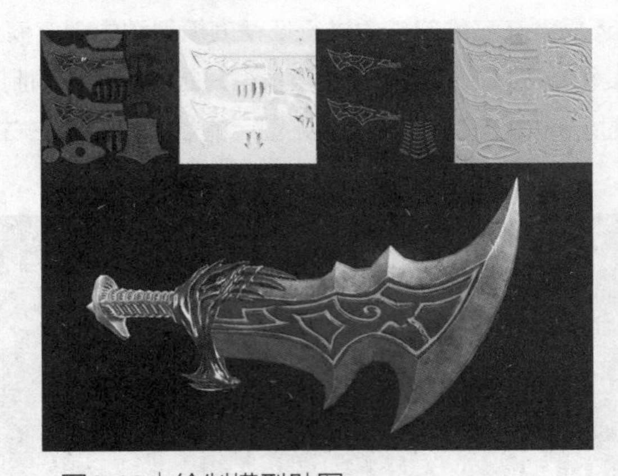

· 图2-13 | 绘制模型贴图

4. 骨骼绑定与动作调节

完成模型材质的调节和贴图的制作后，需要对模型进行骨骼绑定等操作（见图2-14）。骨骼绑定完成后，就可以对模型进行动作调节等操作。如果是3D游戏角色模型，最后调节的动作都需要保存为特定格式的动画文件；如果是3D动画角色模型，就不仅需要调节角色身体的动作，还需要制作表情动画（见图2-15），同时要设置摄影机位置及灯光，最后通过渲染将项目输出为动画视频或序列帧图片。

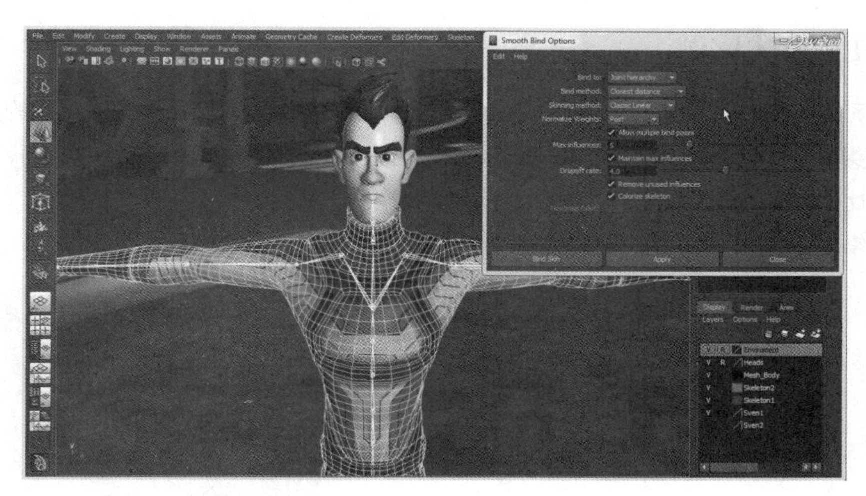

・图2-14 | 3D角色骨骼绑定

・图2-15 | 3D角色表情动画

2.3 | 人体比例及结构基础知识

要制作3D角色，就必须在实际制作前先了解生物形体的概念、比例和结构，这就如同美术学院的新生在学习素描和色彩课前要先学习解剖学一样。在制作3D角色时，如果缺乏生物解剖学知识的引导，往往会感到无从入手，即使能勉强地塑造出角色模型，效果也不会很理想。

一定的生物解剖学知识可以帮助设计师更好地把握角色的模型结构，使其在实际制作时能够快速、清晰地创建模型框架，从而更加精确地深入细化模型结构。本节将针对人体比例、骨骼结构和肌肉结构进行讲解，从艺术人体解剖学的角度介绍人体的生物学概念和知识，为后续学习建模打下基础。

2.3.1 人体比例

在研究生物形体结构前必须要清楚生物的整体比例。对于人体比例，现在通用的是以人自身的头高为长度单位来测量人体的各个部位，也就是通常所说的头高比例。通常我们所说的人体比例针对的是生长发育正常的男性中青年。

正常的人体比例约为7.5头身（见图2-16），完美的人体比例为8头身（见图2-17）。

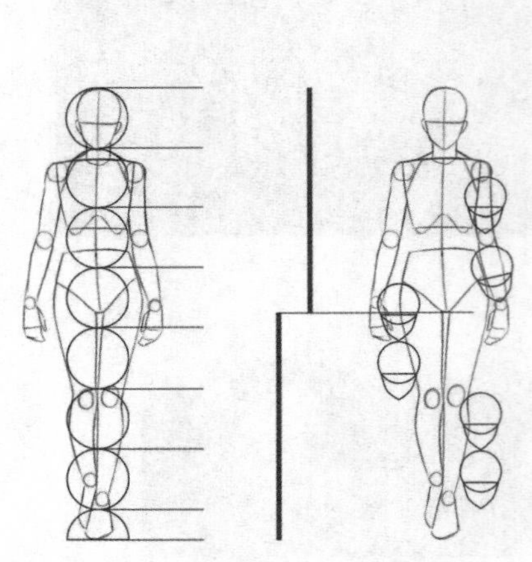

・图2-16｜7.5头身人体比例图

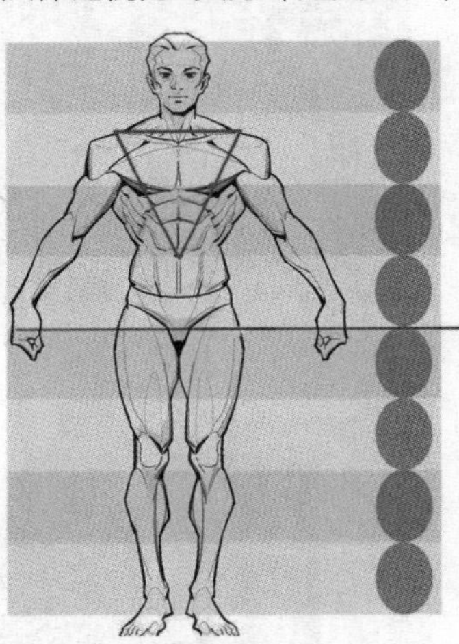

・图2-17｜8头身人体比例图

首先，由于性别的差异，男性和女性的人体比例存在很大的不同。从骨骼上看，男性骨骼大而方，胸廓较大，盆骨窄而深；女性骨骼小而圆，胸廓较小，盆骨大而宽。男女肌肉结构差异不大，只是男性肌肉发达一些，女性脂肪丰厚一些。但是女性无论胖瘦，其体型与男性不一样，典型的女性形体的臀线宽于肩线，髋部脂肪较厚，胸廓较小，因而显得腰部上移一些；而男性腰部肌肉相对结实，髋骨相对窄一些，因而腰部最窄处会下移一些，从躯干到下肢较直（见图2-18）。

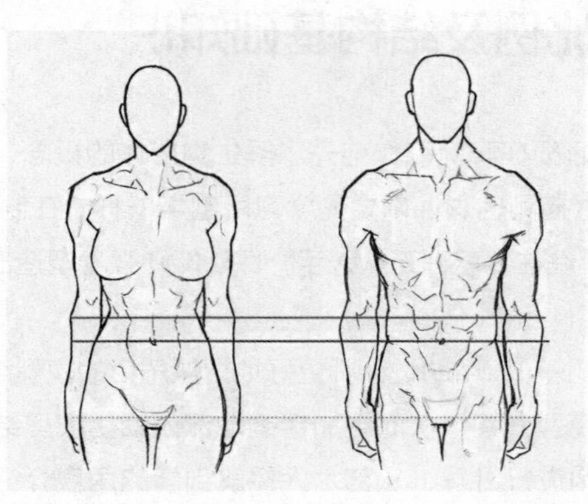

・图2-18｜女性和男性的人体比例差异

其次，不同年龄的个体的人体比例也有较大差异。因为有发育的迟早和遗传等因素的影响，不同年龄段的人体比例只存在一个参考数值。以自身头高为度量单位，1～2岁的个体为4头身，5岁左右的个体为5头身，10岁左右的个体为6头身，15岁左右的个体为7头身，18～20岁的个体为7.5头身～8头身（见图2-19左图）。

不同年龄的儿童的头高不一样，新生儿约为13cm，1岁时约为16cm，5岁时约为19cm，10岁时约为21cm，15岁时约为22cm。不同年龄的儿童的身高一般如下：新生儿约为50cm，1岁时约为65cm，5岁时约为100cm，10岁时约为130cm，15岁时约为160cm。儿童和成人的身高比例一般是，1岁以前的儿童大约只有成人的1/3，3岁时是成人的1/2，5岁时是成人的4/7，10岁时是成人的3/4。

成人以头高为度量单位可以找到许多体表标记作为对应点，而儿童以头高为度量单位则难以找到相应的体表标记，因此在表现儿童时就应该从对应关系着手。儿童头部较大，这个“大”是相对身体而言的，手足的“大”是相对四肢而言的，如果与头部相比，手足反而显得小。婴幼儿四肢短小，手足肥厚，这里的四肢短小是相对全身而言的，主要是头部大造成的，如果不看头部，其四肢与躯干的比例同成人相似。儿童除头部以外，身体其他部位的对应关系与成人大致相同。而老年人由于骨骼之间的间隙质老化萎缩，加之形成驼背，因此身高比青年时要低，往往不足7.5个头高（见图2-19右图）。

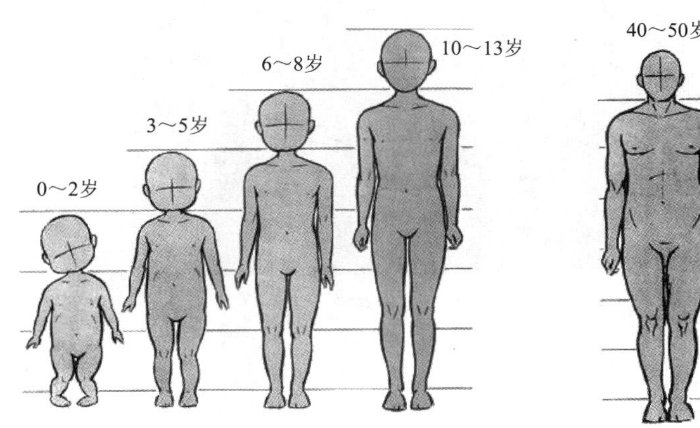

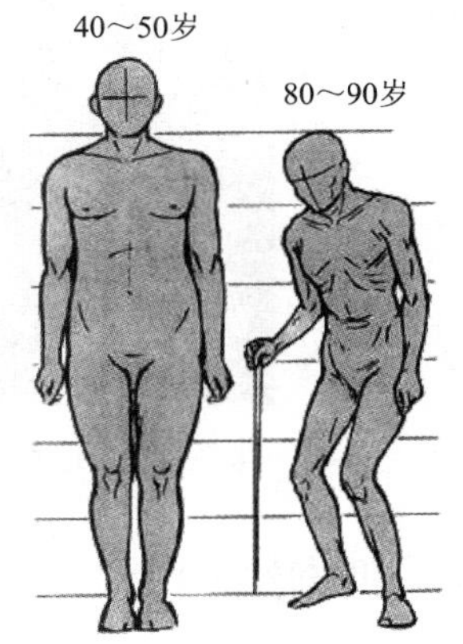

·图2-19｜不同年龄的人体比例差异

2.3.2 骨骼结构

人体的骨骼具有支撑身体的作用，成人通常有206块骨头，而儿童通常有213块骨头。成人的206块骨头连接形成骨骼，人体骨骼两侧对称，中轴部位为躯干骨，有51块，顶端是颅骨，有29块，两侧为上肢骨和下肢骨，分别有64块和62块（见图2-20）。

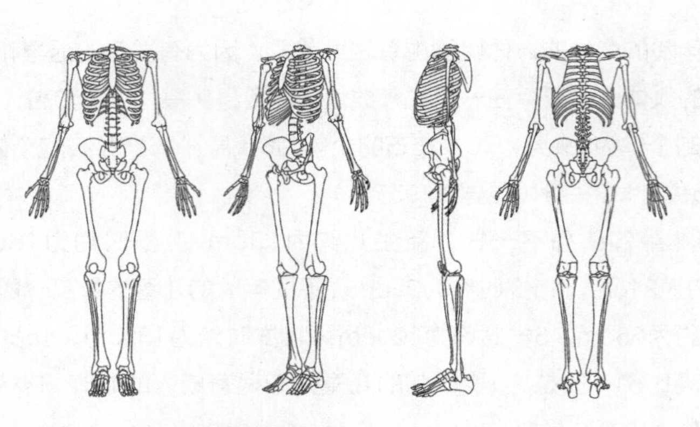

· 图2-20 | 人体的骨骼系统

骨骼是构成人体的基础。对于3D角色的制作来说，虽然在建模的过程中我们无须对骨骼进行塑造，但必须要清楚人体骨骼的基本形态、结构和分布。所有人体模型都是依照骨骼结构来进行塑造的（见图2-21），即使我们没必要清楚记住每一块骨头的名称，但必须要对骨骼结构有一个整体的把握，只有这样才能成功塑造出完美的人体模型。

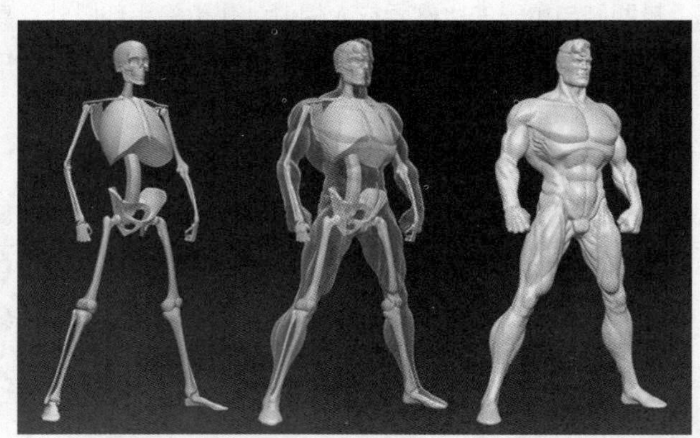

· 图2-21 | 依照骨骼结构进行人体模型塑造

2.3.3 肌肉结构

人体的运动是由运动系统实现的，运动系统由骨骼、肌肉以及关节等构成。骨骼构成人体的支架，关节使各部位骨骼联系起来，而最终由肌肉收缩放松来实现人体的各种运动。男性全身肌肉的重量约占人体重量的40%（女性约占35%），人们坐立行走、说话写字、做出喜怒哀乐等表情等，无一不是肌肉活动的结果。由于人体不同肌肉的功能不同，因此不同肌肉的发达程度也不一样。为了维持身体直立姿势，背部、臀部、大腿前侧和小腿后侧的肌群特别发达。上、下肢分工不同，其肌肉发达程度也有差异。上肢多用于抓握以进行精细的劳动，因而上肢肌数量多，细小灵活；下肢起支撑和位移作用，因而下肢肌粗壮有力。

肌肉按形态可分为长肌、短肌、阔肌和轮匝肌4类，按组织结构可分为肌腹和肌腱两部

分。肌腹位于肌肉的中央，由肌细胞构成，有收缩功能。肌腱位于肌肉的两端，是附着部分，由致密的结缔组织构成。每块肌肉通常都跨越关节附着在骨面上，或一端附着在骨面上，另一端附着在皮肤上。一般将肌肉较固定的一端称为起点，较活动的一端称为止点。图2-22所示为人体肌肉结构。

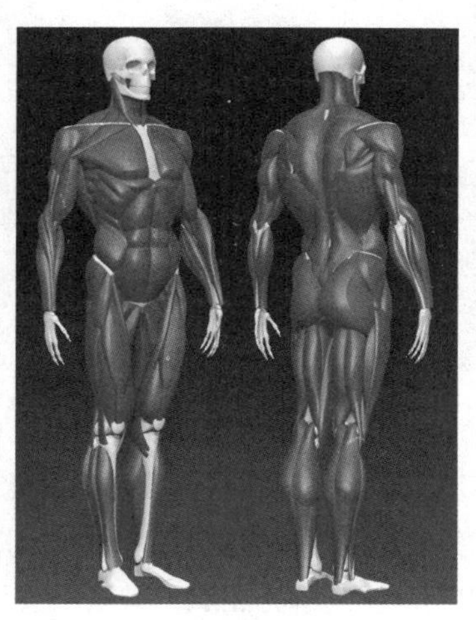

・图2-22｜人体肌肉结构

人体全身的肌肉可分为头颈肌、躯干肌和四肢肌。头颈肌可分为头肌和颈肌。头肌可分为表情肌和咀嚼肌。表情肌位于头面部皮下，多起于颅骨，止于面部皮肤。表情肌收缩时可牵动皮肤，产生各种表情。咀嚼肌为活动下颌骨的肌肉，包括浅层的颞肌和咬肌，深层的翼内肌和翼外肌。了解头部肌肉结构对于3D角色头部建模和布线有着十分重要的作用（见图2-23）。

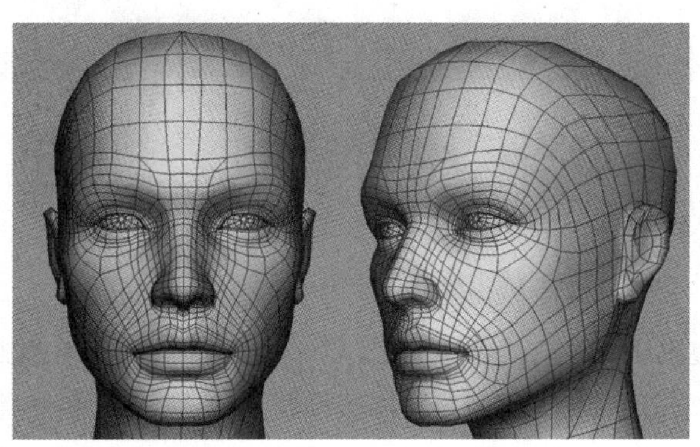

・图2-23｜3D角色头部建模和布线

躯干肌包括背肌、胸肌、膈肌和腹肌等（见图2-24）。背肌可分为浅层和深层两类：浅层的肌肉有斜方肌和背阔肌；深层的肌肉较多，主要为骶棘肌。胸肌主要有胸大肌、胸小肌和肋间肌。膈肌位于胸、腹腔之间，是一种扁平阔肌，呈穹窿形凸向胸腔，是主要的呼吸肌，收缩时助吸气，舒张时助呼气。腹肌位于胸廓下部与骨盆上缘之间，参与腹壁的构成，可分为前外侧群和后群：前外侧群包括位于前正中线两侧的腹直肌和外侧的三层阔肌，这三层阔肌由浅而深依次为腹外斜肌、腹内斜肌和腹横肌；后群为腰方肌。

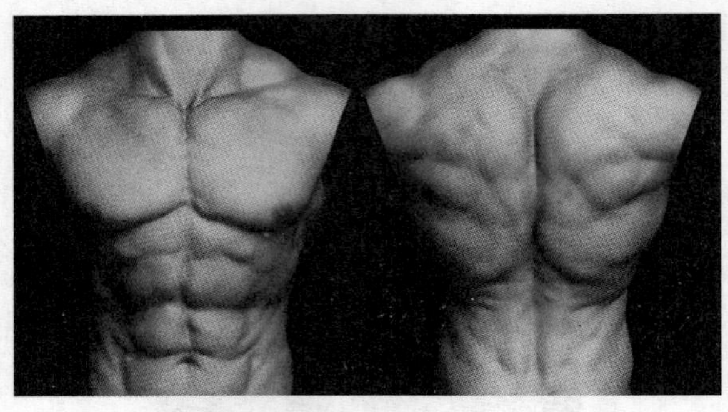

· 图2-24 | 人体躯干肌

四肢肌可分为上肢肌和下肢肌。上肢肌结构精细，运动灵巧，包括肩部肌、上臂肌、前臂肌和手肌。肩部肌分布于肩关节周围，有保护肩关节的作用，其中较重要的有三角肌。上臂肌均为长肌，可分为前群和后群：前群为屈肌，有肱二头肌、肱肌和喙肱肌；后群为伸肌，主要为肱三头肌。前臂肌位于尺、桡骨的周围，多为长菱形肌，可分为前群和后群：前群为屈肌群，后群为伸肌群。手肌位于手掌，分为外侧群、内侧群和中间群。图2-25所示为人体上肢肌。

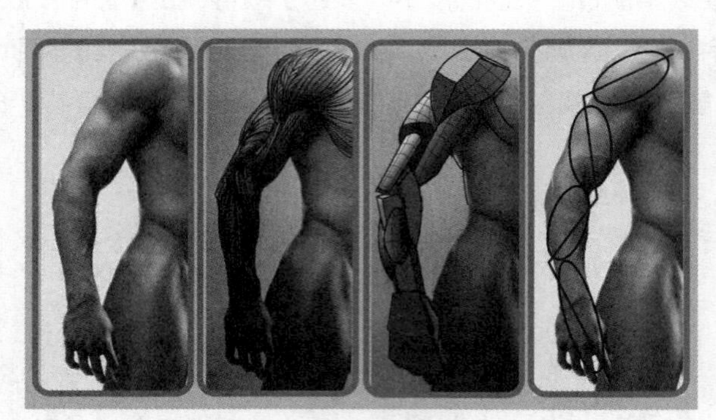

· 图2-25 | 人体上肢肌

下肢肌可分为髋肌、大腿肌、小腿肌和足肌。髋肌起自躯干骨和骨盆，包绕髋关节的四周，止于股骨。髋肌按所在部位可分为髋内肌和髋外肌：髋内肌位于骨盆内，主要有髂腰肌、梨状肌和闭孔内肌；髋外肌位于骨盆外，主要有臀大肌、臀中肌、臀小肌和闭孔外肌。大腿肌分为前群、内群和后群，分别位于股部的前面、内侧面和后面：前群有股四头肌和缝匠肌；内群位于大腿内侧，有耻骨肌、长收肌、短收肌、大收肌和股薄肌等；后群包括外侧的股二头肌和内侧的半腱肌、半膜肌。小腿肌也可分为前群、外群和后群。足肌可分为足背肌与足底肌。图2-26所示为人体下肢肌。

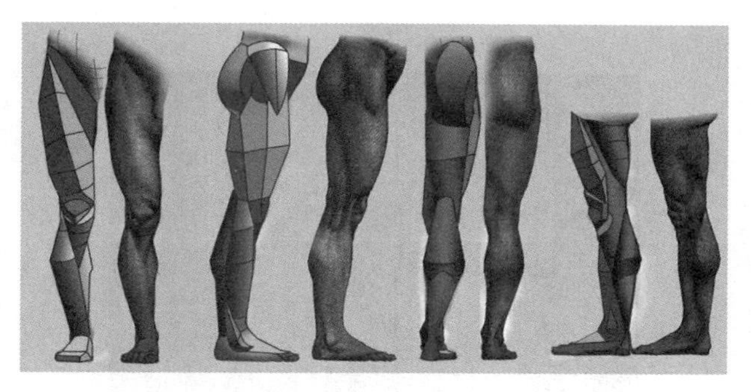

· 图2-26 | 人体下肢肌

学习和了解人体的肌肉结构对于3D角色建模来说有着十分重要的意义，因为3D角色建模就是创建人体的肌肉结构，其整体模型的布线是按照人体的肌肉分布进行的。可根据人体肌肉的大体分布，首先利用几何体模型对肌肉结构进行归纳，创建模型的基本形态，然后根据具体的肌肉结构进行模型细节的深化和塑造（见图2-27）。

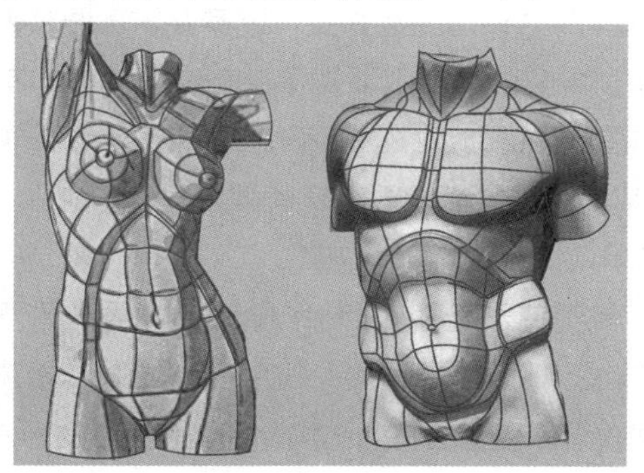

· 图2-27 | 根据肌肉结构进行布线

2.4 | 3D角色模型制作要求及规范

无论是应用于3D动画还是3D游戏的角色模型，在制作的时候都必须要遵循一定的规范和要求，尤其是3D游戏角色模型，由于受到游戏引擎和计算机硬件等多方面的限制，其在布线和面数等方面有着更加严格的制作要求。

在进行正式的模型制作之前，要对角色的原画设定图进行仔细分析，掌握模型的整体比例结构以及角色的固有特点，以保证后续整体制作方向和思路的正确性。

无论是3D动画角色模型还是3D游戏角色模型，其布线不仅要突出自身的结构，而且必须有序和工整。模型面以三角形和四边形为主，不能出现四边以上的多边形面，同时还要考虑后续的UV拆分以及贴图的绘制。合理的模型布线是3D角色模型制作的基础（见

图2-28）。

·图2-28｜3D角色模型布线

3D动画角色模型在制作时对模型面数并没有过多要求，通常来说，3D动画角色模型在制作时都以高精度模型来呈现，然后通过后期渲染来完成动画的制作。而对于3D游戏角色模型来说，由于游戏中的图像是即时渲染的，不能在同一图像范围内出现过多的模型面数，所以3D游戏角色模型在制作的时候都以低精度模型来呈现，也就是我们通常所说的低模。下面就来介绍一下3D游戏角色低模的制作要求。

对于3D游戏尤其是网络游戏来说，在制作模型的时候，要严格遵守模型的面数限制（面数限制一般取决于游戏引擎）。要使用低模塑造复杂的形体结构，就要对模型布线进行精确控制并配合后期贴图效果。模型上有些结构是需要使用面表现的，而有些结构则可以用贴图表现。在图2-29中，这个模型的结构十分简单，其细节的装饰结构完全是用贴图来表现的，这样做虽然模型的面数很少，但仍可以达到理想的效果。

·图2-29｜利用贴图表现低模结构

另外，为了进一步减少模型面数，在模型制作完成后，可以将从外侧看不到的模型面都进行删除，如角色头盔、衣服或装备覆盖下的身体模型等（见图2-30）。这些多余的模型面

不会为模型增加任何可视效果，但如果删除将大大减少模型面数。

· 图2-30 | 删除多余的模型面

除此以外，使用透明贴图也是减少模型面数的一种方法。透明贴图也叫作Alpha贴图，是指带有Alpha通道的贴图，在3D游戏角色模型的制作中主要用在模型的边缘处，如头发边缘及盔甲边缘等，这样可以使模型边缘的造型看起来更为复杂，但同时并没有额外增加模型面数。透明贴图的应用如图2-31所示。

· 图2-31 | 透明贴图的应用

在进行3D角色模型的布线时除了要考虑模型结构、面数和贴图等因素，还要考虑3D角色模型制作完成后动画的制作，也就是3D角色模型的骨骼绑定。在创建3D角色模型时，一定要注意关节布线，关节处的模型面数不能太少，而关节布线直接关系到之后的骨骼绑定以及动作调节。如果模型面数过少，会导致角色在运动时，关节处出现锐利的尖角，十分不美观。通常来说，关节处有一定的布线规律，合理的布线能让角色运动起来更加圆滑和自然。图2-32左侧为错误的关节布线，右侧为正确的关节布线。

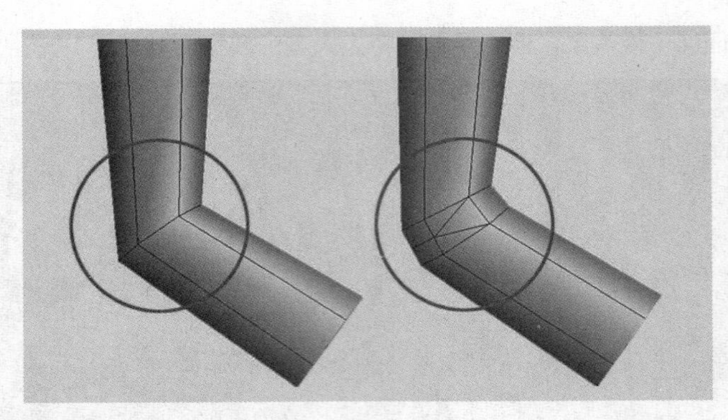

· 图2-32 | 关节处布线

当3D角色模型制作完成后，需要对3D角色模型UV进行平展，以方便后面贴图的绘制。对于3D游戏角色模型来说，需要严格控制贴图的尺寸和数量。因为贴图比较小，所以在分配UV的时候，应尽量将每一个UV框内的空间都占满，争取在有限的空间中实现最好的贴图效果（见图2-33）。

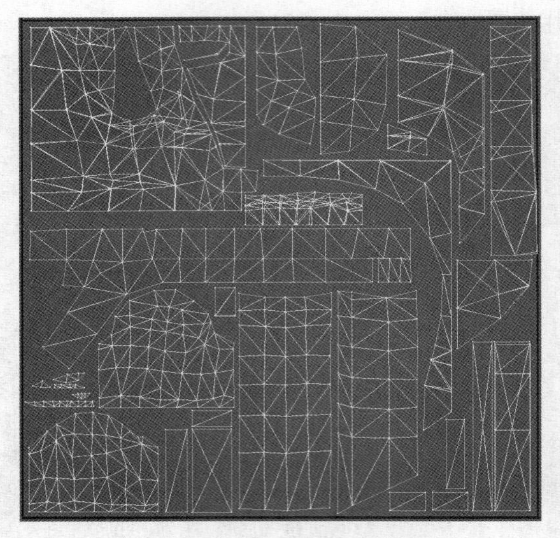

· 图2-33 | 3D游戏角色模型UV网格拆分

虽然不能浪费UV空间，但是也不能让UV线离UV框过近，一般来说两者至少要保持3个像素左右的距离，如果距离过近，可能会导致3D游戏角色模型在游戏中产生接缝。UV分配得合理与否，会直接影响之后贴图的效果和质量。通常在需要表现细节的地方，UV可以分配得大一些，方便对细节进行绘制，反之，在不需要表现细节的地方，UV可以分配得小一些。

如果是不添加法线贴图的3D游戏角色模型，可以把相同模型的UV重叠在一起，如左右对称的角色装备、左右脸、左右身体等都可以重叠到一起，这样做是为了提高绘制效率，在有限的时间里达到更好的效果。但如果要添加法线贴图，模型的UV就不能重叠了，因为法线贴图不支持这种重叠的UV，后期容易导致贴图显示错误。在这种情况下，对于对称结构，可以先制作其中一个，另一个则通过复制模型来制作。

当制作了大量的3D角色模型，积累了一定的经验后，设计师会逐渐形成自己的模型素材库和贴图素材库。在制作新的3D角色模型时，可以从模型素材库中选取体型相近的模型进行修改，如手、护腕、胸部等。因此这些基于平时积累的贴图素材库和模型素材库会给后续的工作带来很多便利。

第3章

3D角色建模基础与制作流程

知识目标：

- 掌握3ds Max的安装方法；
- 熟悉3ds Max的界面及视图操作；
- 掌握3ds Max建模的基本操作；
- 了解角色模型贴图技术的相关知识。

素养目标：

- 建立对3ds Max的系统认知；
- 熟练掌握3ds Max的各种操作技巧；
- 能够运用3ds Max进行各种模型制作及贴图绘制。

对于3D角色制作来说，建模是一切工作的开始，只有将模型成功创建出来，后面的模型贴图、骨骼绑定及动作调节等工作才能正常有序地进行，所以建模对于3D角色的制作有着重要影响。而建模的基础是对三维制作软件的功能了解和熟练操作，要想具备出色的建模能力，必须深入学习三维制作软件，为日后各项工作的开展打下坚实的基础。本章重点讲解3ds Max建模基础及通过编辑多边形来制作人体结构模型的操作过程，并对3D角色模型的贴图技术进行解析，帮助大家从建模和贴图两方面掌握3D角色的制作技巧。

拓展阅读

国产自研3D设计软件Sunvega 3D

3.1 3ds Max角色建模基础

3ds Max的全称为3D Studio Max，是Autodesk公司开发的基于PC系统的三维动画渲染和制作软件，其前身是基于DOS操作系统的3D Studio系列软件。

3ds Max具有独立完整的设计功能，广泛应用于工业设计、建筑设计、影视制作、多媒体制作、游戏设计、辅助教学及工程可视化等领域。由于操作简单便捷，再加上强大的多边形编辑功能，3ds Max在建筑设计方面显示出独一无二的优势。Autodesk公司较为完善的建筑设计解决方案——Autodesk Building Design Suite建筑设计套件选择3ds Max作为主要的三维制作软件，由此可见3ds Max在建筑设计领域的地位。在国内的建筑效果图和建筑动画制作领域，3ds Max已显示出巨大的优势。

由于游戏引擎和程序接口等方面的原因，国内大多数游戏制作公司选择3ds Max作为主要的3D游戏美术设计软件，对于3D游戏场景美术制作来说，3ds Max更是首选软件。在进一步强化Maya整体功能的同时，Autodesk公司并没有停止对3ds Max的研究与开发，每一次更新都在强化原有系统的基础上增加了实用的新功能，同时应用了Maya的部分优秀理念，使3ds Max成为更加专业和强大的三维制作软件。本节将详细讲解3ds Max角色建模的基础操作。

3.1.1 3ds Max的安装

用户可以登录Autodesk公司的官方网站，从中下载3ds Max的安装程序，新版软件可以免费试用30天。随着微软公司Windows 64位操作系统的普及，3ds Max从9.0版开始分为32位和64位两种版本，用户可以根据自己的计算机硬件配置和操作系统来自行选择安装适合的版本。

与其他图形设计类软件一样，3ds Max也采用了人性化、便捷化的安装流程，整体的安装方法和步骤十分简单。下面以3ds Max 2022为例来讲解3ds Max的安装流程。

（1）双击3ds Max安装程序的图标，打开运行安装程序界面。与其他软件的安装一样，接下来会弹出有关许可及服务协议的阅读文档界面，勾选“我同意使用条款”复选框并单击“下一步”按钮，继续软件的安装（见图3-1）。

（2）此时会弹出产品信息界面，需要选择购买产品的注册认证类型，包括单机版和联机版，PC用户通常选择单机版。接下来是产品信息的注册，需要填写正版软件的产品序列号及产品密钥。如果没有购买正版软件，可以选择免费试用。

（3）在弹出的界面中选择软件的安装路径，可以选择默认路径，也可以自行选择安装路径，之后单击“下一步”按钮（见图3-2）。

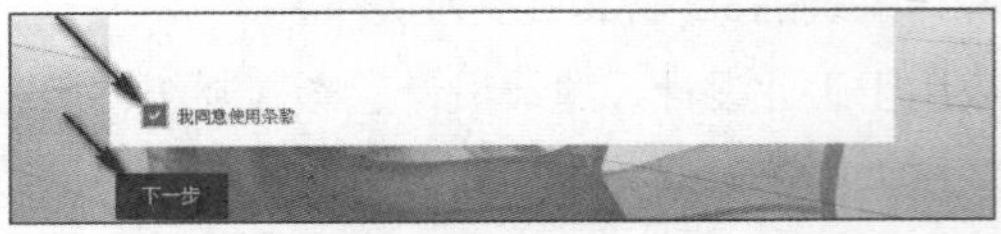

·图3-1｜阅读文档界面

·图3-2｜选择安装路径

（4）这时弹出的是3ds Max的组件安装界面，其中列出了一些软件所附带的常规组件，例如Material Library（材质库）等（见图3-3）。可以根据自己的需要来选择安装，选择完成后单击“开始”按钮即可正式进行软件的安装。图3-4所示为安装过程。

·图3-3｜组件安装界面

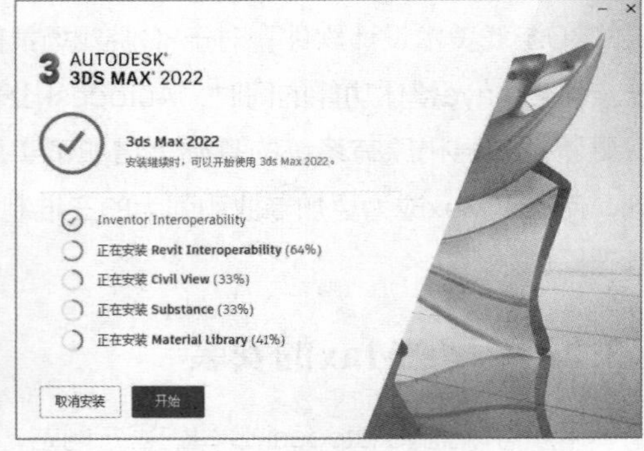

·图3-4｜软件正式安装

（5）软件安装完成后，可以在桌面的安装目录里找到3ds Max，然后可以选择相应的语言版本，如“Simplified Chinese”（简体中文）或“English”（英文）。如果购买了正版软件，用户需要对其进行激活操作。在“Auto desk隐私保护政策”界面中勾选“我已阅读Autodesk隐私保护政策，并同意我的个人数据依照该政策使用、处理和存储（包括该政策中说明的跨国传输）。”复选框并单击“继续”按钮（见图3-5）。

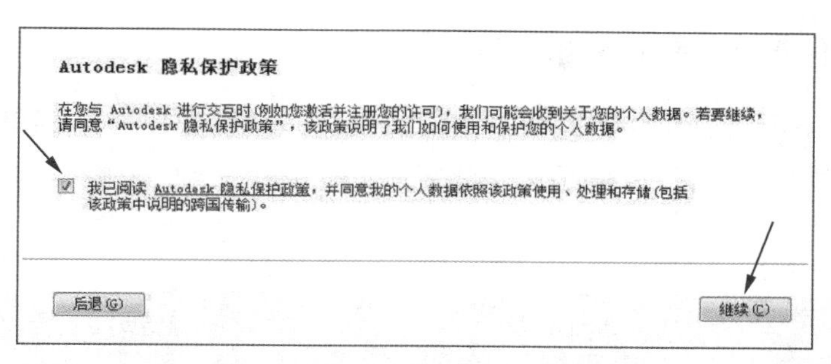

· 图3-5 | “Autodesk隐私保护政策”界面

（6）此时将弹出3ds Max正版软件注册及激活界面，因为之前已经输入了产品序列号及产品密钥，所以此处可以直接选择“立即连接并激活！”单选项，也可以在下方输入Autodesk提供的激活码来激活软件（见图3-6）。

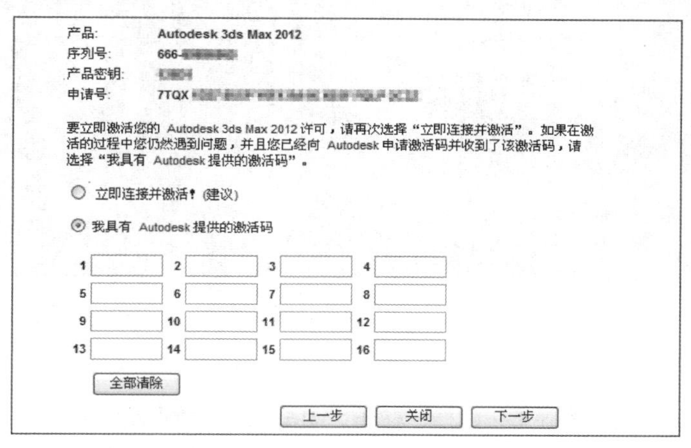

· 图3-6 | 产品注册及激活界面

至此已完成软件安装的所有步骤，接下来就可以从系统菜单中启动相应语言版本的3ds Max 2022并进行各种设计和制作工作了（见图3-7）。

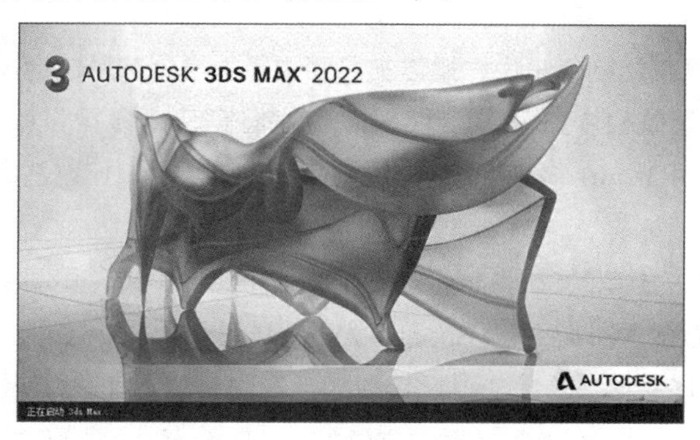

· 图3-7 | 3ds Max 2022软件启动界面

3.1.2 3ds Max操作界面讲解

启动3ds Max后，打开的窗口就是3ds Max的操作主界面，主要分为菜单栏、快捷按钮区、快捷工具菜单、工具命令面板区、动画与视图操作区及视图区六大部分（见图3-8）。

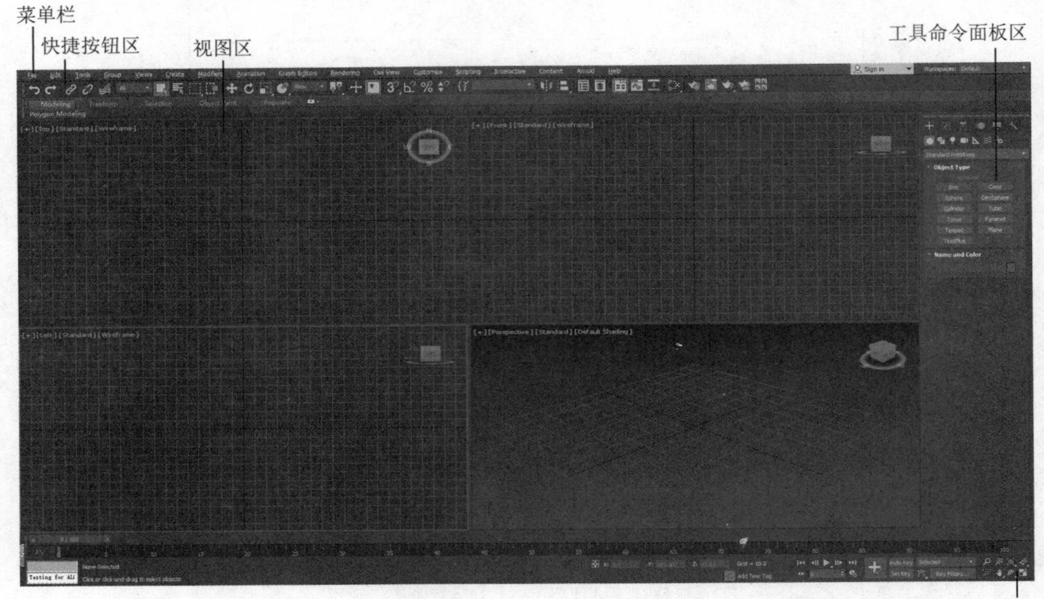

· 图3-8 | 3ds Max的操作主界面

3ds Max 2010之后的版本，建模、材质、动画、场景管理及渲染方面的功能较之前版本都有了大幅度的变化。其中窗口及UI较之前版本变化很大，但大多数功能对于3D游戏场景建模来说并不是十分必要的，而基本的多边形编辑功能并没有较大变化，只是在界面和操作方式上做了一定的改动，所以用户在选择软件版本时并不一定要用最新版，要综合考虑计算机的配置情况，以实现性能和稳定性的良好协调。

对于3D游戏场景美术制作来说，操作主界面中最为常用的是快捷按钮区、工具命令面板区以及视图区。菜单栏中虽然包含众多命令，但实际建模操作中用到的很少，只有“File”（文件）和“Group”（组）菜单中的命令比较常用，但这些命令也基本包含在快捷按钮区中。

单击操作主界面左上角的3ds Max图标，弹出“File”菜单（见图3-9）。“File”菜单包括“New”（新建场景文件）、“Reset”（重置场景）、“Open”（打开场景文件）、“Save”（储存场景文件）、“Save As”（另存场景文件）、“Import”（导入）、“Export”（导出）、“Send to”（发送文件）、“References”（参考）、“Manage”（项目管理）、“Properties”（文件属性）等命令。其中，“Save As”命令可以帮助用户在制作大型场景的时候，将当前场景文件进行备份，“Import”和“Export”命令可以让模型以不同的文件格式进行导入和导出。另外，“File”菜单右侧会显示用户最近打开过的3ds Max文件。

3ds Max菜单栏中的第四项是“Group”菜单（见图3-10），“Group”菜单有8项命令，其中前6项是常用命令，包括“Group”（编组）、“Ungroup”（解组）、“Open”（打开组）、“Close”（关闭组）、“Attach”（结合进组）、“Detach”（分离出组）等。

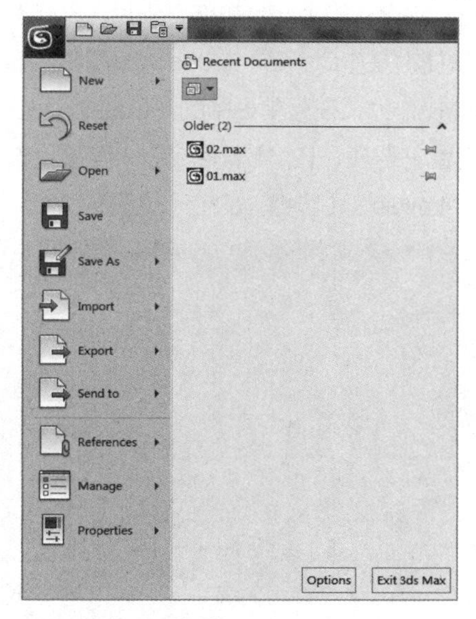

· 图3-9｜File菜单

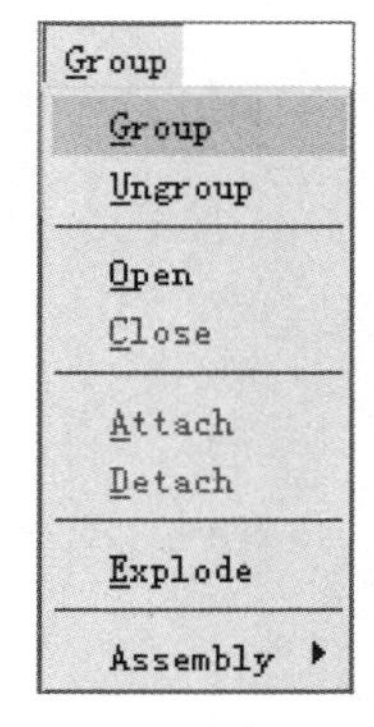

· 图3-10｜Group菜单

- Group命令：选中想要编辑成组的所有物体，单击“Group”命令就可以将其编辑成组。所谓的组就是指物体的集合，成组后的物体将变为一个整体，遵循整体命令操作。
- Ungroup命令：与“Group”命令恰恰相反，是将选中的组解体的操作命令。
- Open命令：如果在物体编辑成组以后想要对其中的单个物体进行操作，那么就可以利用这个命令。组被打开以后，物体集合周围会出现一个粉红色边框，这时用户就可以对其中的单个物体进行编辑操作。
- Close命令：与“Open”命令相反，是将已经打开的组关闭的操作命令。
- Attach命令：如果想要把一个物体加入已经存在的组，可以利用这个命令。具体操作为，选中想要进组的物体，执行“Attach”命令，然后单击组或者组周围的粉红色边框，这样物体就加入已存在的组中。
- Detach命令：与“Attach”命令相反，是将物体从组中分离的操作命令。具体操作为，将组打开，选中想要分离出组的物体，然后执行“Detach”命令，这样物体就从组中分离出去了。
- “Explode”（炸组）命令和“Assembly”（组装）命令在游戏制作中很少使用，这里不做过多讲解。Group命令在制作大型场景的时候非常有用，用户可以更加方便地对场景中的大量物体进行整体和局部操作。

接下来对快捷按钮区的每一组按钮进行详细讲解。

1. 撤销与物体绑定按钮组

撤销与物体绑定按钮组如图3-11所示。

• Undo（撤销）按钮：这个按钮用来取消刚刚进行的上一步操作，当用户操作有误想返回上一步操作的时候可以执行这个命令，快捷键是【Ctrl+Z】。3ds Max默认的撤销步数为20步，其实这个数值是可以设置的。具体操作为，在菜单栏中的“Customize”（自定义）菜单中选择“Preferences”（参考设置）选项，在“General”（常规）选项卡的“Scene Undo”（撤销场景）中即可设置“Levels”（步数）的值（见图3-12）。

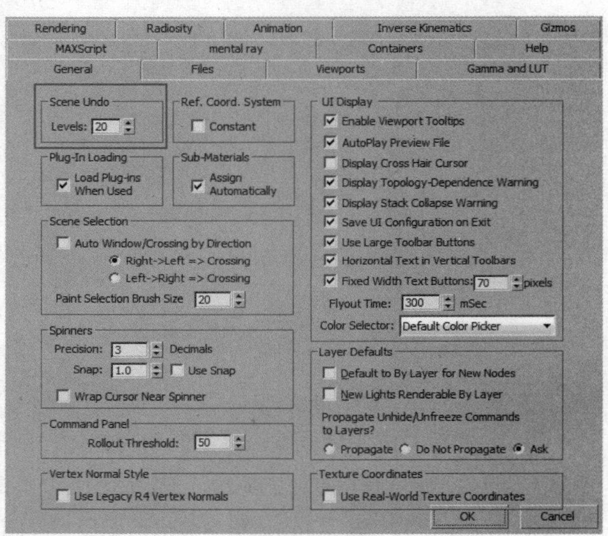

· 图3-11 | 撤销与物体绑定按钮组 · 图3-12 | 设置撤销步数

• Redo（取消撤销）按钮：当用户执行“Undo”命令后，想取消撤销操作并返回最后一步操作时可执行此命令，快捷键为【Ctrl+Y】。

• Select and Link（物体选择绑定）按钮：假设在场景中有A物体和B物体，想要让B物体成为A物体的附属物体，并且在A物体移动、旋转、缩放的时候B物体也随之进行变化，那么就要应用此命令。具体操作为，先选中B物体，单击“Select and Link”按钮，然后将鼠标指针移动到B物体上，出现绑定图标时将B物体拖曳到A物体上即完成绑定操作。此时B物体成为A物体的子级物体，同样A物体成为B物体的父级物体，用户在层级关系列表中可查看这一关系。父级物体能影响子级物体，反之则不可。

这项命令在游戏场景制作中十分重要，例如，在一个复合场景建筑中，把一座宫殿和附属于它的回廊、阙楼以及相关建筑绑定到一起，对场景的整体操作将变得十分方便快捷。在

这一方面，“Group”命令有异曲同工的作用。

- Unlink Selection（取消绑定）按钮：假设A物体和B物体之间存在绑定关系，如果想要取消他们之间的绑定则应用此命令。具体操作为，同时选中A物体和B物体，单击此按钮将绑定关系取消。
- Band to Space Warp（空间绑定）按钮：此命令主要针对3ds Max的空间和力学系统，在游戏场景制作中较少用到，所以这里不做详细讲解。

2. 物体选择按钮组

物体选择按钮组如图3-13所示。

- Select Object（选择物体）按钮：通常在鼠标指针的正常状态下就处于物体选择模式，单个单击为单体选择，拖曳鼠标指针可进行区域选择，快捷键为【Q】。

・图3-13｜物体选择按钮组

- Select by Name（物体列表选择）按钮：复杂的场景文件中可能包含几十、上百甚至几百个物体，要想用通常的选择方式来快速找到想要选择的物体几乎不可能，通过物体列表将所选物体的名字输入便可立即找到该物体，快捷键为【H】。

“Select From Scene”窗口上方从左往右为显示类型按钮，依次为几何模型、二维曲线、灯光、摄影机、辅助物体、力学物体、组物体、外部参照、骨骼对象、容器、被冻结物体以及隐藏物体，下一行右侧的3个按钮分别为全部选择、全部取消选择和反向选择（见图3-14）。通过分类选择，用户可以更加快速地找到想要选择的物体。

- Rectangular Selection Region（区域选择）按钮：在物体选择模式下拖曳鼠标指针即可出现区域选择框，从而对多个物体进行整体选择。单机“Rectangular Selection Region”按钮会打开相应列表，用户可以选择不同的区域选择方式，从左到右依次为矩形选区、圆形选区、不规则直线选区、曲线选区和笔刷选区（见图3-15）。

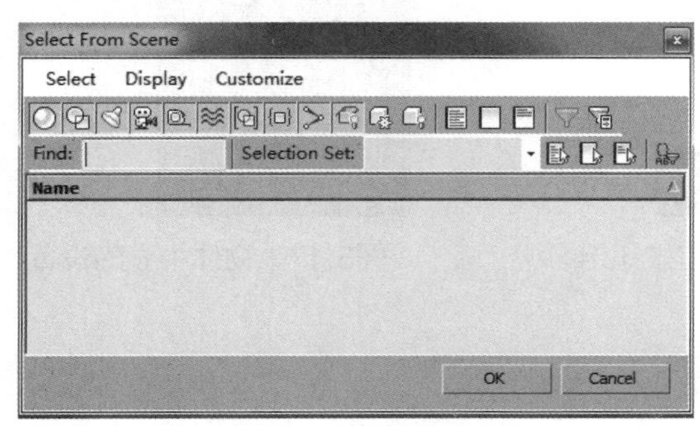

・图3-14｜“Select From Scene”窗口

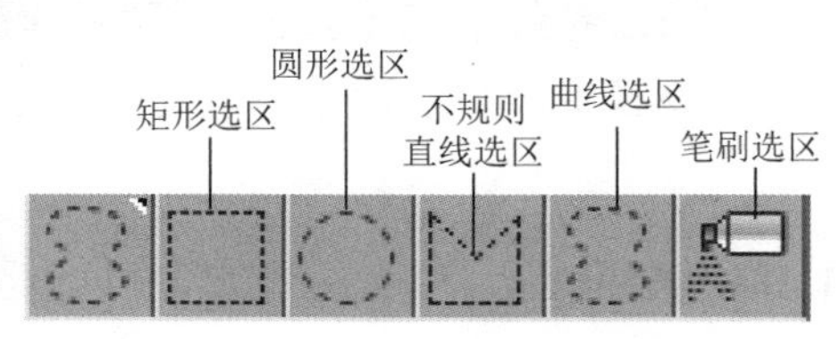

・图3-15｜区域选择方式

- Window/Crossing（半选/全选模式）按钮：默认状态下为半选模式，即物体与复选框接触就可以被选中。单击此按钮进入全选模式，在全选模式下物体必须全部纳入复选框内才能被选中。

3. 物体基本操作与中心设置按钮组

物体基本操作与中心设置按钮组如图3-16所示。

- Move（移动）按钮：选择物体，单击此按钮，便可在X、Y、Z这3个轴向上完成物体的位移操作，快捷键为【W】。
- Rotate（旋转）按钮：选择物体，单击此按钮，便可在X、Y、Z这3个轴向上完成物体的旋转操作，快捷键为【E】。
- Scale（缩放）按钮：选择物体，单击此按钮，便可在X、Y、Z这3个轴向上完成物体的缩放操作，快捷键为【R】。

以上3种操作是3ds Max中针对物体的基本的操作，在这3个按钮上右击会出现参数设置窗口，用户可以通过数值控制的方式对物体进行更为精确的移动、旋转和缩放操作。

- Use Pivot Point Center（中心设置）按钮：单击此按钮会出现下拉列表，相应选项分别可将全部选择物体的中心设定为物体各自的中心点、将全部选择物体的中心设定为整体区域中心、将全部选择物体的中心设定为参考坐标系原点。

这里涉及一个小技巧，当物体的中心出现偏差，不在原来的中心位置时，用户可在操作主界面右侧的工具命令面板区中，选择第三个“Hierarchy”（层级）面板，然后在第一个标签栏“Pivot”（中心）下进行相应的设置，同时可以重置物体中心（见图3-17）。

·图3-16｜物体基本操作与中心设置按钮组

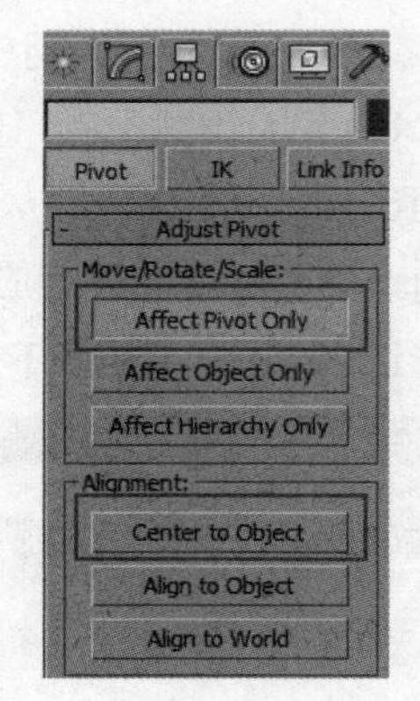

·图3-17｜物体中心的设置

4. 捕捉按钮组

捕捉按钮组如图3-18所示。

捕捉（Snaps）包括Standard（标准）捕捉和Nurbs（曲面）捕捉，使用每种捕捉方法都可以捕捉到一些特定的元素，如使用Standard捕捉可以捕捉顶点、中点、面、垂足等元素，这些元素可以在“Grid and Snap Settings”（栅格和捕捉设置）对话框中进行设置

（见图3-19）。对于其他参数的设置这里不做过多讲解，这里主要讲解游戏场景制作中经常用到的一个参数——“Angle”（角度）的设置，通过设置用户可以让选中的物体按事先设定角度的倍数进行旋转，这对于使物体大幅度旋转和精确旋转非常有用。

·图3-18｜捕捉按钮组

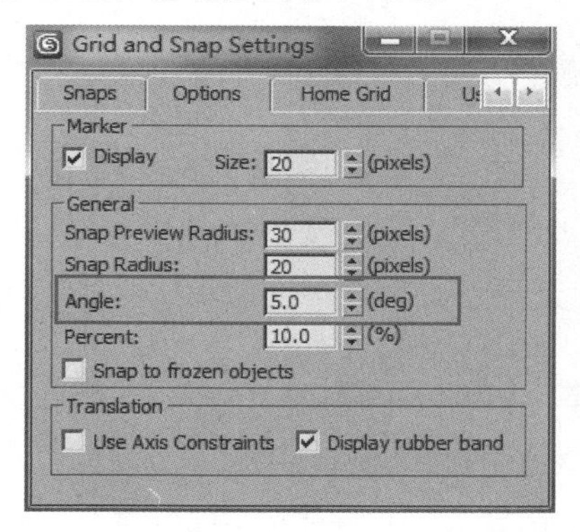

·图3-19｜“Grid and Snap Settings”对话框

5. 镜像与对齐按钮组

镜像与对齐按钮组如图3-20所示。

·图3-20｜镜像与对齐按钮组

- Mirror（镜像）按钮：将选择的物体进行镜像复制。具体操作为，选择物体，单击此按钮后会出现镜像设置对话框（见图3-21），可以设置镜像的“Mirror Axis”（参考轴向）以及“Clone Selection”（克隆方式）等。如果在“Clone Selection”中选择第一项“No Clone”（不进行克隆），那么最终将选择的物体进行镜像复制后不会保留原物体。如果想要对多个物体进行整体镜像复制操作，可以先将全部物体编辑成组。
- Align（对齐）按钮：假如场景中有A物体和B物体，选择A物体，然后单击此按钮，再在B物体上单击，便会出现“Align Selection”对话框，这时可以设置对齐轴向和对齐方式（见图3-22）。在“Align Position”（对齐位置）中有，3个复选框，勾选后表示分别按照X、Y、Z轴向进行对齐操作。在“Current Object”（当前选择物体）和“Target Object”（目标对齐物体）中可选择按照不同的对齐方式进行对齐操作，常用的为“Pivot Point”（中心点）对齐。
- Graphite Modeling Tools（石墨工具）按钮：用来显示和关闭石墨工具菜单，可以以更加快捷直观的操作方式来进行模型编辑和制作。
- Material Editor（材质编辑器）按钮：单击此按钮可打开材质编辑器，对物体的材质和贴图进行相关设置，快捷键为【M】。

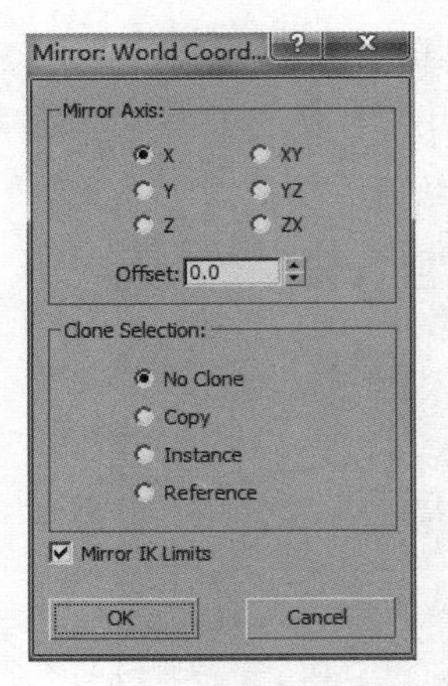

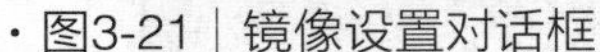

·图3-21｜镜像设置对话框

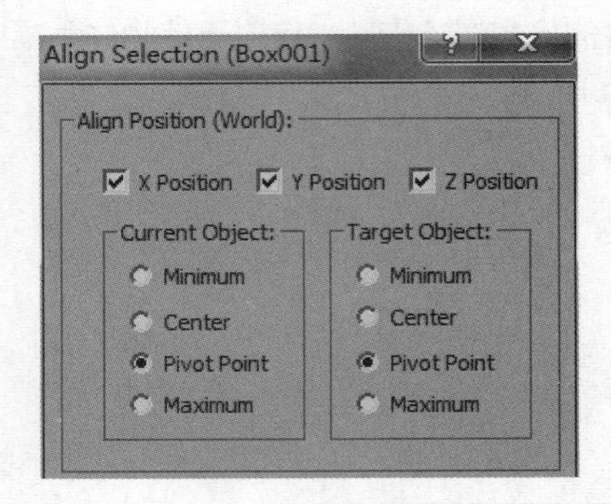

·图3-22｜“Align Selection”对话框

• Quick Render（快速渲染）按钮：将所选视图中的物体用渲染器进行快速预渲染，快捷键为【Shift+Q】。此按钮主要用于CG及动画制作，游戏画面一般采用游戏引擎即时渲染的方式，所以这里不做过多讲解。

其他按钮在游戏角色设计中较少应用，这里不做过多讲解。

3.1.3 3ds Max视图操作

微课视频

3ds Max视图操作-1

微课视频

3ds Max视图操作-2

视图作为3ds Max中的可视化操作窗口，是三维制作中最主要的工作区域之一。熟练掌握3ds Max视图操作是三维美术设计师的基础能力，而3ds Max视图操作的熟练程度将直接影响项目的进度。

在3ds Max操作主界面的右下角就展示了视图操作按钮，按钮不多却涵盖了几乎所有的视图基本操作，但在实际制作过程中这些按钮的实用性并不大，因为如果仅靠按钮来完成视图操作，那么整体制作效率将大大降低。在实际三维设计和制作中更多的是用每个按钮相应的快捷键来代替单击按钮操作。熟练运用快捷键来操作3ds Max是三维美术设计师的基础能力。

3ds Max视图操作从宏观角度来概括主要包括3个方面：视图选择与快速切换、单视图窗口的基本操作及视图中右键菜单的操作。下面针对这3个方面做详细讲解。

1. 视图选择与快速切换

3ds Max中视图默认为经典四视图模式，即Top（顶）视图、Front（正）视图、Left（侧视）图和Perspective（透）视图。但经典四视图模式并不是唯一、不可变的，在视图左上角的“+”菜单中，执行“Configure Viewports”（视图设置）命令，会出现“Viewport Configuration”对话框，在“Layout”（布局）中选择自己喜欢的视图样式即可（见图3-23）。

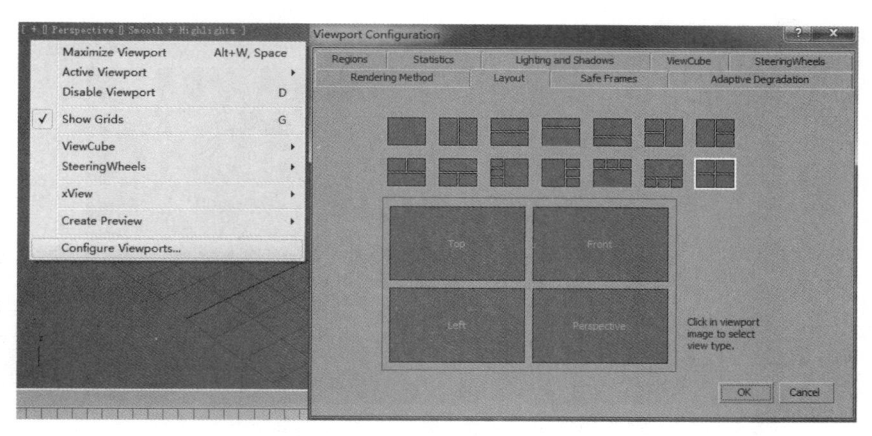

·图3-23｜视图样式设置

在游戏场景制作中，最为常用的多视图模式是经典四视图模式，因为在这种模式下，系统不仅能显示Perspective视图或Orthographic（用户）视图，还能显示Top视图、Front视图、Left视图等不同视角的视图，让模型的操作更加便捷、精确。在选定好的多视图模式中，把鼠标指针移动到视图框体边缘可以自由拖动调整各视图框体的大小，如果想要恢复原来的设置，只需要把鼠标指针移动到所有分视图框体交接处，在出现移动符号后，右击“Reset Layout”（重置布局）即可。

下面简单介绍一下不同角度的视图：经典四视图模式中的Top视图是指从模型顶部正上方俯视的视图，也称为顶视图；Front视图是指从模型正前方观察的视图，也称为正视图；Left视图是指从模型正侧面观察的视图，也称为侧视图；Perspective视图也就是透视图，是以透视角度来观察模型的视图（见图3-24）。除此以外，常见的视图还包括Bottom（底）视图、Back（背）视图、Right（右）视图等，它们分别是Top视图、Front视图和Left视图的反向视图。

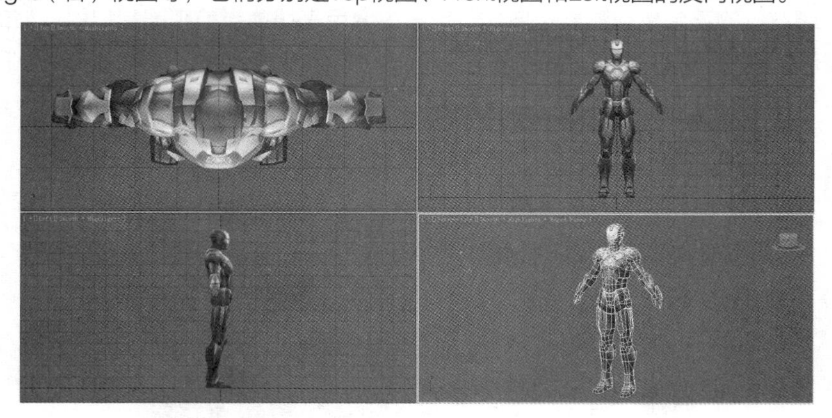

·图3-24｜经典四视图模式

在实际的模型制作当中，Perspective透视图并不是最为适合的显示视图，最为常用的通常为Orthographic视图，它与Perspective视图最大的区别是，其中的模型没有透视关系，这样更利于在编辑和制作模型时进行观察（见图3-25）。

・图3-25｜透视图与用户视图的对比

在视图左上角“+”选项右侧有两个选项，分别单击会打开相应菜单（见图3-26）。图3-26左侧所示的菜单是视图模式菜单，主要用来设置当前视图窗口的模式，包括“Perspective”“Orthog ra-phic”“Top”“Bottom”“Front”“Left”等，对应的快捷键分别为【P】【U】【T】【B】【F】【L】。在选中的当前视图下或者单视图模式下，用户都可以直接通过快捷键来快速切换不同角度的视图。切换多视图和单视图模式的默认快捷键为【Alt+W】，当然所有的快捷键都是可以设置的，编者本人更愿意把这个快捷键设定为空格键。

在多视图模式下想要选择不同角度的视图，只需要单击相应视图即可，被选中的视图周围会出现黄色边框。在复杂的包含众多模型的场景文件中，当前选择了一个模型，而同时想要切换视图角度，如果直接单击其他视图，在相应视图被选中的同时用户会丢失对模型的选择。如何避免这个问题？其实很简单，只需要右击想要选择的视图即可，这样既不会丢失对模型的选择，同时能激活想要切换的视图窗口。这是在实际软件操作中经常用到的一个技巧。

图3-26右侧的菜单是视图显示模式菜单，主要用来切换当前视图窗口中模型的显示模式，其中包括5种显示模式：“Smooth + Highlights”（光滑高光）、“Hidden Line”（屏蔽线框）、“Wireframe”（线框）、“Flat”（自发光）以及“Edged Faces”（线面）。

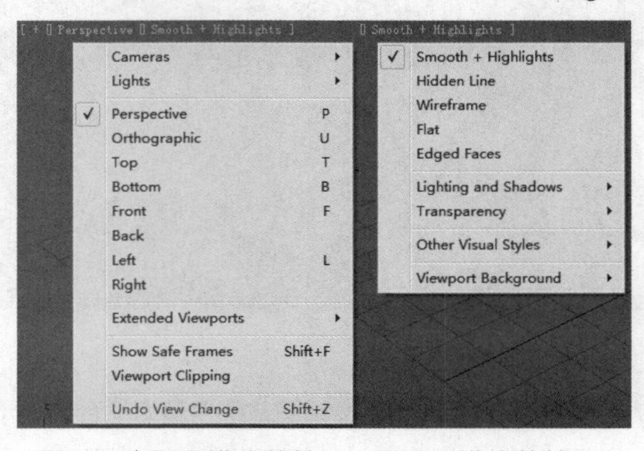

・图3-26｜视图模式菜单和视图显示模式菜单

“Smooth + Highlights”模式是默认的模型显示模式。在这种显示模式下，模型受3ds Max场景中内置灯光的光影影响。在“Smooth + Highlights”模式下，用户可以同步激活“Edged Faces”模式，这样可以同时显示模型的线框。“Wireframe”模式是隐藏模型实体，只显示模型线框的显示模式。不同显示模式可以通过快捷键来进行切换，按【F3】键可以切换到“Wireframe”模式，按【F4】键可以激活“Edged Faces模式”。合理地切换与选择显示模式更加方便模型的制作。图3-27所示分别为“Smooth+Highlights”模式、“Edged Faces”模式和“Wireframe”模式的显示效果。

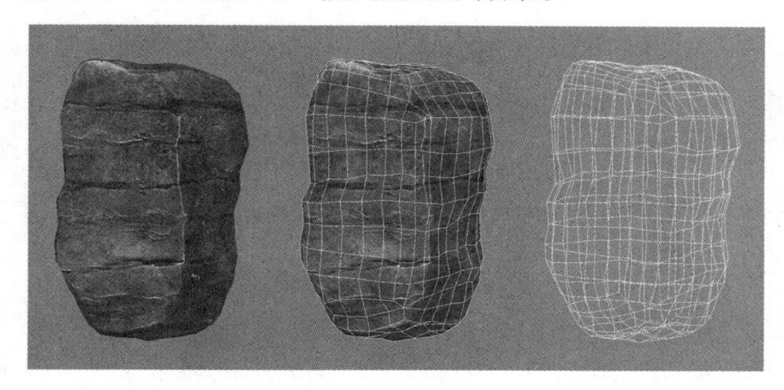

· 图3-27 | “Smooth+Highlights”模式、“Edged Faces”模式和“Wireframe”模式的显示效果

在3ds Max 9.0之后的版本中又加入了“Hidden Line”和“Flat”模式，这是两种特殊的显示模式。“Flat”模式的显示效果类似于模型自发光，而“Hidden Line”模式类似于叠加了线框的“Flat”模式，在没有贴图的情况下模型显示为带有线框的自发光灰色，添加贴图后模型同时显示贴图和线框。这两种显示模式对于3D游戏制作非常有用，尤其是“Hidden Line”模式可以极大地提高即时渲染和显示的速度。

2. 单视图窗口的基本操作

单视图窗口的基本操作主要包括视图焦距推拉、视图角度转变、视图平移等。视图焦距推拉主要用于视图整体操作与精确操作、宏观操作与微观操作的转变。视图推进方便进行更加精细的模型调整和制作，视图拉出方便对整体模型场景进行整体调整和操作。其视图焦距推拉的操作方法是，按住【Ctrl+Alt】组合键，并按住鼠标中键，拖曳鼠标来实现。

视图角度转变主要用于模型制作时进行不同角度的视图旋转，方便从各个角度和方位对模型进行操作。具体操作方法为：同时按住【Alt】键与鼠标中键，然后拖曳鼠标进行不同方向的转动操作。使用3ds Max操作主界面右下角的视图操作按钮还可以设置不同轴向基点的旋转，最为常用的是“Arc Rotate Subobject”（弧形旋转次物体），即以选中物体为旋转轴向基点进行视图旋转。

视图平移主要用于在视图中进行不同模型间的查看与选择，按住鼠标中键并拖曳鼠标就可以进行上下左右不同方位的平移操作。在3ds Max操作主界面右下角的视图操作按钮中单击

“Pan View”（移动视图）按钮可以切换为“Walk Through”（穿行）模式，这个功能对于游戏制作尤其是三维场景制作十分有用。将制作好的3D游戏场景切换为透视图，然后切换为穿行模式，用户可以以第一人称视角的方式身临其境地感受游戏场景的整体氛围，从而进一步发现场景制作中存在的问题，方便之后的修改。在切换为穿行模式后，鼠标指针会变为圆形目标符号，按【W】和【S】键可以控制前后移动，按【A】和【D】键可以控制左右移动，按【E】和【C】键可以控制上下移动，转动鼠标可以查看周围场景，按【Q】键可以改变移动速度。

这里还要介绍一个小技巧。在一个大型复杂的场景制作文件中，当我们选定一个模型后进行视图平移操作，或者想快速将所选的模型归位到视图中央时，我们可以通过一个操作来实现视图中模型的快速归位，那就是按快捷键【Z】。无论当前视图窗口与所选的模型处于怎样的位置关系，只要按【Z】键，都可以让被选模型在第一时间迅速移动到当前视图窗口的中间位置。如果当前视图窗口中没有被选择的模型，这时按【Z】键整个场景中所有模型将作为整体显示在视图窗口的中间位置。

在3ds Max 2009之后的版本中加入了一个有趣的新工具——ViewCube（视图盒），这是一个显示在视图右上角的工具图标，以三维立方体的形式显示，并可以进行各种角度的旋转操作（见图3-28）。视图盒的不同面代表了不同的视图模式，单击即可快速切换各种角度的视图，单击视图盒左上角的房屋图标可以将视图重置到透视图坐标原点的位置。

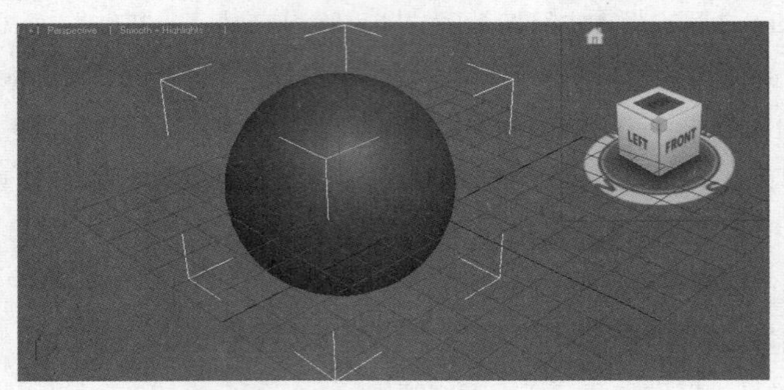

· 图3-28 | ViewCube

另外，在切换单视图和多视图模式时，特别是切换到用户视图后再切回透视图时，经常会发生视野角度改变的情况。这里的视野角度是可以设定的，具体操作为，单击视图左上角“+”菜单中的“Configure Viewports”，在“Viewport Configuration”对话框中的“Rendering Method”（渲染模式）选项卡的“Field of View”（视野角度）一栏中用具体数值来设定视野角度（见图3-29），通常默认的标准角度为45°。

3. 视图中右键菜单的操作

3ds Max视图操作除了上面介绍的基本操作，还有一个很重要的操作就是视图中右键菜单的操作。在3ds Max视图中任意位置右击都会出现一个灰色的多命令菜单，这个菜单中的许多命令对三维模型的制作有着重要的作用。这个菜单中的命令通常都是针对被选择的模型，如果场景中没有被选择的模型，那这些命令将无法执行。这个菜单包括上下两大部分："display"（显示）和"transform"（变形）（见图3-30左侧）。下面针对这两部分中的重要命令进行详细讲解。

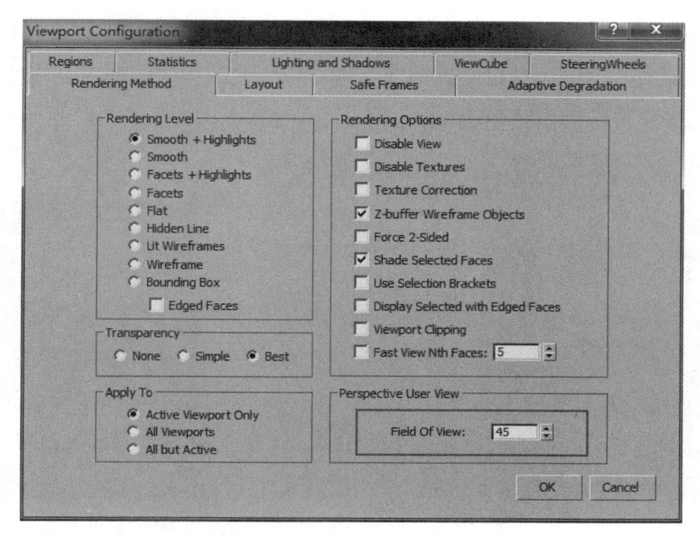

· 图3-29 | 视野角度的设定

在"display"菜单中最重要的就是冻结和隐藏这两组命令，这是游戏场景制作中经常使用的命令。所谓冻结就是将3ds Max中的模型锁定为不可操作状态，被冻结后的模型仍然显示在视图窗口中，但无法对其进行任何操作。"Freeze Selection"是指对被选择的模型进行冻结操作。"Unfreeze All"是指将所有被冻结的模型取消冻结状态。

通常被冻结的模型都会变为灰色并且会隐藏贴图，由于灰色与视图背景色相同，经常会造成制作上的不便。这其实是可以设置的，在3ds Max右侧"Display"菜单中的"Display Properties"（显示属性）栏中取消"Show Frozen in Gray"选项，便可避免被冻结的模型变为灰色（见图3-30右侧）。

所谓隐藏就是让3ds Max中的模型在视图窗口中处于暂时消失不可见的状态，隐藏不等于删除，被隐藏的模型只是处于不可见状态，并没有从场景文件中删除，在执行相关操作后可以取消其隐藏状态。隐藏命令组常用于游戏场景制作，因为在复杂的三维模型场景文件当中，在制作某个模型的时候用户经常会被其他模型阻挡视线，尤其是在包含众多模型的大型场景文件中，而隐藏命令组恰恰避免了这些问题，让模型制作变得更加方便。

"Hide Selection"是指对被选择的模型进行隐藏操作；"Hide Unselected"是指对被选择模型以外的所有模型进行隐藏操作；"Unhide All"是指将场景中的所有模型取消隐藏状态；"Unhide by Name"是指通过模型名称选择列表将模型取消隐藏状态。

在"transform"菜单中除了包含"Move"（移动）、"Rotate"（旋转）、"Scale"

（缩放）、“Select”（选择）、“Clone”（克隆）等基本的模型操作命令，还包括“Properties”（物体属性）、“Curve Editor”（曲线编辑）等高级命令。模型的移动、旋转、缩放、选择在前面都已经讲解过，这里着重讲解一下“Clone”命令，即将一个模型复制为多个模型，快捷键为【Ctrl+V】。具体操作为，选择模型，单击“Clone”或者按【Ctrl+V】组合键，对该模型进行原地克隆操作，而选择模型后按住【Shift】键并用鼠标指针移动、选择、缩放该模型，则可以对该模型进行等单位的克隆操作，在拖曳鼠标指针并松开鼠标左键后会弹出设置窗口（见图3-31）。

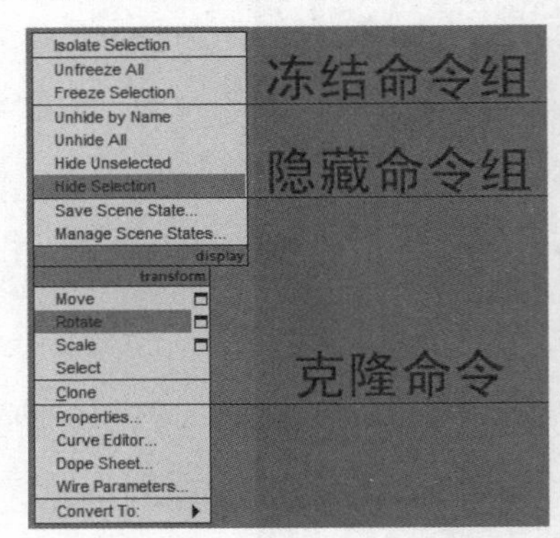

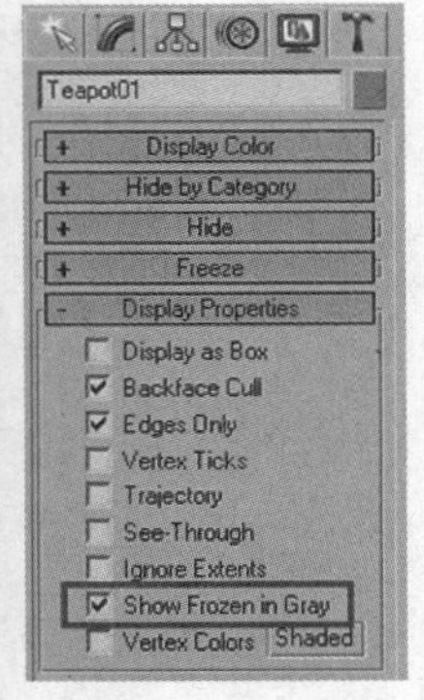

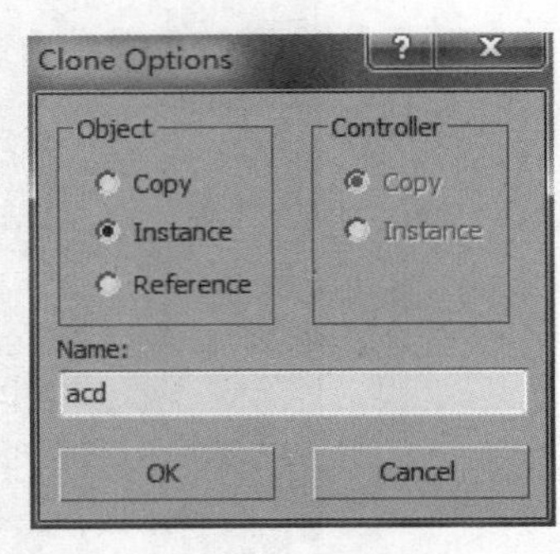

·图3-30｜视图中右键菜单与取消冻结后变为灰色的设置 ·图3-31｜克隆设置窗口

克隆物体与被克隆物体之间存在3种关系：Copy（复制）、Instance（实例）和Reference（参考）。Copy是指克隆物体和被克隆物体之间没有任何关联关系，改变其中任何一方对另一方都没有影响；Instance是指进行克隆操作后，改变克隆物体的设置参数，被克隆物体也随之改变，反之亦然；Reference是指进行克隆操作后，改变被克隆物体的设置参数可以影响克隆物体，反之则不成立。这3种关系是3ds Max中模型之间常见的基本关系，在很多命令设置窗口中都经常能看到。

3.1.4 3ds Max建模基础操作

微课视频

3ds Max建模
基础操作

建模是3ds Max的基础和核心功能。三维制作的各种工作任务都是在所创建模型的基础上完成的，无论是动画还是游戏制作领域，想要完成最终作品首先要解决的问题就是建模。具体到三维网络游戏制作来说，建模更是游戏项目美术制作部分的核心工作内容，所以走向三维美术设计师之路的第一步就是建模。

角色建模与场景建模的区别很大，主要是受贴图方式的影响。角色模型要遵循模型一体化创建的原则，这是因为在游戏制作中角色模型必须要保证用尽量少的贴图，在贴图赋予模型之前调整UV分布的时候，就必须把整个模型的UV均匀平展在一张贴图内，这样才能保证最终模型贴图的准确性。角色建模与场景建模的区别如图3-32所示。

3ds Max的建模技术博大精深、内容繁杂，这里只是选择性地着重讲解与三维游戏制作

相关的建模知识。下面将从基本操作入手，循序渐进地讲解3ds Max建模基础制作。

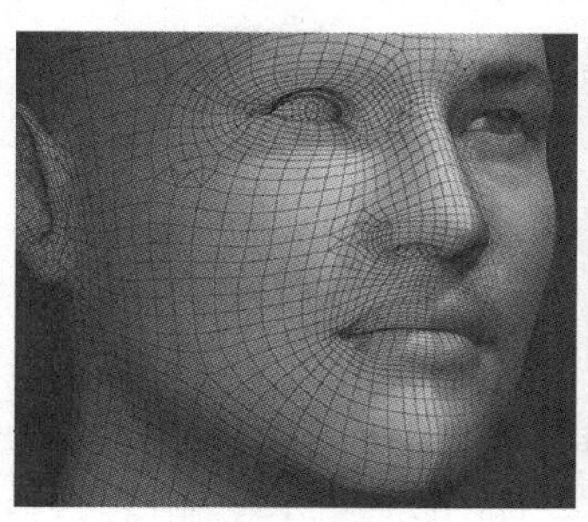

·图3-32｜角色建模与场景建模的区别

在3ds Max操作主界面右侧的工具命令面板中，“Create”（创建）面板中的第一项“Geometry”（几何体）主要用来创建几何体模型，其下拉菜单中的第一项“Standard Primitives”（标准几何体）是用来创建基础几何体模型。表3-1所示为3ds Max所能创建的10种基础几何体模型。

表3-1　3ds Max所能创建的10种基础几何体模型

英文	中文	英文	中文
Box	立方体	Cone	圆锥体
Sphere	球体	Geosphere	三角面球体
Cylinder	圆柱体	Tube	管状体
Torus	圆环体	Pyramid	角锥体
Teapot	茶壶	Plane	平面

其中几种常见的基础几何体模型如图3-33所示。

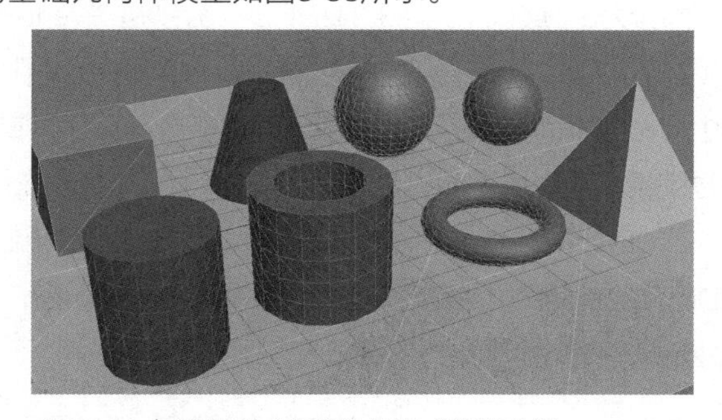

·图3-33｜常见的基础几何体模型示例

在视图中单击想要创建的几何体模型，在视图中拖曳鼠标指针就可以完成模型的创建，在拖曳过程中右击可以随时取消创建。创建完成后，切换到工具命令面板的“Modify”（修改）面板，可以对创建出的几何体模型进行参数设置，包括长、宽、高、半径、角度、分段数等的设置。在“Modify”面板和“Create”面板中都能对几何体模型的名称进行修改，名称后面的色块用来设置几何体模型的边框颜色。这些基础的几何体模型就是我们之后创建角色模型的基础，任何复杂的多边形模型都是由这些基础几何体模型编辑而成的。

在3ds Max中创建基础几何体模型对于真正的模型制作来说仅仅是第一步。不同形态的基础几何体模型为模型制作提供了一个良好的基础，之后要通过模型的多边形编辑才能完成最终模型的制作。

“Edit Mesh”与“Edit Poly“是常用的两个模型编辑命令，它们的不同之处在于，使用“Edit Mesh”命令编辑模型时以三角形面作为编辑基础，模型的所有编辑面最后都转化为三角形面；而使用“Edit Poly”命令处理几何体模型时，以四边形面作为编辑基础，而模型的编辑面最后无法自动转化为三角形面。在早期的计算机游戏制作过程中，大多数的游戏引擎支持的模型都为三角形面模型，而随着技术的发展，“Edit Mesh”命令已经不能满足3D游戏制作中对于模型编辑的需要，之后逐渐被强大的“Edit Poly”命令所代替。“Edit Poly”命令还可以和“Edit Mesh”命令进行自由切换，以应对各种不同的需要。

要切换为“Edit Poly”命令，可以通过以下3种方法实现。

（1）在视图窗口中对模型右击，在弹出的视图菜单中选择“Convert to Editable Poly”（塌陷为可编辑的多边形）命令，即可切换至多边形编辑模式。

（2）在3ds Max操作主界面右侧“Modify”面板的堆栈窗口中对需要的模型右击，同样选择“Convert to Editable Poly”命令，也可切换为“Edit Poly”命令。

（3）在堆栈窗口中可以对想要编辑的模型直接应用“Edit Poly”命令，也可让模型进入多边形编辑模式。这种方式相对前面两种来说有所不同，对于直接应用“Edit Poly”命令后的模型，在编辑的时候还可以返回上一级的模型参数设置界面，而前面两种方法则不可以，所以第三种方法相对来说具有更强的灵活性。

多边形编辑模式下共分为5个层级（见图3-34左侧），分别是“Vertex”（点）、“Edge”（线）、“Border”（边界）、“Polygon”（多边形面）和“Element”（元素）。在进入每个层级后，菜单窗口中会出现不同层级的专属面板，同时所有层级还共享统一的多边形编辑面板。图3-34右侧所示是编辑多边形的面板，包括以下几部分：“Selection”（选择）、“Soft Selection”（软选择）、“Edit Geometry”（编辑几何体）、“Subdivision Surface”（细分表面）、“Subdivision Displacement”（细分位移）和“Paint Deformation”（绘制变形）。下面将针对每个层级详细讲解模型编辑中常用的命令。

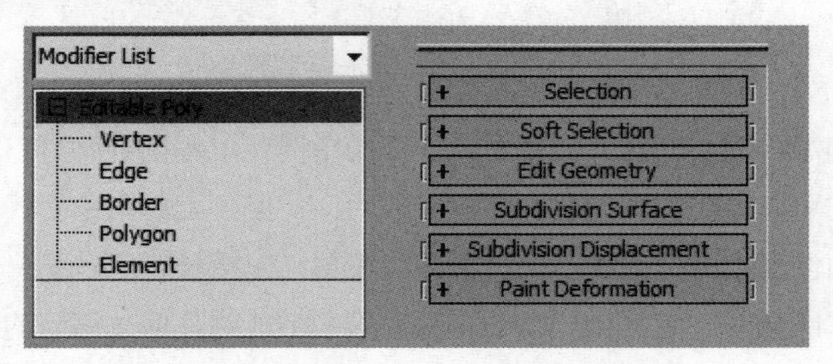

· 图3-34 | 多边形编辑中的层级和各种命令面板

1. “Vertex”层级

在Vertex层级下的“Selection”面板中，有一个重要的命令——“Ignore Backfacing”（忽略背面）（见图3-35左侧），勾选此复选框后，在视图中选择模型可编辑点的时候，将会忽略所有当前视图背面的点，此命令在其他层级中同样适用。

“Edit Vertices”（编辑顶点）面板是“Vertex”层级下独有的面板，其中大多数命令都是常用的多边形编辑命令（见图3-35右侧）。

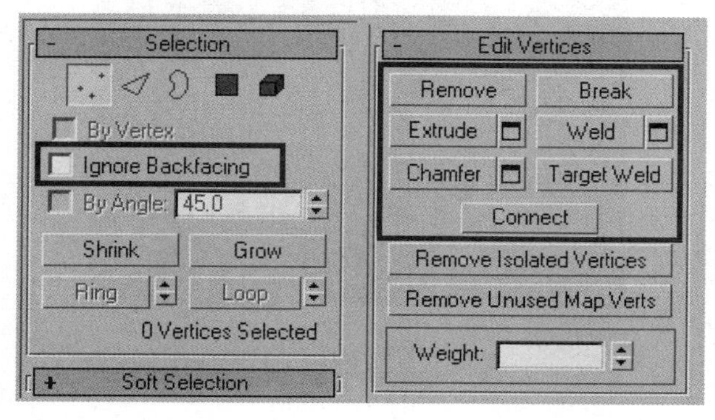

· 图3-35 | “Selection”面板和“Edit Vertices”面板中的常用命令

- Remove（移除）命令：当模型上有需要移除的顶点时，可选中顶点并执行此命令。“Remove”命令不同于“Delete”（删除）命令，当移除顶点后该模型顶点周围的面依旧存在，而执行“Delete”命令则是将选中的顶点连同顶点周围的面一起删除。
- Break（打散）命令：选中顶点并执行此命令后，该顶点会被打散为多个顶点，打散的顶点个数与打散前与该顶点连接的边数有关。
- Extrude（挤压）命令：此命令是常用的多边形编辑命令，简单来说，它可以将选中的顶点以突出的方式挤出到模型以外。
- Weld（焊接）命令：此命令与“Break”命令刚好相反，是将不同的顶点结合在一起的操作。选中想要焊接的顶点，设定焊接的范围，然后单击“Weld”，这样不同的顶点就被结合到了一起。
- Chamfer（倒角）命令：此命令用于将选中的顶点沿着相应的实线边以分散的方式形成新的多边形面。“Extrude”和“Chamfer”命令都是常用的多边形编辑命令，在多个层级下都包含这两个命令，但每个层级下的操作效果不同。图3-36所示为“Vertex”层级下“Extrude”“Weld”“Chamfer”命令的操作效果。
- Target Weld（目标焊接）命令：执行此命令的操作方式是，首先单击此命令，然后依次单击想要焊接的顶点，这样多个顶点就被焊接到了一起。要注意的是，焊接的顶点之间必须有边相连接，而类似四边形面对角线上的顶点是无法焊接到一起的。

• Connect（连接）命令：选中两个没有边连接的顶点，执行此命令则会在两个顶点之间形成新的实线边。

在“Extrude”“Weld”“Chamfer”命令按钮后面都有一个方块按钮，这表示该命令存在子级菜单，在子级菜单中可以对相应的参数进行设置。选中需要操作的顶点后，单击方块按钮，就可以对相应顶点的参数进行设置。

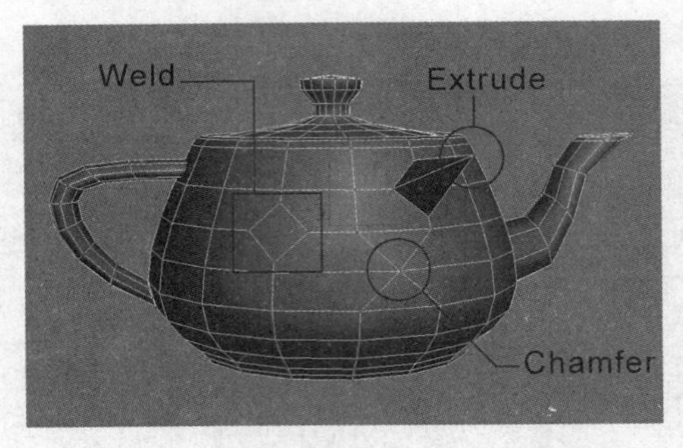

· 图3-36 | “Vertex”层级下“Extrude”“Weld”“Chamfer”命令的操作效果

2. “Edge”层级

在“Edit Edges”（编辑边线）面板（见图3-37）中，常用的命令主要有以下几个。

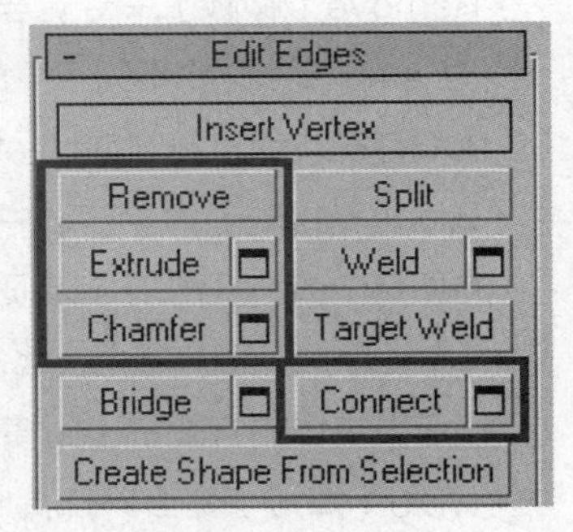

· 图3-37 | “Edit Edges”面板

• Insert vertex（插入顶点）命令：在“Edeg”层级下可以通过此命令在任意模型的实线边上插入一个顶点。这个命令与之后要讲的共用编辑菜单下的“Cut”（切割）命令一样，都是给多边形模型加点添线的重要手段。

• Remove（移除）命令：此命令用于将选中的边从模型上移除。与前面讲过的相同，Remove命令并不会将边周围的面删除。

• Extrude（挤压）命令：在“Edeg”层级下，“Extrude”命令时操作效果几乎等同于“Verter”层级下的“Extrude”命令。

• Chamfer（倒角）命令：此命令用于将选中的边沿相应的面扩散为多条平行边。边的倒角才是通常意义上的多边形倒角，它可以让模型的面与面之间形成圆滑的转折关系。

• Connect（连接）命令：此命令用于在选中的边之间形成多条平行的边。

图3-38所示为“Edeg”层级下“Extrude”“Chamfer”命令的操作效果。

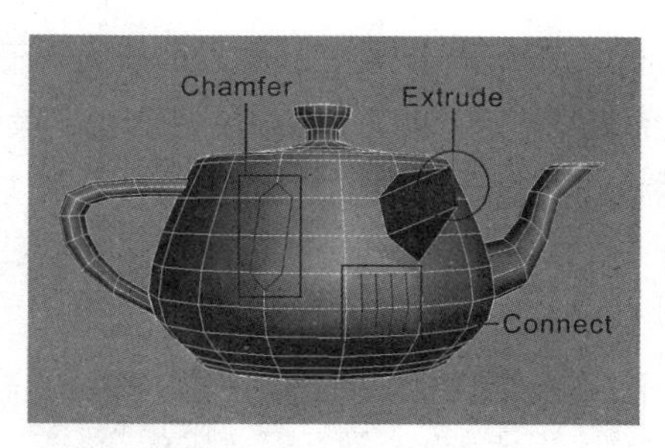

· 图3-38 | "Edeg"层级下"Extrude" "Chamfer" "Connect"命令的操作效果

3. "Border"层级

模型边主要是指在可编辑的多边形模型中那些没有完全处于多边形面之间的实线边。通常来说，"Edit Borders"面板中的命令应用较少，只有一个命令需要讲解，那就是"Cap"（封盖）命令（见图3-39）。这个命令主要用于给模型中的边封闭加面，通常在执行此命令后，我们还要对新加的模型面进行重新布线和编辑。

4. "Polygon"层级

"Edit Polygons"面板（见图3-40）中的大多数命令都是常用的多边形编辑命令。

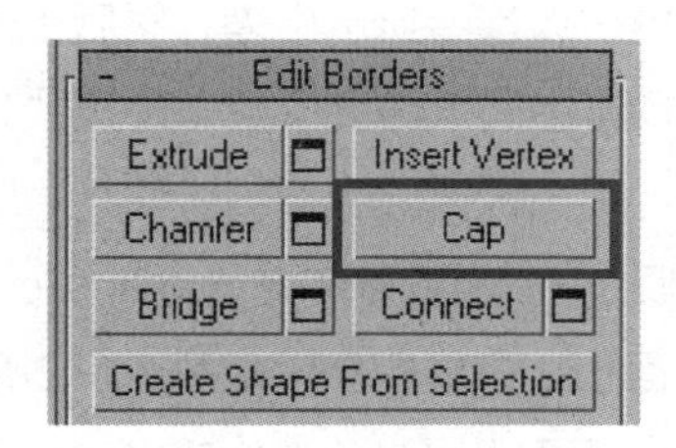

· 图3-39 | "Edit Borders"面板中常用的"Cap"命令

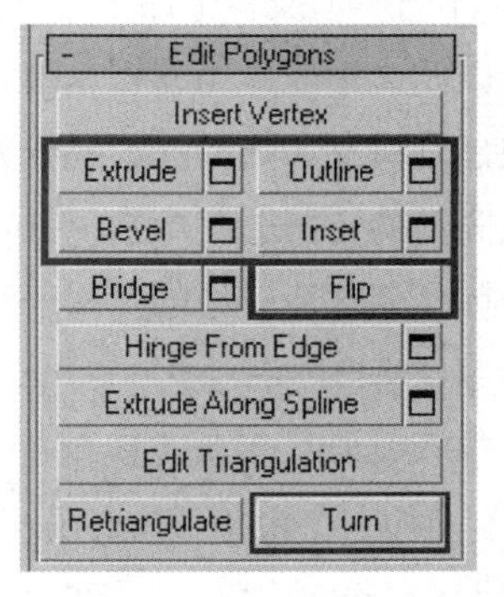

· 图3-40 | "Edit Polygons"面板

- Extrude（挤压）命令：此命令用于将选中的多边形面沿一定方向挤出。单击此命令按钮后面的方块按钮，在弹出的菜单中可以设定挤出的方向，对应3个命令："Group"（整体挤出）、"Local Normal"（沿自身法线方向整体挤出）、"By Polygon"（按照不同的多边形面分别挤出）。这3种挤出操作经常被使用。
- Outline（轮廓）命令：此命令用于将选中的多边形面沿着它所在的平面扩展或收缩。
- Bevel（倒角）命令：此命令用于将多边形面挤出再缩放。单击此命令按钮后面的方块按钮，在弹出的菜单中可以设置挤出操作的类型和缩放操作的参数。

- Inset（插入）命令：此命令用于将选中的多边形面按照所在平面向内收缩产生一个新的多边形面。单击此命令按钮后面的方块按钮，在弹出的菜单中可以设定插入操作的方式，比如是整体插入还是分别按多边形面插入。通常“Inset”命令要配合“Extrude”“Bevel”命令一起使用。图3-41所示为“Polygon”层级下“Extrude”“Outline”“Bevel”“Inset”命令的操作效果。

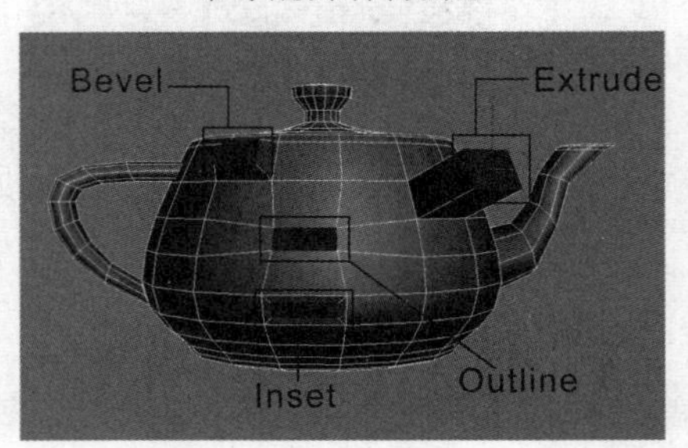

·图3-41｜“Polygon”层级下“Extrude”“Outline”“Bevel”“Inset”命令的操作效果

- Flip（翻转）命令：此命令用于将选中的多边形面进行翻转法线。在3ds Max中，法线是指物体在视图窗口中具有可见性的方向指示，模型法线朝向我们则代表该模型在视图中可见，反之则不可见。
- “Turn”（反转）命令：此命令不同于刚才介绍的“Flip”命令。虽然多边形编辑模式以四边形面作为编辑基础，但其实每一个四边形面仍然是由两个三角形面组成的，只是划分三角形面的边是作为虚线边隐藏存在的，当我们调整顶点时这条虚线边恰恰为隐藏的转折边。单击“Turn”时，所有隐藏的虚线边都会显示出来，然后单击虚线边就会使之反转方向。对于有些模型特别是游戏场景中的低精度模型来说，“Turn”命令是常用的命令之一。

在“Polygon”层级下还有一个十分重要的命令面板——“Polygon Properties”（多边形属性）面板，这也是“Polygon”层级下独有的命令面板，主要用于设定每个多边形面的材质序号和光滑组序号（见图3-42）。其中，“Set ID”用于设置当前选中的多边形面的材质序号；“Select ID”是根据所选择的材质序号来选择对应的多边形面；“Smoothing Groups”窗口中的数字方块按钮用于设定当前选中的多边形面的光滑组序号。不同光滑组序号的设置效果如图3-43所示。

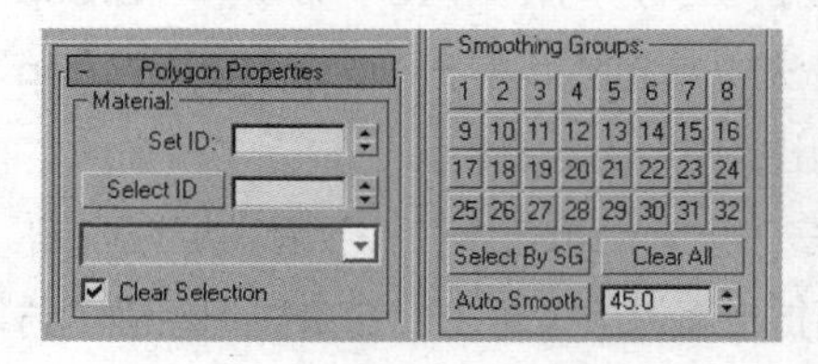

·图3-42｜“Polygon Properties”面板

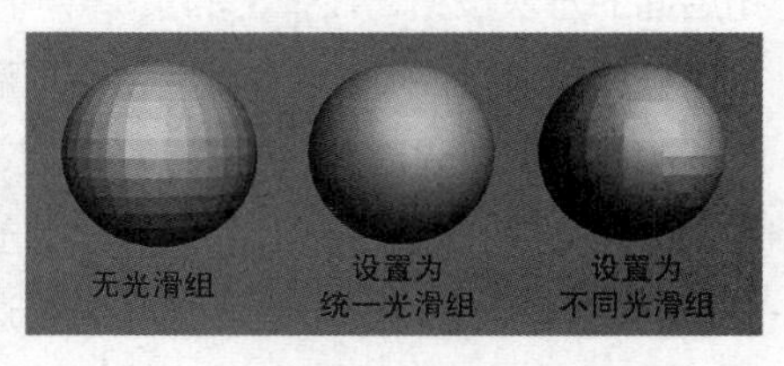

·图3-43｜不同光滑组序号的设置效果

5. “Element”层级

“Element”层级主要用来整体选取被编辑的多边形模型。此层级面板中的命令在游戏场景制作中较少用到，所以这里不做详细讲解。

下面介绍所有层级共用的“Edit Geometry”面板（见图3-44）。这个命令面板看似复杂，但其实在游戏场景制作中常用的命令并不是很多。下面讲解一下“Edit Geometry”面板中常用的命令。

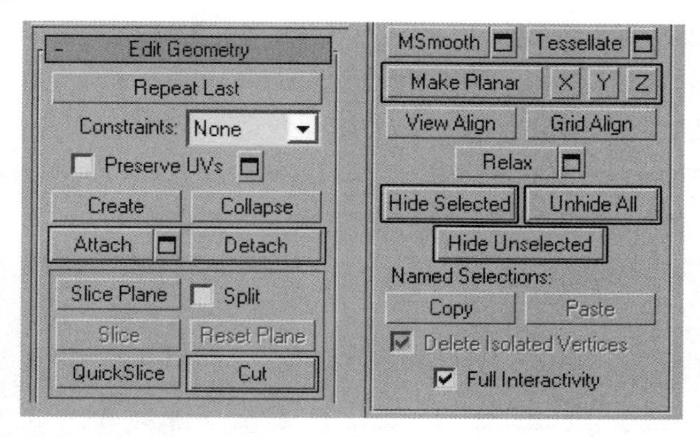

· 图3-44 | “Edit Geometry”面板

- Attach（结合）命令：此命令用于将不同的多边形模型结合为一个可编辑的多边形模型。具体操作为，先单击“Attach”，然后单击需要被结合的模型，这样被选择的模型就被结合为一个可编辑的多边形模型。
- Detach（分离）命令：此命令与“Attach”命令恰好相反，用于将可编辑的多边形模型的面或者元素分离成独立模型。具体操作方法为，打开可编辑的多边形模型的“Polygon”或者“Element”命令面板，选择想要分离的面或元素，然后单击“Detach”，会弹出一个命令窗口，在其中勾选“Detach to Element”复选框是将被选择的面或元素分离成为当前可编辑的多边形模型的面或元素，而勾选“Detach as Clone”复选框是将被选择的面或元素克隆分离为独立的模型（被选择的面或元素保持不变），如果两者都不勾选则是指将被选择的面或元素直接分离为独立的模型（被选择的面或元素从原模型上删除）。
- Cut（切割）命令：此命令用于在可编辑的多边形模型上直接切割绘制新的实线边。这是模型重新布线编辑的重要操作手段。
- Make Planar X/Y/Z：在可编辑的多边形模型的“Vertex”“Edge”“Polygon”命令面板中执行此命令，可以使模型中被选中的点、线或者面在X、Y、Z这3个不同轴向上对齐。
- “Hide Selected”（隐藏被选择）、“Unhide All”（显示所有）、“Hide Unselected”（隐藏被选择以外）这3个命令的操作方法同之前视图窗口右键菜单中的完全一样，只不过这里是用来隐藏或显示不同层级下的点、线或者面的操作。对于包含众多点、线、面的复杂模型，有时往往需要应用隐藏和显示命令，以让模型制作更加方便快捷。

最后介绍一下模型制作中即时查看模型面数的方法，一共有两种。第一种方法是利用“Polygon Count”（多边形统计）工具来进行查看，在3ds Max的工具命令面板区中可以通过“Configure Button Sets”（快捷工具按钮设定）来找到“Polygon Count”工具。“Polygon Count”工具是一个非常好用的多边形面计数工具，其中，“Selected Object”中会显示当前所选择的多边形面数，“All Objects”中会显示场景文件中所有模型的多边形面数，“Count Triangles”和“Count Polygons”用来切换显示多边形的三角形面和四边形面（见图3-45左侧）。第二种方法是在当前激活的视图中启动“Statistics”（计数）工具，快捷键为【7】（见图3-45右侧）。“Statistics”工具可以即时对场景中模型的点、线、面进行计数，但进行这种即时统计会使硬件承受较大负载，所以通常不建议在视图中一直启动该工具。

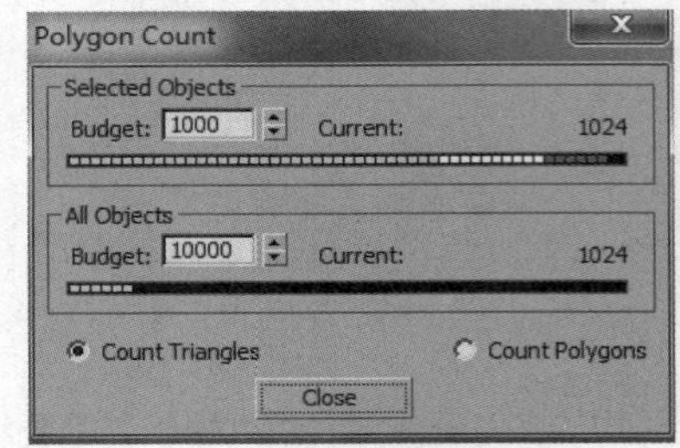

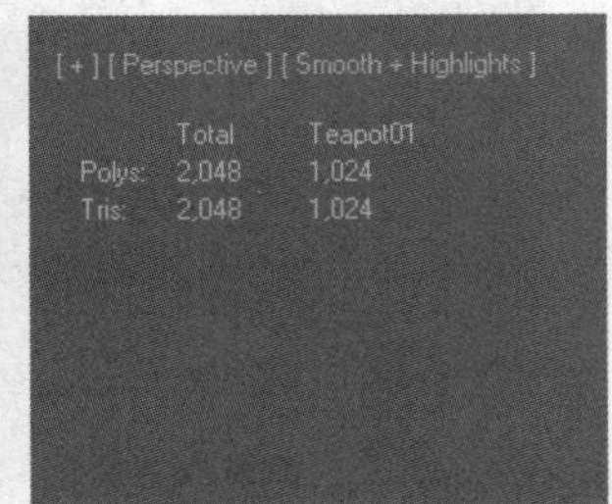

· 图3-45｜两种查看模型面数的方法

三维制作软件的最大特点就是具有较高的真实性。所谓的真实性就是指在三维制作软件中，用户可以从各个角度观察视图中的模型元素。三维引擎为用户营造了一个360° 的真实感官世界，在模型制作的过程中，用户要时刻记住这个概念，保证模型各个角度都要具备模型结构和贴图细节的完整度，还要通过视图多方位旋转观察模型，避免存在漏洞和错误。

另外，在游戏模型制作初期容易出现的问题就是模型中会存在大量“废面”。用户要善于利用多边形面计数工具，及时查看模型面数，随时提醒自己不断修改和整理模型，保证适量的模型面数。除了节省模型面数外，在多边形模型的编辑和制作时用户还要注意避免产生4边以上的模型面，尤其是在切割和添加边线的时候，要及时利用“Connect”命令连接顶点。对于游戏模型来说，自身的多边形面可以是三角形面或者四边形面，但如果出现4边以上的多边形面，在之后导入游戏引擎后会出现模型的错误问题，用户要极力避免这种情况的发生。

3.1.5 通过编辑多边形来制作人体模型

我们掌握了编辑多边形的建模方式后，就可以用其来制作各种三维模型，这也是三维动画和游戏领域中最为常用的建模方式之一。下面我们将在3ds Max中创建一个基础几何体模型，然后通过Edit Poly命令制作一个基础的人体模型。这种练习可以帮助我们进一步巩固编

辑多边形的建模方式，同时能够培养我们对人体基本结构的认知和造型能力。

首先，在3ds Max视图中创建一个Box模型，设置合适的Segment（分段数），然后将其转换为可编辑的多边形模型，通过基本的点线调整，制作出图3-46左侧所示的模型，将其作为人体躯干的基础模型。进一步编辑模型，效果如图3-46中间所示。然后编辑制作躯干与颈部连接位置的模型面，为后面制作颈部和头部模型做准备（见图3-46右侧）。

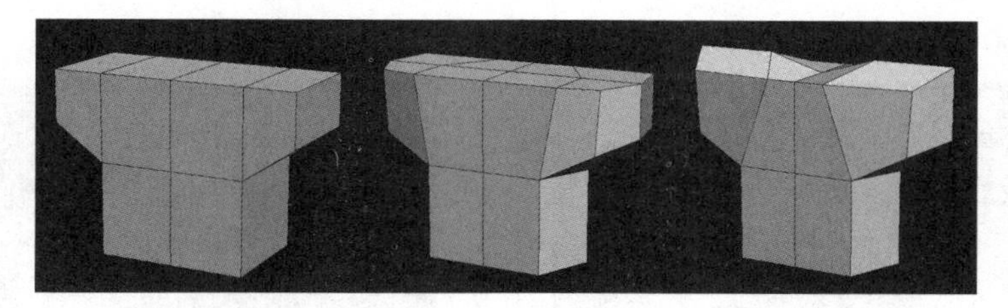

・图3-46｜通过基础几何体模型制作出人体躯干的基础模型

在“Polygon”层级下，选中躯干与颈部连接处的模型面，执行“Extrude”命令以进行挤出（见图3-47左侧）；然后调整整体模型，将模型处理得更加平滑（见图3-47中间）；选中模型顶部的面，继续挤出，将其作为人体颈部和头部的基础模型（见图3-47右侧）。

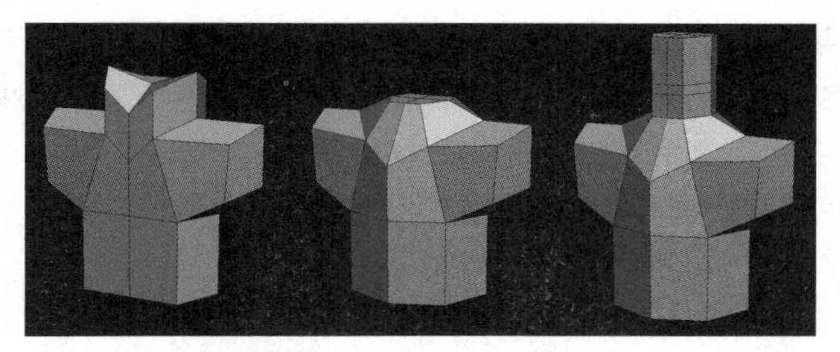

・图3-47｜制作颈部和头部的基础模型

接下来在之前制作模型的基础上，通过点线调整进一步编辑颈部和头部模型，制作出人体头部的大致形态（见图3-48左侧）；继续调整颈部和头模型，并在躯干模型上添加分段布线（见图3-48中间）；调整添加分段布线后的模型，让整体更加平滑，同时编辑制作出肩膀和胸肌的大致形态（见图3-48右侧）。

・图3-48｜进一步编辑躯干和头部模型

继续编辑模型，制作出锁骨（见图3-49左侧）。接下来调整颈部的结构，让头部自然下垂，同时进一步编辑锁骨以及胸肌的模型（见图3-49右侧）。

在编辑制作的时候我们要善于利用3ds Max的多视图模式进行操作，正确处理模型的侧面及背面的结构。在侧视图中我们要针对人体脊柱正常的生理弯曲进行调节，通常来说颈部与腰部内凹，背部隆起（见图3-50左侧）。对于背部，我们主要处理肩胛骨与腰肌的结构形态（见图3-50右侧）。

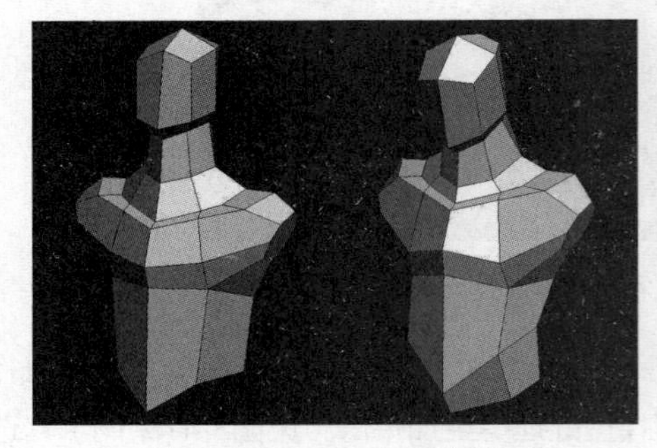

· 图3-49 | 编辑锁骨和胸肌的模型

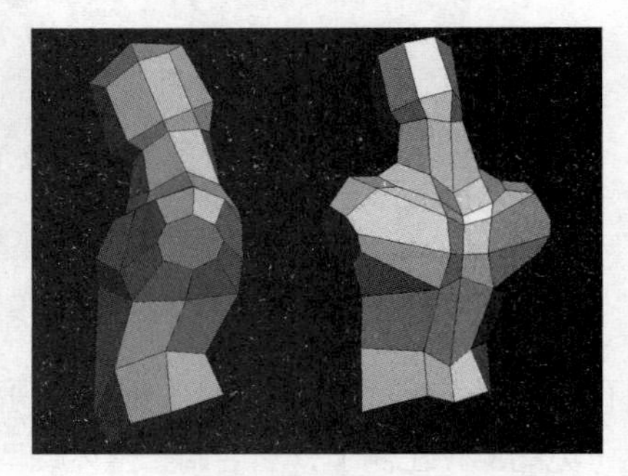

· 图3-50 | 编辑模型的侧面及背面

接下来制作肩部与上臂连接处的模型面。首先执行“Polygon”层级下的“Extrude”命令，然后调整点线，同时进一步为模型添加分段布线，完善锁骨及腰部的模型（见图3-51）。图3-52所示为调整后的前视图和背视图中的模型布线结构。

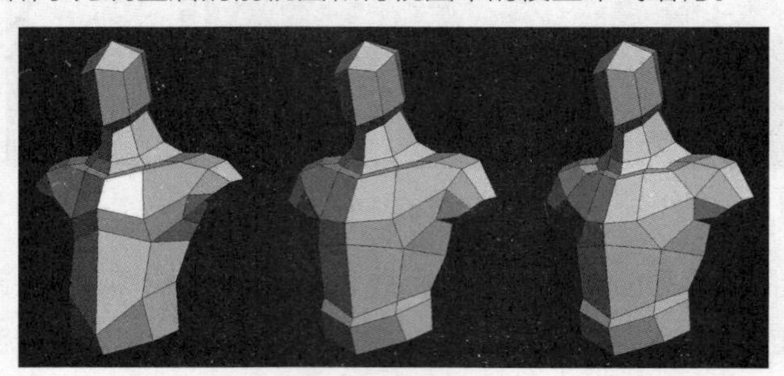

· 图3-51 | 编辑肩部和腰部的模型

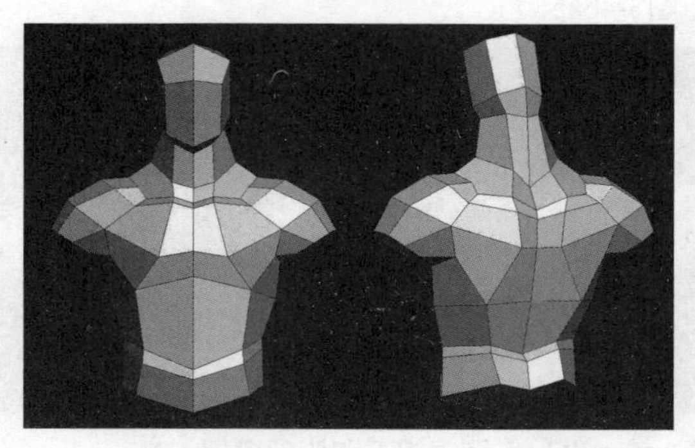

· 图3-52 | 调整后的前视图和背视图中的模型布线结构

然后制作人体上肢的模型。利用肩部留出的模型面，通过执行“Polygon”层级下的“Extrude”命令向下延伸制作出上臂、肘关节以及前臂的模型，这里要注意模型的分段以及整个上肢姿态的调整；同时向下继续编辑制作出腕关节和手部的模型，因为手指关节较多，所以在制作的时候需要添加更多的分段布线（见图3-53）。

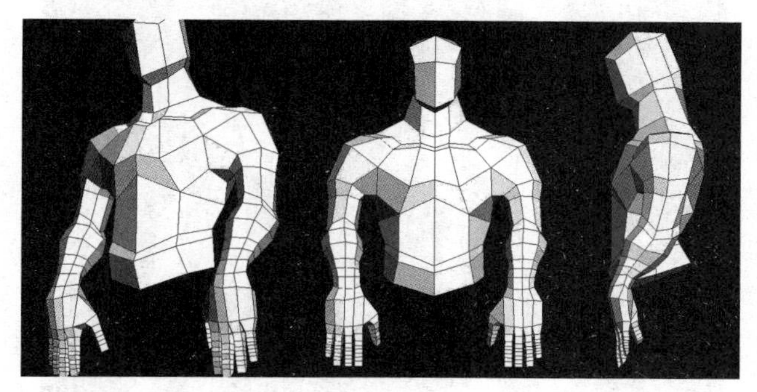

· 图3-53｜制作人体上肢的模型

在腹部添加分段布线，编辑制作出腹肌的基本模型，同时调整腰部的基本形态，并向下延伸制作出胯部的模型，为后面下肢模型的制作打下基础（见图3-54）。

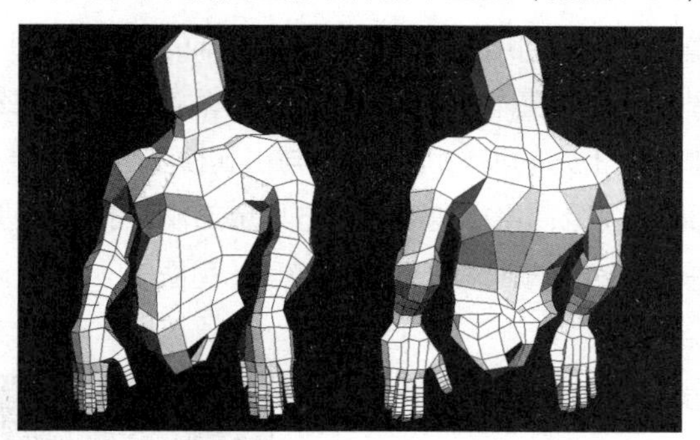

· 图3-54｜制作腹肌、腰部和胯部的模型

接下来制作下肢的模型。首先沿着胯部留出的模型面向下延伸挤出，制作出大腿的基本模型，这里要注意臀部结构的处理（见图3-55）。

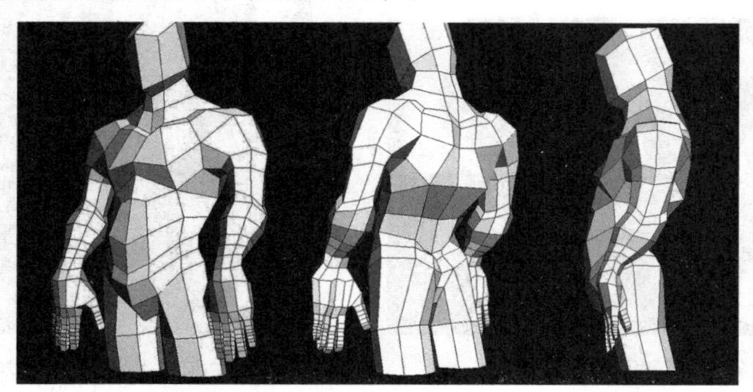

· 图3-55｜制作大腿的模型

沿着大腿，向下继续挤出，制作出膝关节和小腿的模型，因为腿部结构线条比较明显且关节较少，所以并不需要添加太多的分段布线（见图3-56）。我们只要掌握整个腿部肌肉结构的分布，就能制作好腿部的模型。

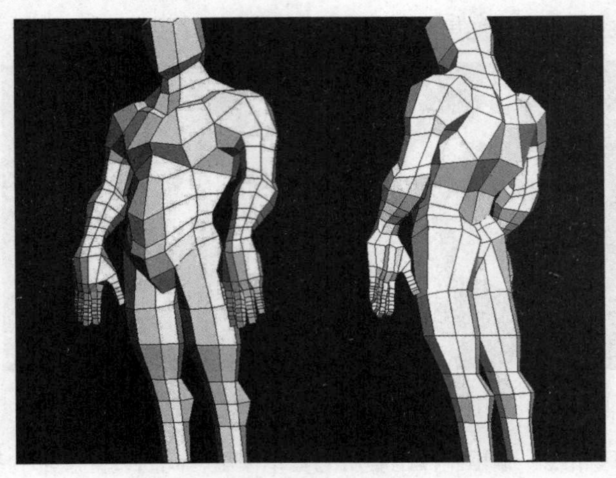

・图3-56 | 制作膝关节和小腿的模型

最后制作足部的模型。首先利用Box模型制作出足部的基础模型；然后将足部模型插入小腿模型下方，方便调整模型的整体形态；接着进一步编辑足部模型的细节，同时制作出脚趾的模型；最后将足部模型上方的模型面删除，与小腿模型进行连接，通过执行“Verte”层级下的“Target Weld”命令，将小腿模型下方与足部模型的顶点进行连接，同时在踝关节处添加分段布线，进一步编辑脚踝内外两侧的模型（见图3-57）。图3-58所示为最终制作完成的人体模型。

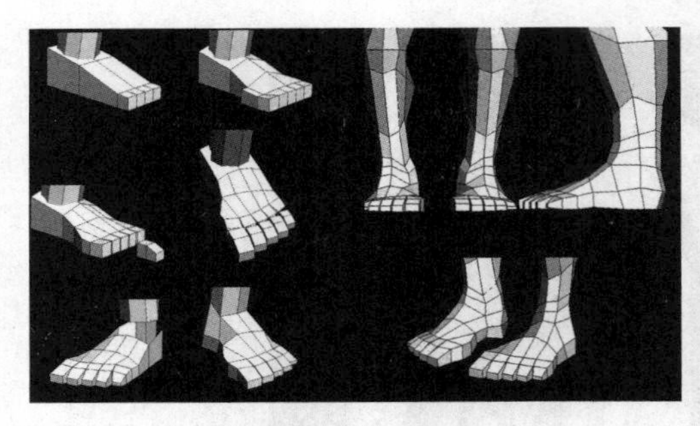

・图3-57 | 制作足部模型

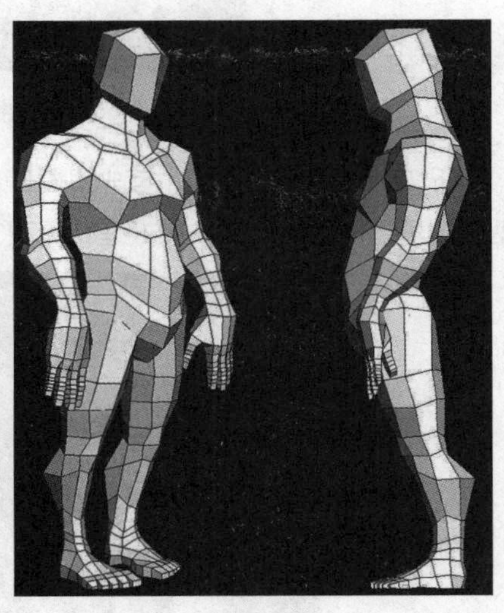

・图3-58 | 最终制作完成的人体结构模型

3.2 | 3D角色模型贴图技术详解

对于三维美术设计师来说，仅利用3ds Max完成三维模型的制作是远远不够的，三维模型制作只是一个开始，是之后完成工作任务的基础。如果把三维制作比喻为绘画的话，那么完成三维模型制作只相当于完成绘画的初步线稿，后面还要为作品上色，而在三维制作过程中上色就相当于模型UV平展、添加材质及绘制贴图等工作。

对于3D角色模型而言，贴图比模型显得更加重要，角色皮肤的纹理、质感和细节都是由模型贴图实现的。由于游戏引擎显示及硬件负载的限制，3D游戏角色模型对模型面数的要求十分严格，模型在不能增加面数的前提下还要尽可能地展现出角色的结构和细节，这就必须依靠贴图来实现。而对于3D角色模型的贴图，我们要把所有的UV网格都平展到UV框内。如何在有限空间内合理排布模型UV，这就需要三维美术设计师来把握和控制，这也是三维美术设计师必须具备的职业能力。本节将详细讲解模型UV、材质及贴图的相关理论和操作方法。

3.2.1 贴图坐标的概念

在3ds Max中，要想令默认状态下的模型正确显示贴图，我们必须先对其UVW Coordinates（贴图坐标）进行设置。所谓的“贴图坐标”就是模型确定自身贴图位置关系的一种参数，我们应通过正确的设定让模型和贴图之间建立相应的关联关系，保证贴图正确投射到模型表面。

模型在3ds Max中的三维坐标用X、Y、Z来表示，而贴图坐标则使用U、V、W与其对应，如果把位图的垂直方向设定为V，水平方向设定为U，那么它的贴图坐标就可以用U和V来表示，以确定其在模型表面的位置。在3ds Max的Create面板中建立基础几何体模型，在创建的时候系统会为其自动生成相应的贴图坐标，例如当创建一个Box模型并为其添加一张位图的时候，它的6个面会自动显示出这张位图。但对于一些模型，尤其是利用Edit Poly命令编辑制作的多边形模型，其自身不具备正确的贴图坐标，这就需要我们为其设置和修改贴图坐标。

在3ds Max的堆栈命令列表中可以找到“UVW Map”命令，这是一个指定模型贴图坐标的修改器。它的基本参数设置包括“Mapping”（投射方式）、“Channel”（通道）、“Alignment”（调整）和“Display”（显示）4部分，其中较为常用的是“Mapping”和“Alignment”。在堆栈窗口中添加UVW Map修改器后，可以单击前面的“+”展开“Gizmo”（线框）层级，进入“Gizmo”层级后可以对线框进行移动、旋转、缩放等调整，对“Gizmo”层级的编辑操作同样会影响模型与贴图的位置关系和贴图的投射方式。

“Mapping”面板中包含贴图对模型的7种投射方式和相关参数（见图3-59）。这7种投射方式分别是“Planar”（平面）、“Cylindrical”（圆柱）、“Spherical”（球形）、“Shrink Wrap”（收缩包裹）、“Box”（立方体）、“Face”（面）及“XYZ to UVW”。相关参数用于调节Gizmo的尺寸和贴图的平铺次数，在实际制作中并不常用。这里需要掌握的是能够根据不同形态的模型选择合适的贴图投射方式，以方便之后展开贴图坐标。下面详细讲解每种投影方式的原理和应用方法。

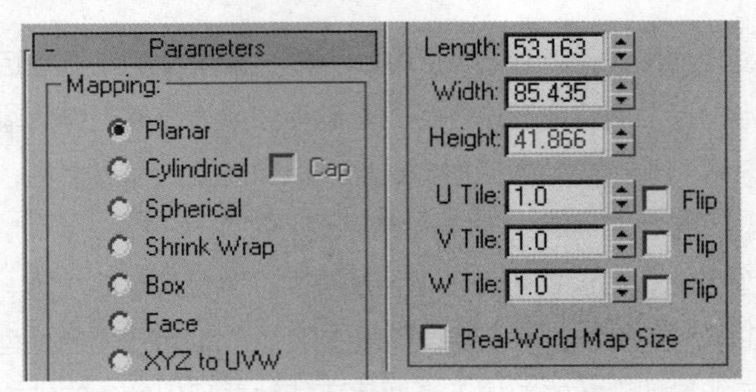

· 图3-59 | “Mapping”面板中的7种投射方式和相关参数

• Planar投射方式：将贴图以平面的方式映射到模型表面（见图3-60左侧）。它的投射平面就是Gizmo的平面，所以通过调整Gizmo平面就能确定贴图在模型上的位置。“Planar”投射方式适用于平面化的模型，也可以指定模型面进行投射，一般是在可编辑的多边形模型的“Polygon”层级下选择想要贴图的表面，然后添加UVW Map修改器，选择“Planar”投射方式，并在Unwrap UVW（展开贴图坐标）修改器中调整贴图位置。
• Cylindrical投射方式：将贴图沿着圆柱体侧面映射到模型表面（见图3-60中间）。它将贴图沿着圆柱体的四周进行包裹，最终圆柱体立面左侧边界和右侧边界相交。相交处的贴图接缝是可以控制的，进入“Gizmo”层级后可以看到Gizmo上有一条绿线，这就是控制贴图接缝的标记，通过旋转Gizmo可以控制接缝在模型上的位置。“Cylindrical”选项后面有一个“Cap”选项，如果激活该选项则圆柱体的顶面和底面将使用“Planar”投射方式。“Cylindrical”投射方式适用于圆柱体结构的模型，例如3D角色模型的四肢。
• Spherical投射方式：将贴图沿球体内表面映射到模型表面。其实“Spherical”投射方式与“Cylindrical”投射方式比较相似，贴图的左端和右端都会在模型表面形成一条接缝，同时贴图上下边界分别在球体两极收缩成两个点，与地球仪十分类似。为3D角色面部模型贴图时，通常使用“Spherical”投射方式（见图3-60右侧）。

· 图3-60 | “Planar” “Cylindrical” “Spherical”投射方式

- Shrink Wrap投射方式：将贴图包裹在模型表面，并且将所有的角拉到一个点上。这是唯一一种不会产生贴图接缝的投射方式，也正因为这样，模型表面的大部分贴图会产生比较严重的拉伸和变形（见图3-61）。由于这种局限性，多数情况下使用它的模型只能显示贴图形变较小的那部分，而“极点”那一端必须被隐藏起来。在3D游戏场景制作中，“Shrink Wrap”投射方式有时是相当有用的，例如制作石头模型的时候，使用别的贴图投射方式都会产生接缝或者一个以上的“极点”，而使用“Shrink Wrap”投射方式就避免了这个问题，即使存在一个相交的“极点”，只要把它隐藏在石头的底部就可以了。

· 图3-61 | “Shrink Wrap”投射方式

- Box投射方式：按6个垂直空间平面将贴图分别映射到模型表面（见图3-62左侧）。对于规则的几何体模型来说，这种贴图投射方式十分方便快捷，例如3D场景模型中的墙面、方形柱子或者类似盒子的模型。
- Face投射方式：为模型的所有几何面同时应用平面贴图（见图3-62右侧）。这种贴图投射方式与材质编辑器Shader Basic Parameters中“Face Map”的作用相同。

“XYZ to UVW”这种投射方式在3D模型制作中较少使用，所以这里不做过多讲解。

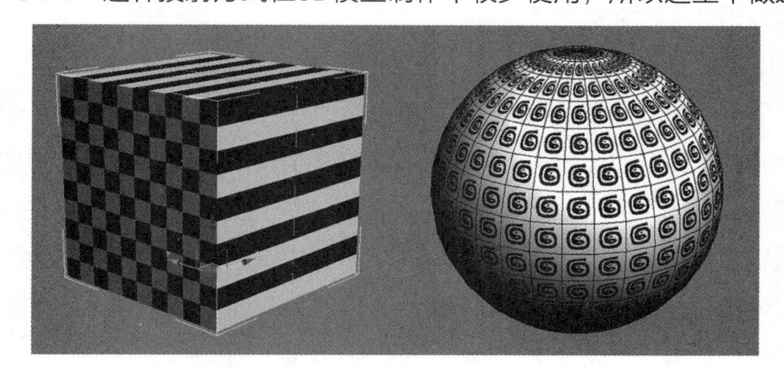

· 图3-62 | “Box” “Face”投射方式

3.2.2 UV编辑器的操作

在了解了贴图坐标的相关知识后，可以用UVW Map修改器来为模型指定基本的贴图投射方式，但这只是完成模型的贴图工作的第一步。UVW Map修改器定义的贴图投射方式只能从整体上为模型赋予贴图坐标，对于更加精确的贴图坐标的修改则无能为力，要想解决这个问题，必须使用Unwrap UVW修改器。

Unwrap UVW修改器是3ds Max中内置的一 个功能强大的模型贴图坐标编辑系统，通过这个修改器可以更加精确地编辑多边形模型点、线、面的贴图坐标，尤其是角色模型和场景模型等结构较为复杂的多边形模型，必须要用到Unwrap UVW修改器。

在3ds Max的Modify面板的堆栈命令列表中可以找到Unwrap UVW修改器，Unwrap UVW修改器的参数窗口中主要包括“Selection Parameters”（选择参数）、“Parameters”（参数）和“Map Parameters”（贴图参数）3个面板。“Parameters”面板中还包括一个Edit UVWs编辑器。总体来看，Unwrap UVW修改器十分复杂，包含众多的命令和面板，初学者上手操作有一定的困难。其实对于3D游戏制作来说，只需要掌握Unwrap UVW修改器中一些重要的命令或参数即可，不需要做到全盘精通。因为3D游戏场景中建筑模型的结构都比较规则，所以在Unwrap UVW修改器中操作将比较容易。下面针对Unwrap UVW修改器中不同的面板进行详细讲解。

在“Selection Parameters”面板中，能使用不同的方式快速选择需要编辑的模型部分（见图3-63）。单击“+”按钮可以扩大选集范围，单击“-”按钮可以减小选集范围。这里要注意，只有当Unwrap UVW修改器的“Select Face”（选择面）层级被激活时，选择工具才有效。

- Ignore Backfacing（忽略背面）：选择时忽略模型背面的点、线、面等对象。
- Select By Element（选择元素）：以模型元素为单位进行选择操作。
- Planar Angle（平面角度）：这个命令默认是关闭的，相应数值指的是面的相交角度，当这个命令被激活后，选择模型的某个面或者某些面的时候，与这个面成一定角度内的所有相邻面都会被自动选择。
- Select MatID（选择材质ID）：通过模型的贴图材质ID编号来选择。
- Select SG（选择光滑组）：通过模型的光滑组序号来进行选择。
- Parameters面板主要用于打开UV编辑器，同时可以对已经设置完成的模型UV进行存储（见图3-64）。
- Edit（编辑）：用来打开“Edit UVWs”窗口，其具体参数设置下面将会讲到。
- Reset UVWs（重置UVW）：放弃已经编辑好的UVW，使其回到初始状态，这也就意味着之前的全部操作都将丢失，所以一般不使用这个命令。
- Save（保存）：将当前编辑的UVW保存为“.UVW”格式的文件，对于复制的模型可以通过载入文件来直接完成UVW的编辑。其实在3D游戏场景的制作中，通常会选择另外一种方式来操作：单击堆栈窗口中的Unwrap UVW修改器，然后拖曳这个修改器到视图窗口中复制出的模型上，松开鼠标左键即可。这种拖曳修改器的操作方式在其他很多地方也会用到。

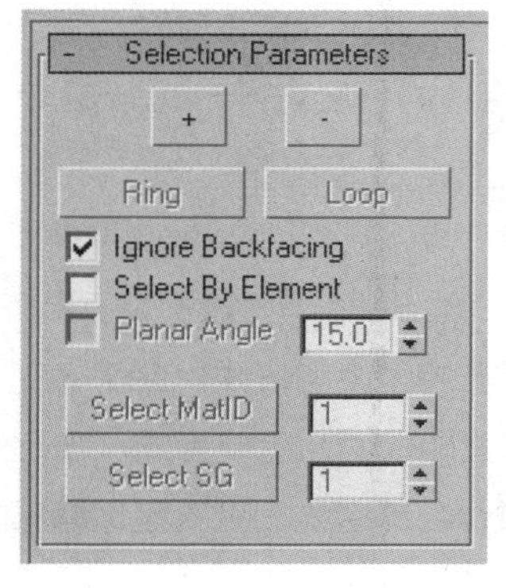

· 图3-63 | “Selection Parameters”面板

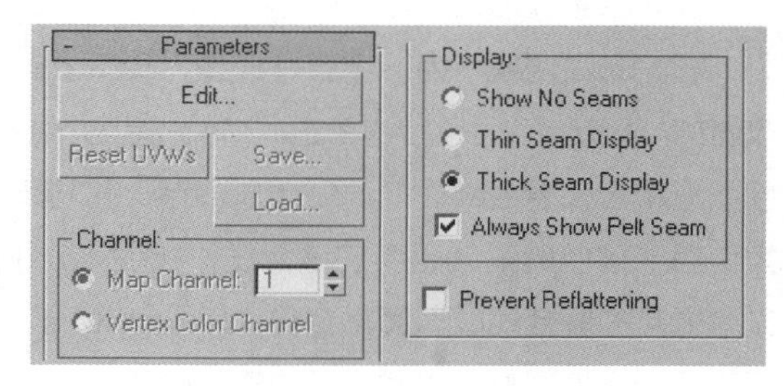

· 图3-64 | “Parameters”面板

- Load（载入）：载入“.UVW”格式的文件，如果两个模型不同，则此命令无效。
- Channel（通道）：包括“Map Channel（贴图通道）与“Vertex Color Channel”（顶点色通道）两个选项，在3D游戏场景制作中并不常用。
- Display（显示）：使用Unwrap UVW修改器后，模型的贴图坐标表面会出现一条绿色的线，这就是展开贴图坐标的缝合线，这里的选项就是用来设置该缝合线的显示方式的，从上到下依次为：“Show No Seams”（不显示缝合线）、“Thin Seam Display”（显示较细的缝合线）、“Thick Seam Display”（显示较粗的缝合线）、“Always Show Pelt Seam”（始终显示缝合线）。

“Map Parameters”面板看似十分复杂，但其实常用的命令并不多（见图3-65）。Map Parameters面板上半部分包括5种贴图投射方式和8种贴图坐标对齐方式，因为这些命令操作大多在UVW Map修改器中都可以完成，所以这里较少用到。

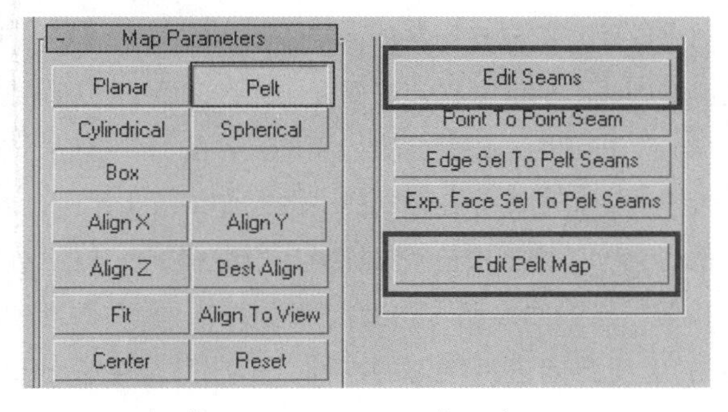

· 图3-65 | “Map Parameters”面板

这里需要着重讲的是“Pelt”（剥皮）命令，这个命令在3D角色模型UV平展中十分常用。“Pelt”是把模型的表面剥开，并将其贴图坐标平展的一种贴图投射方式。这是UVW Map修改器中没有的一种贴图投射方式，相较其他的贴图投射方式来说，它比较复杂，更适合结构复杂的模型。下面来具体讲解其操作流程。

总体来说，使用“Pelt”命令平展贴图坐标的流程分为3步：① 重新定义编辑缝合线；② 选择想要编辑的模型或者模型面，单击“Pelt”按钮，选择合适的平展对齐方式；③ 单击“Edit Pelt Map”按钮，对选择对象进行平展操作。

图3-66左侧所示为一个石柱模型，模型上的绿线为原始的缝合线，进入Unwrap UVW修改器的“Edge”层级后，单击“Map Parameters”面板中的“Edit Seams”按钮就可以对模型重新定义缝合线。在“Edit Seams”按钮激活的状态下，单击模型上的边线就会使之变为蓝色，蓝色的线就是新的缝合线，按住【Ctrl】键再单击边线就能取消蓝色缝合线。在定义编辑新的缝合线时，通常会在“Parameters”面板中选择隐藏绿色缝合线。重新定义编辑好的缝合线为图3-66中间所示的模型的蓝线。

进入Unwrap UVW修改器的“Face”层级，选择想要平展的模型或者模型面，然后单击“Pelt”按钮，会出现类似于UVW Map修改器中的Gizmo平面，这时选择“Map Parameters”面板中合适的展开对齐方式即可，效果如图3-66右侧所示。

· 图3-66 | 重新定义缝合线并选择展开平面

单击“Edit Pelt Map”按钮会弹出“Edit UVWs”窗口，在模型UV坐标的每一个点上都会延伸出一条虚线，对于这里密密麻麻的各种点和线不需要精确调整，在调整时只需要遵循一个原则：尽可能让这些虚线不相互交叉，这样操作会让之后的UV平展更加便捷。

单击“Edit Pelt Map”按钮后，同时会弹出平展操作的命令窗口。这个命令窗口中包含许多工具和命令，但大多数工具和命令在平时的一般制作中很少用到，此时只需要单击右下角的“Simulate Pelt Pulling”（模拟拉皮）按钮就可以继续下一步的平展操作。接下来整个模型的贴图坐标将会按照一定的力度和方向进行平展操作，具体原理就是模型的每一个UV顶点将沿着延伸出来的虚线方向进行均匀的拉伸，形成贴图坐标分布网格。最终效果如图3-67所示。

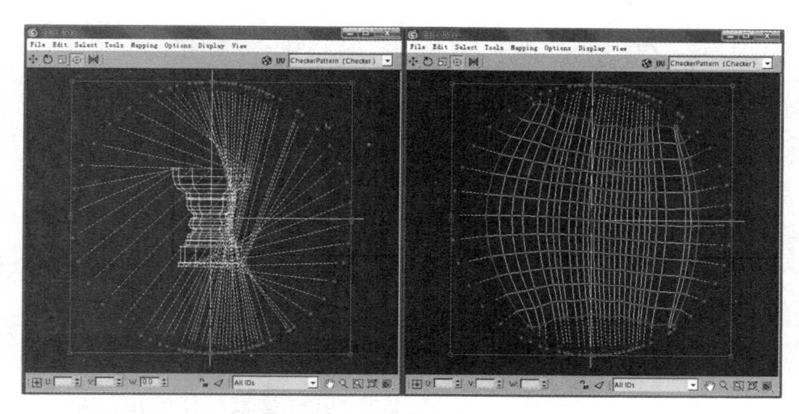

·图3-67 | 利用Pelt命令平展模型UV

之后需要对UV网格进行顶点的调整和编辑，原则就是让UV网格尽量均匀地分布，这样最后当贴图添加到模型表面时才不会出现较大的拉伸和撕裂现象。可以单击UV编辑器视图窗口上方的棋盘格显示按钮来查看模型UV的分布状况，当黑白棋盘格在模型表面均匀分布且没有较大变形和拉伸就说明模型UV是均匀分布的（见图3-68）。

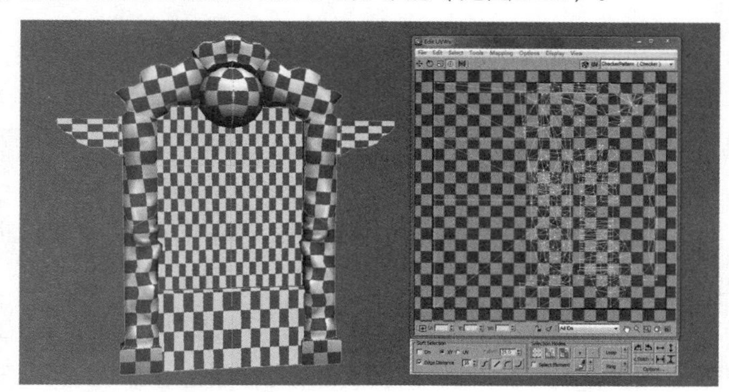

·图3-68 | 利用黑白棋盘格来查看模型UV的分布情况

UV编辑器是调整和平展模型UV最主要的工具之一。图3-69所示为UV编辑器的操作窗口，从上到下依次为菜单栏、操作按钮、视图区和层级选择面板4个部分。此窗口中包含的命令在3D游戏制作中用到的不多，图3-69中红框标识的区域基本涵盖了常用的命令。下面具体讲解各命令。

在视图区中，模型UV网格线的底下是贴图的显示区域，中间的深蓝色正方形边框就是模型贴图坐标的边界，任何超出边界的UV网格都会被重复贴图，这会增加贴图的平铺次数。对于3D角色模型来说，UV网格不能超出深蓝色正方形边框，这样才能在贴图区域内正确绘制模型贴图。

UV编辑器的操作窗口中的视图区是最为核心的区域，所有的操作都要在这个区域中实现。在该区域，用户要通过各种操作来实现UV网格的均匀平展，将最初杂乱无序的UV网格变为一张平整的网格，为模型的贴图坐标和模型贴图找到最佳的结合点。

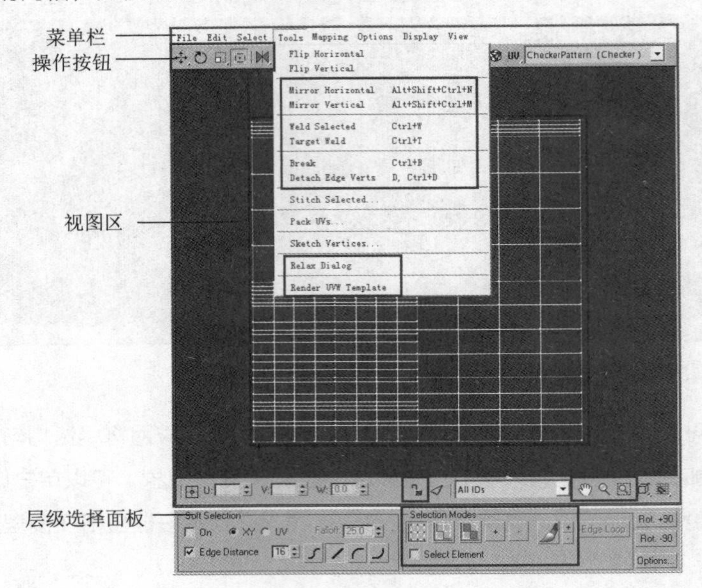

· 图3-69｜UV编辑器的操作窗口

视图区左上方的5个工具在编辑UV网格时较为常用，从左往右分别为Move（移动）、Rotate（旋转）、Scale（缩放）、Freeform Mode（自由变换）和Mirror（镜像）。Move、Rotate、Scale及Mirror工具的作用跟前面讲到的物体基本操作基本一致。Freeform Mode是最为常用的UV编辑工具，因为在自由变换模式下其可实现所有的移动、旋转和缩放操作，从而让操作变得十分便捷。

视图区右下方是视图操作按钮，可用于进行视图的平移和缩放等操作。在实际操作中这些按钮的功能都能用鼠标操作代替，按住鼠标中键或鼠标滚轮拖曳可实现视图的平移，滚动鼠标滚轮可实现视图的缩放。在视图区正下方有一个锁形按钮，默认为解锁状态，单击该按钮后会变为锁定状态，即不能再对视图中的任何UV网格进行编辑操作。因为这个按钮默认的快捷键是空格键，在操作中很容易意外将其设为锁定状态，所以这里着重提示一下。

在“Edit UVWs”窗口中也可对“Vertex”“Edge”“Face”层级进行操作。3种层级各有优势，在UV网格编辑过程中进行适当的切换，可实现更加快速便捷的操作。

- Select Element（选择元素）命令：勾选该复选框后，选取视图中任何一个坐标点，都将选取整个UV网格。
- Sync to Viewport（与视图同步）命令：默认状态是激活的，在视图区中的选择操作会实时显示出来。

单击“+”按钮可扩大选择范围，单击“-”按钮可减小选择范围。

菜单栏中需要着重讲解的是“Tool”（工具）菜单，这个菜单中包含以下命令。

- Weld Selected（焊接所选）命令：将UV网格中选择的点全部焊接到一起，这种焊接没有任何限制，即任意的选择区域都可以被焊接到一起。快捷键是【Ctrl+W】。
- Target Weld（目标焊接）命令：与多边形编辑中的目标焊接方式一致，执行此命令，选择需要焊接的点，将其拖曳到目标点上即可完成焊接。快捷键是【Ctrl+T】。
- Break（打断）命令：在“Vertex”层级下，执行此命令会将一个点分解为若干个新的点，新点的数目取决于这个点共用边的数目。因为产生的点较多，所以此命令更多用于“Edge”“Face”层级的操作，这样才具有更强的可控性。需要注意，在Edge层级下，如果边不与边界相邻，需要选中两条以上的边，“Break”命令才会起作用。快捷键是【Ctrl+B】。
- Detach Edge Verts（分离边点）命令：与“Break”命令不同，这个命令是用来分离局部的，它对单独的点、边不起作用，对面和完全连续的点、边才有效。快捷键是【Ctrl+D】。
- Relax（松弛）命令：在使用前介绍的“Pelt”命令后，往往需要使用“Relax”命令。所谓的Relax就是将选中的UV网格进行“放松”处理，让过于紧密的UV坐标变得更加松弛，这在一定程度上解决了贴图拉伸问题。
- Render UVW Template（渲染UVW模板）命令：此命令能够将视图中深蓝色边界内的UV网格渲染为“.BMP”“.JPG”等格式的平面图片文件，以方便在Photoshop中绘制贴图。

平展模型贴图坐标的操作在3ds Max中是一个比较复杂的内容，对于新手来说有一定难度，但只要理解其中的核心原理并掌握关键的操作步骤，这部分内容就没有想象中的那么困难。熟练掌握模型贴图坐标的编辑操作技巧不是一朝一夕的结果，往往需要经年累月的积累，并在每次实践操作中不断总结经验。

3.2.3 模型贴图的绘制

3D动画模型在模型贴图的格式和尺寸等方面并没有严格的限定，3D动画模型是通过渲染来呈现最终效果的，所以贴图只是中间步骤。但对于3D游戏来说，因为一切模型都是在游戏引擎中即时呈现的，所以在制作中模型贴图会有诸多的要求和限制。本小节主要讲解3D游戏模型贴图的制作流程和规范，并结合具体实例讲解3D游戏模型贴图的制作技巧。

现在大多数游戏制作公司，尤其是3D网络游戏制作公司，常用的模型贴图格式为“.DDS”格式，这种格式的模型贴图在游戏中可以随着玩家改变角色与其他模型间的距离来改变自身尺寸，在保证视觉效果的同时节省了大量资源（见图3-70）。模型贴图的尺寸通常为8像素×8像素、16像素×16像素、32像素×32像素、64像素×64像素、128像素×128像素、512像素×512像素、1024像素×1024像素等，一般来说常用的模型贴图尺寸是512像素×512像素和1024像素×1024像素，可能在一些次世代游戏中还会用到2048像素×2048像素的超大尺寸模型贴图。有时候为了压缩模型贴图的尺寸，节省资源，模型贴图不一定是等边的，竖长方形和横长方形也是可以的，例如128像素×512像素、1024像素×512像素等。

· 图3-70｜DDS贴图

3D游戏制作其实可以概括为一个“收缩”的过程，考虑到游戏引擎能力、硬件负载、网络带宽等因素，设计师不得不在3D游戏制作中尽可能节省资源。3D游戏模型不仅要制作成低模，而且在最后导入游戏引擎前还要进一步删减模型面。模型贴图也是如此，三维美术设计师要尽一切可能让模型贴图的尺寸变小，把模型贴图中的所有元素尽可能堆积到一起，并且还要尽量减小模型应用的贴图数量。总之，在导入游戏引擎前，所有美术元素都要尽可能精练，这就是“收缩”的概念。虽然现在的游戏引擎技术飞速发展，对于资源的限制逐渐放宽，但节约资源应该是每一位三维美术设计师所奉行的基本原则。

对于要导入游戏引擎的模型，其名称必须为英文，不能包含中文字符。在实际的游戏项目制作中，模型的名称要与对应的材质球和贴图的名称统一，以便于查找和管理。模型的命名通常包括前缀、名称和后缀3部分，例如建筑模型可以命名为JZ_Starfloor_01，不同模型之间不能重名。

与模型名称一样，材质和贴图的名称同样不能包含中文字符。模型、材质与贴图的名称要统一，不同贴图不能重名，贴图的名称同样包含前缀、名称和后缀3部分，例如jz_Stone01_D。在实际游戏项目制作中，不同的后缀名代指不同的贴图类型，通常来说_D表示Diffuse贴图，_B表示凹凸贴图，_N表示法线贴图，_S代表高光贴图，_AL表示带有Alpha通道的贴图。

接下来讲一下3D游戏中贴图的风格。一般来说，贴图的风格主要分为写实风格和手绘风格。写实风格的贴图一般用真实的照片，而手绘风格的贴图主要由制作者手绘。其实3D游戏对贴图的风格并没有十分严格的界定，可以看其侧重于哪一方面，例如是偏写实还是偏手绘。写实风格的贴图主要用于写实风格的游戏，手绘风格的贴图主要用于Q版风格的游戏，当然一些Q版风格的游戏为了标榜独特的视觉效果，也会采用偏写实的手绘贴图。贴图的风格并不能真正决定一款游戏的好坏，主要决选因素还是游戏制作的质量，这里只是为了

让大家简单了解不同贴图的风格。

图3-71左侧所示为手绘贴图，整体风格偏卡通，适用于Q版风格的游戏。手绘贴图的优点如下：整体都是彩色绘制的，色块面积比较大，而且过渡柔和，贴图在放大后不会出现明显的拉伸和变形问题。图3-71右侧所示为写实贴图，贴图中大多数元素都取材自真实照片，通过Photoshop的修改编辑形成了符合游戏中使用的贴图。写实贴图的细节效果比较好，真实感比较强，但如果模型UV处理不当会造成比较严重的拉伸和变形问题。

· 图3-71 | 手绘贴图与写实贴图

完成了模型UV的平展工作后，就可以通过UV编辑器中的“Render UVW Template”命令来渲染模型的UV网格，将其作为一张图片输出并导入Photoshop，作为模型贴图绘制的参考依据。不同的UV网格分布对应模型不同的部位，可以在Photoshop等平面设计软件中对应3D视图来完成模型贴图的绘制（见图3-72）。

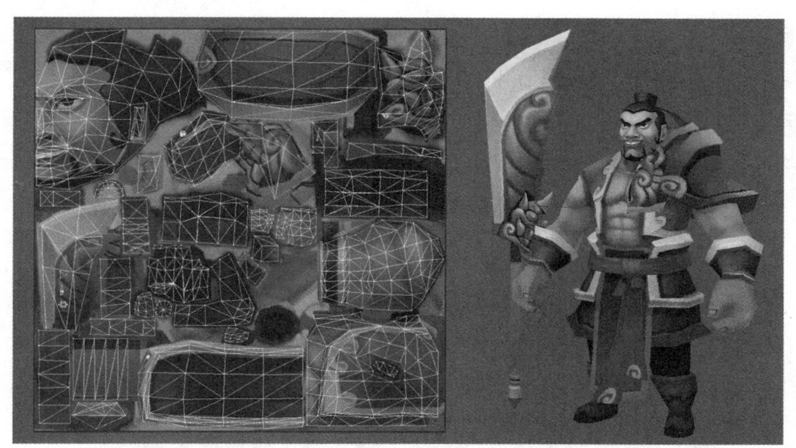

· 图3-72 | 参照UV网格来绘制模型贴图

下面通过一张金属元素贴图的制作实例来学习模型贴图的基本绘制流程和方法。首先，在Photoshop中创建新的图层，根据模型UV网格绘制出贴图的底色，铺垫基本的整体明暗关系，效果如图3-73所示。然后，在底色的基础上，绘制贴图的纹饰和结构，效果如图3-74所示。

· 图3-73 | 绘制贴图底色

· 图3-74 | 绘制贴图的纹饰和结构

接下来绘制结构的基本阴影，同时调整整体的明度和对比度，效果如图3-75所示。选用一些肌理丰富的照片材质进行纹理叠加，可以叠加多种不同的纹理。纹理的叠加可以通过选择“Overlay”“Multiply”或“Softlight”等图层混合模式来实现，叠加强度可以通过调整图层不透明度来控制。叠加纹理的效果如图3-76所示。叠加纹理增强了贴图的真实感，丰富了贴图的细节，这样制作出来的贴图偏写实风格。

· 图3-75 | 绘制结构的阴影并调整明度和对比度

・图3-76｜叠加纹理

然后绘制金属的倒角结构，同时绘制贴图的高光，效果如图3-77所示。金属材质的边缘部分会有些细小的倒角，可以单独在一个图层内用亮色绘制，图层混合模式可以是"Overlay"或"Colordodge"，强度可以通过通整图层不透明度来控制。接下来利用色阶或曲线工具，整体调整贴图的对比度，增强金属质感，效果如图3-78所示。

・图3-77｜绘制金属的倒角结构和高光

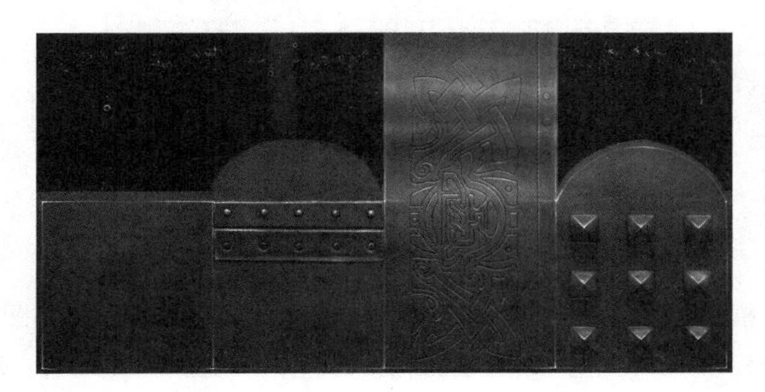

・图3-78｜调整对比度

最后，用一些特殊的纹理笔刷在金属表面一些平时不容易被摩擦到的地方绘制污迹或金属氧化痕迹，以增强贴图的真实感，丰富贴图的细节，效果如图3-79所示。这样就完成了贴图的绘制。

·图3-79｜绘制污迹或金属氧化痕迹

制作完成的贴图要通过材质编辑器添加到材质球上，然后才能赋予模型。在3ds Max操作主界面的快捷按钮区单击“Material Editor”按钮或按【M】键，可以打开材质编辑器。材质编辑器内容复杂并且功能强大，然而对于游戏制作来说其应用十分简单，因为游戏中的模型材质效果都是通过游戏引擎中的设置来实现的，材质编辑器里的参数设定并不能影响游戏实际场景中模型的材质效果。在制作3D游戏模型时，利用材质编辑器将贴图添加到材质球的贴图通道上即可。普通的模型贴图只需要在“Maps”面板的“Diffuse Color”（固有色）通道中添加一张位图（Bitmap）即可，如果游戏引擎支持高光贴图和法线贴图，那么可以在“Specular Level”（高光级别）和“Bump”（凹凸）通道中添加高光贴图和法线贴图（见图3-80）。

Maps

	Amount	Map
Ambient Color . . .	100	None
☑ Diffuse Color	100	Map #1 (LRS_M_Luzi_D.dds)
Specular Color . .	100	None
☑ Specular Level .	100	Map #3 (LRS_M_Luzi_D.dds)
Glossiness	100	None
Self-Illumination .	100	None
☑ Opacity	100	Map #1 (LRS_M_Luzi_D.dds)
Filter Color	100	None
☑ Bump	30	Map #2 (LRS_M_Luzi_B.dds)

·图3-80｜常用的材质球贴图通道

除此以外，模型贴图还有一种特殊的类型就是透明贴图。所谓透明贴图就是带有Alpha通道的贴图，也称为Alpha贴图。例如在3D游戏制作中，植物模型的叶片、建筑模型的栏杆等复杂结构，以及角色模型的毛发等都必须用透明贴图来实现。图3-81左侧所示为透明贴图，右侧所示为它的Alpha通道，在Alpha通道中白色部分为可见部分，黑色部分为不可见部分，这样最后在游戏场景中就出现了具有镂空效果的树叶。

通常在实际制作中，会在Photoshop中将图片的不透明通道直接作为Alpha通道保存到图片中，然后将贴图添加到材质球的“Diffuse Color”和“Opacity”（透明度）通道中。

要注意，只将贴图添加到“Opacity”通道还不能在3ds Max视图中实现镂空的效果，必须要进入此通道下的贴图层级，将Mono Channel Output（通道输出）设定为Alpha模式，这样贴图就会在视图中实时显示镂空效果。

· 图3-81 | Alpha贴图

最后为大家介绍一下3ds Max中关于贴图的常用工具及实际操作中常见的问题和解决技巧。在3ds Max操作主界面的工具命令面板区中，可以找到“Bitmap/Photometric Paths”（贴图路径）工具，这个工具可以方便设计师在3D游戏制作中快速指定材质球所包含的所有贴图路径。在游戏制作过程中，设计师会接收到从其他计算机中传输过来的3ds Max制作文件，或者要从公司服务器中下载文件。当在自己的计算机中打开这些文件时，有时会发现模型贴图不能正常显示，其实大多数情况下并不是因为贴图本身的问题，而是因为文件中材质球所包含的贴图路径发生了改变。如果手动修改贴图路径，操作将十分烦琐，如果用“Bitmap/Photometric Paths”工具，那么操作将会非常简单方便。

单击“Bitmap/Photometric Paths”工具，然后单击“Edit Resources”按钮，会弹出一个面板窗口（见图3-82）。下面简单介绍一下图3-82中右侧的按钮：“Close”用于关闭面板，“Info”用于查看所选中的贴图，“Copy Files”用于将所选的贴图复制到指定的路径或文件夹中，“Select Missing Files”用于选中所有丢失路径的贴图，“Find Files”用于显示本地贴图和丢失路径的贴图的信息，“Strip Selected Paths”用于取消所选贴图之前指定的贴图路径，“Strip All Paths”用于取消所有贴图之前指定的贴图路径，“Set Path”配合“New Path”可设定新的贴图路径。

当打开从其他计算机上获得的制作文件时，如果发现模型贴图不能正常显示，那么可以打开Bitmap/Photometric Paths 工具的面板窗口，单击“Select Missing Files”按钮，首先查找并选中丢失路径的贴图，然后在“New Path”输入框中输入当前模型贴图所在的文件夹路径，并单击“Set Path”按钮将路径进行重新指定，这样制作文件中的模型贴图就可以正确显示了。

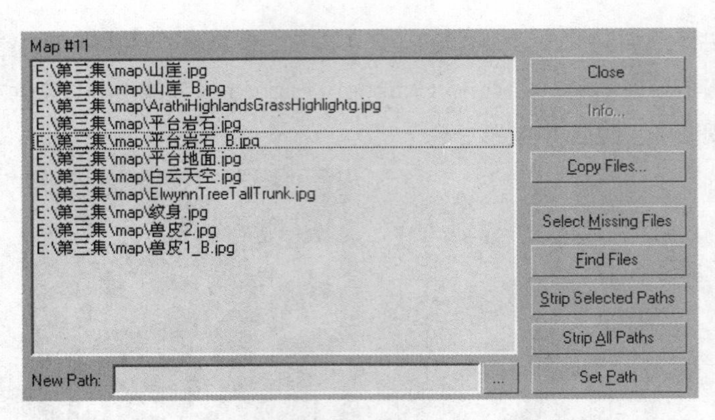

・图3-82｜Bitmap/Photometric Paths工具的面板窗口

在计算机上首次安装3ds Max后，打开制作文件会发现原本清晰的贴图变得非常模糊，这并不是贴图有问题，也不是制作文件有问题，而是因为没有对3ds Max的驱动显示进行设置。在3ds Max操作主界面的菜单栏的“Customize”菜单下单击“Preferences”，在弹出的窗口中选择“Viewports”（视图设置）选项，然后对面板下方的“Display Drivers”（显示驱动）参数进行设定。Choose Driver用于选择驱动显示模式，要根据显卡的性能来选择。Configure Driver用于对驱动显示模式进行详细设置，单击后会弹出面板窗口。

在弹出的面板窗口中将“Background Texture Size”（背景贴图尺寸）和“Download Texture Size”（下载贴图尺寸）分别设置为最大的1024和512，并分别勾选“Match Bitmap Size as Closely as Possible”（尽可能接近匹配贴图尺寸）复选框（见图3-83），然后单击“保存”按钮并关闭3ds Max，当再次启动3ds Max时，贴图就可以清晰地显示了。

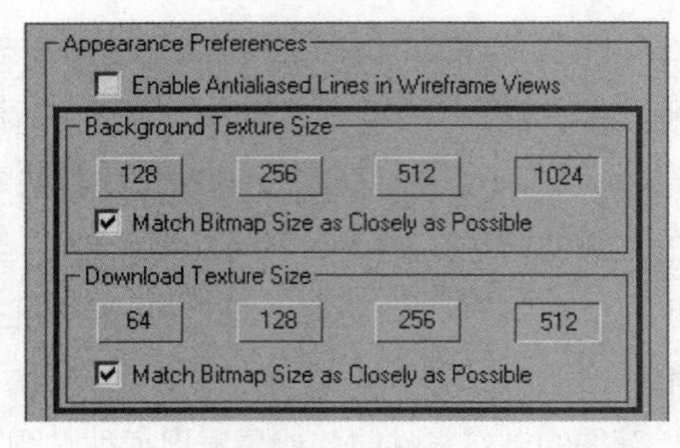

・图3-83｜对软件显示模式进行设置

第4章

人体模型的制作

知识目标：

- 掌握人体模型的基本制作流程和方法；
- 掌握3ds Max人体模型UV平展及人体模型贴图绘制技术。

素养目标：

- 培养细致的观察能力；
- 强化3ds Max建模思维。

人体模型是3D角色模型中最为常见的类型之一，也是制作3D人物的基础模型。无论想要制作何种风格的3D人物，都必须先制作人体模型，然后根据角色的风格及背景设定来制作服饰、装备和装饰等附属模型。本章重点讲解男性角色的人体模型从创建到平展模型UV再到贴图绘制的完整制作过程。

4.1 | 人体模型制作前的准备

在正式开始制作前，要确定制作的人体模型的基本形态和比例，如是制作男性人体模型还是女性人体模型，身材比例如何，肌肉的发达程度如何等，通俗来讲就是要明确所制作人物的高矮胖瘦。针对不同的人体模型，初期建模的操作会存在较大的差别，所以人体模型的基本形态和比例是正式开始制作前必须确定的。此外还需要搜集一些参考图片（见图4-1），如人体肌肉、骨骼结构或一些3D效果图片等，有助于设计师在建模时正确处理模型结构。

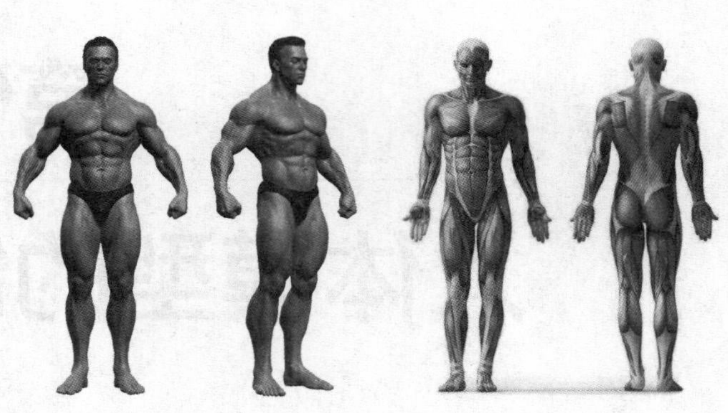

· 图4-1 | 人体模型参考图片

4.2 | 人体模型制作

微课视频

人体模型制作

4.2.1 头部和颈部模型制作

对于整个人体模型，基本按照头部、颈部、躯干和四肢这样的顺序来进行制作。首先制作头部和颈部模型，在3ds Max视图中创建基础几何体模型，作为编辑制作头部和颈部模型的基础。可以根据个人习惯来进行选择，Box、Cylinder和Sphere都可以作为基础几何体模型，这里选择Box模型。将创建出的Box模型塌陷为可编辑的多边形模型，然后通过加线对模型进行编辑，制作出人体头部和颈部的基础模型（见图4-2）。

另外，因为人体通常为左右对称的结构，所以在利用Box模型编辑出头部和颈部的基础模型后，可以将中间对称线一侧的模型删除，然后对剩下的一侧模型添加Symmetry修改器，这样模型就实现了镜像对称，在后面制作模型时只需调整一侧模型即可。

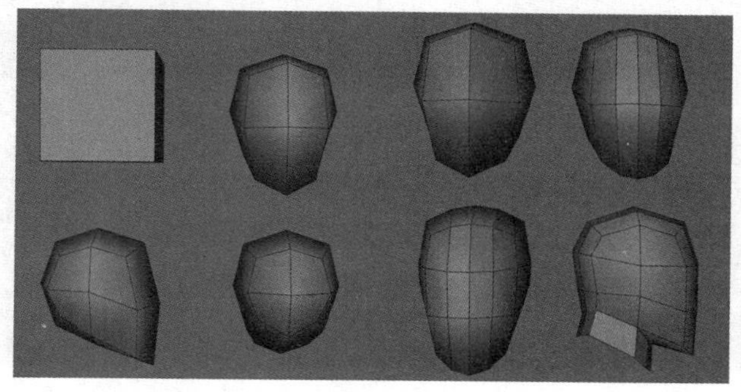

・图4-2｜制作头部和颈部的基础模型

然后进一步加线，让头部和颈部模型更加圆滑，同时制作出面部的基本轮廓（见图4-3）。根据人体眼部周围的骨骼和肌肉结构，制作出眼眶、眼窝及鼻梁等部分的结构（见图4-4）。

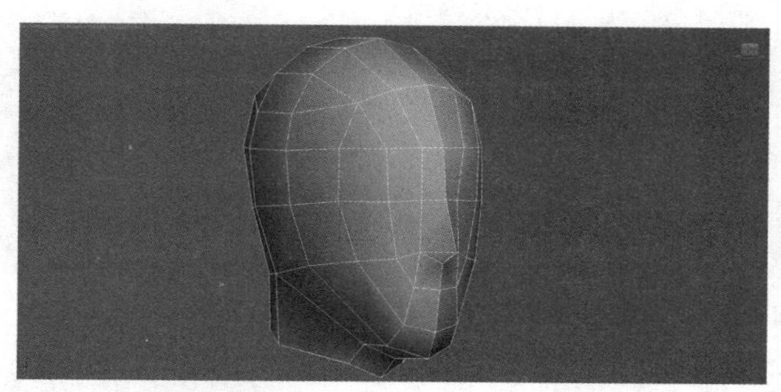

・图4-3｜制作面部的基本轮廓

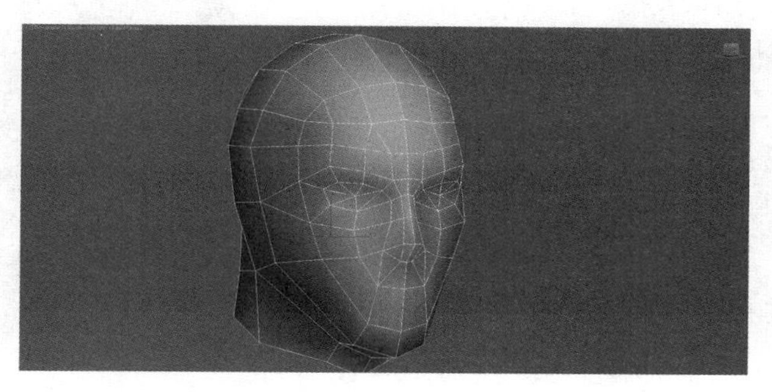

・图4-4｜制作面部结构

再进一步加线，让面部结构更趋完善。细化鼻部和嘴部的线面结构（见图4-5），制作出嘴部和下巴（见图4-6），添加鼻部和嘴部的分段布线，简单制作出鼻孔（见图4-7）。此时的模型效果如图4-8所示。

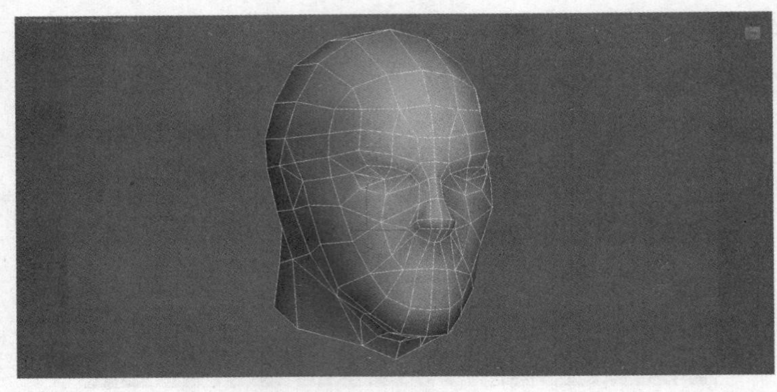

·图4-5｜细化鼻部和嘴部的线面结构

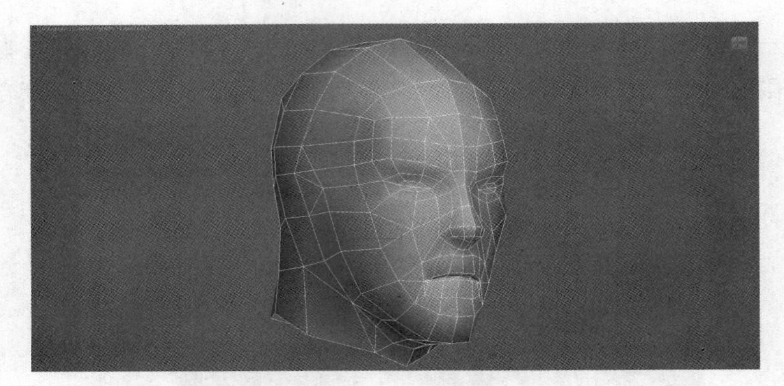

·图4-6｜制作嘴部和下巴

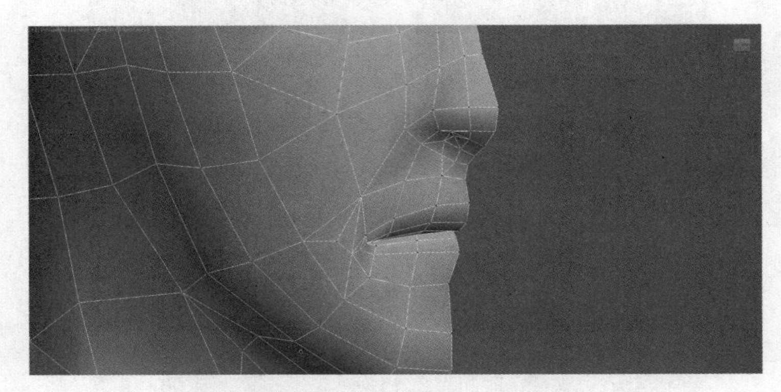

·图4-7｜添加鼻部和嘴部的分段布线

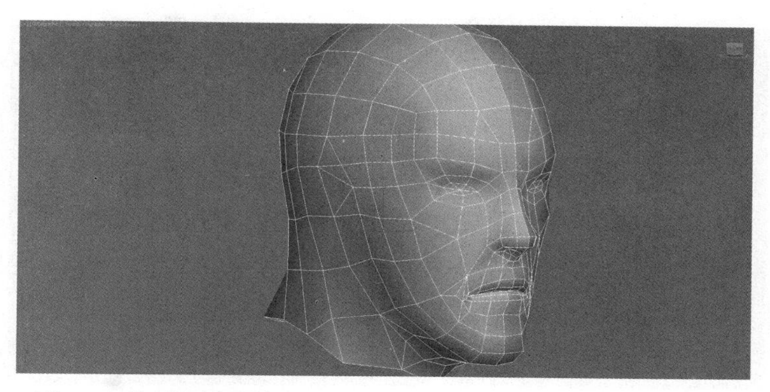

· 图4-8 | 此时的模型效果

然后在头部侧面开始切割布线，划分耳朵的线面结构（见图4-9）；通过“Extrude”命令制作出耳朵（见图4-10）。最后继续细化整个头部和颈部模型，完成最终的头部和颈部模型的制作，效果如图4-11所示。

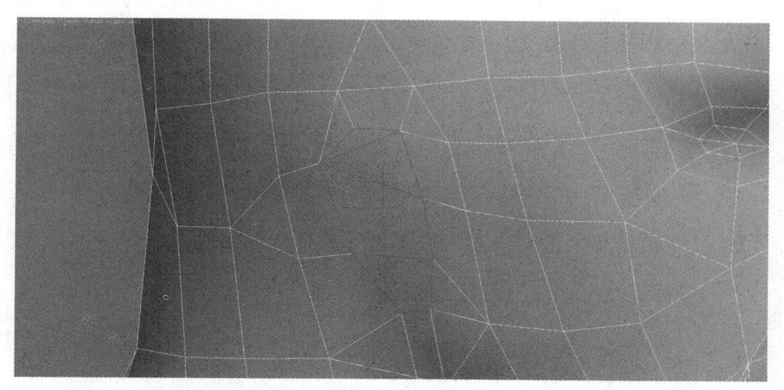

· 图4-9 | 划分耳朵的线面结构

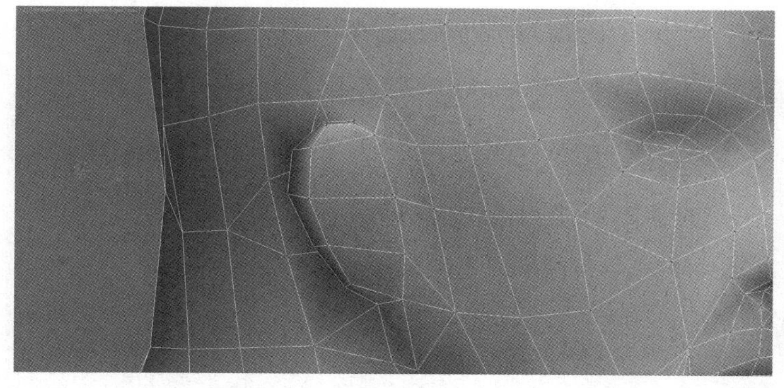

· 图4-10 | 通过“Extrude”命令制作耳朵

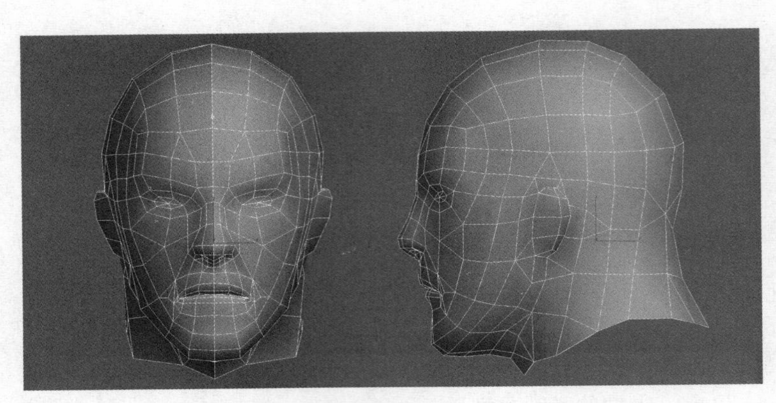

· 图4-11 | 最终的头部和颈部模型效果

4.2.2 躯干模型制作

接下来沿着头部和颈部模型往下，延伸制作人体的躯干模型。首先利用简单的几何体模型制作出躯干的大致形态（见图4-12），然后加线，进一步细化躯干模型（见图4-13）。

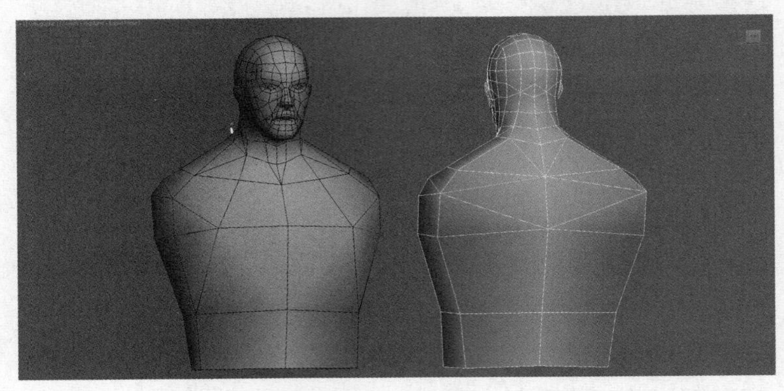

· 图4-12 | 制作躯干的大致形态

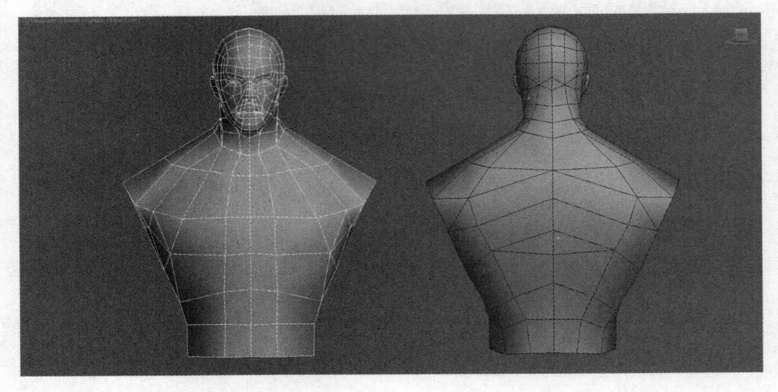

· 图4-13 | 细化躯干模型

继续细化躯干模型，制作出胸肌的基本结构（见图4-14）及锁骨周围的肌肉结构（见图4-15）。然后根据人体肌肉结构制作出腹部和背部的肌肉结构（见图4-16），布线的方式和走向要遵循人体的肌肉结构。最后制作出肩膀（见图4-17），为下一步制作上肢做准备，这样整个躯干模型就制作完成了。

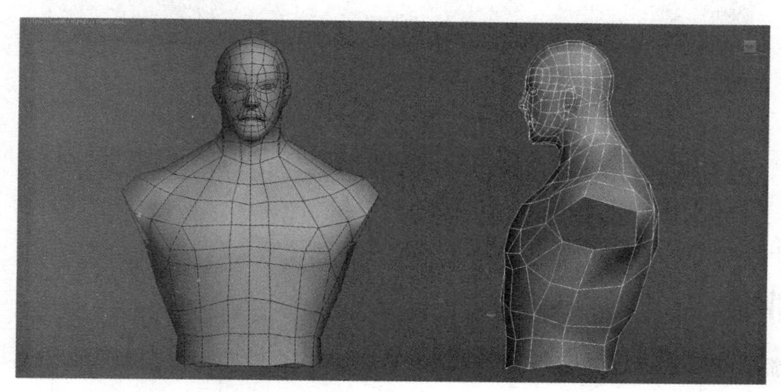

· 图4-14 | 制作胸肌的基本结构

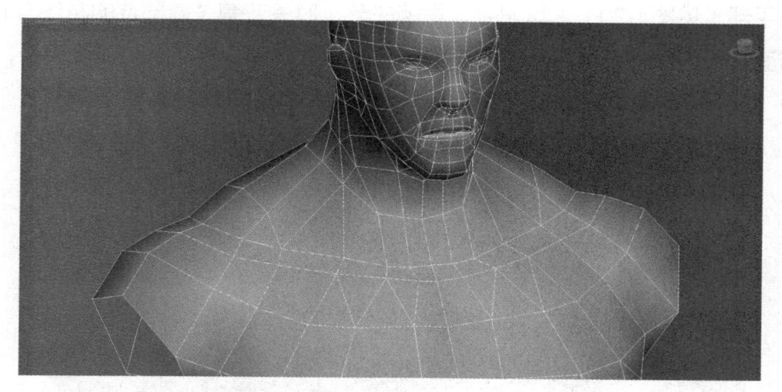

· 图4-15 | 制作锁骨周围的肌肉结构

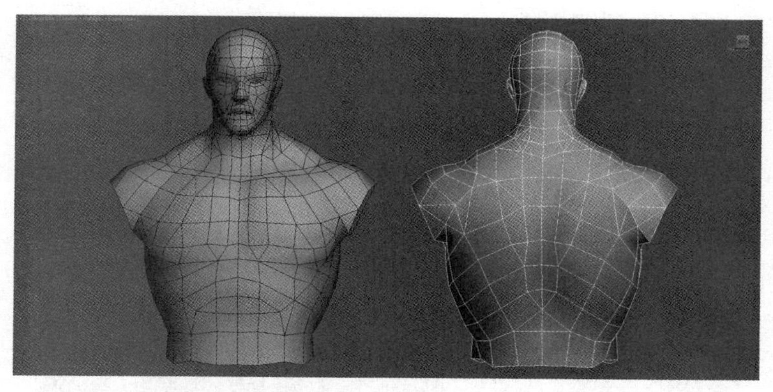

· 图4-16 | 制作腹部和背部的肌肉结构

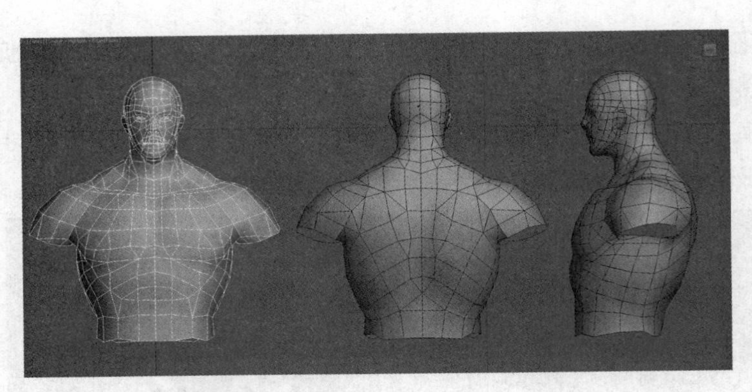

· 图4-17 | 制作肩膀

4.2.3 四肢模型制作

沿着肩膀，向下延伸制作上臂（见图4-18），这里要注意肱二头肌和肱三头肌的形态和结构。继续向下制作出肘关节和前臂，其正面、背面和侧面的效果如图4-19所示。然后制作出腕关节和手部（见图4-20）。这里要注意腕关节、肘关节等关键部位的布线方式，这会影响到模型后面的骨骼绑定、蒙皮设置及动作调节。

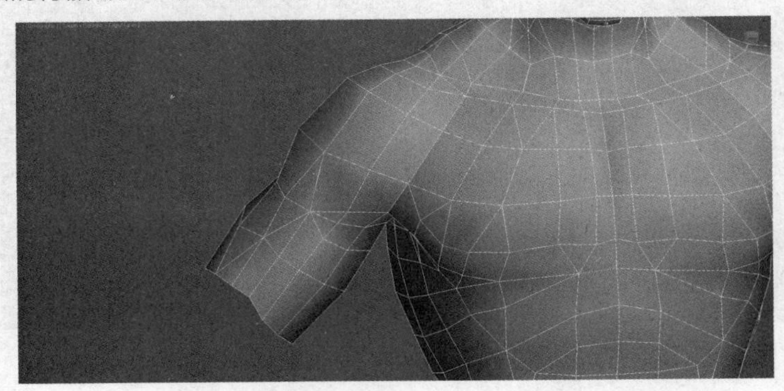

· 图4-18 | 制作上臂

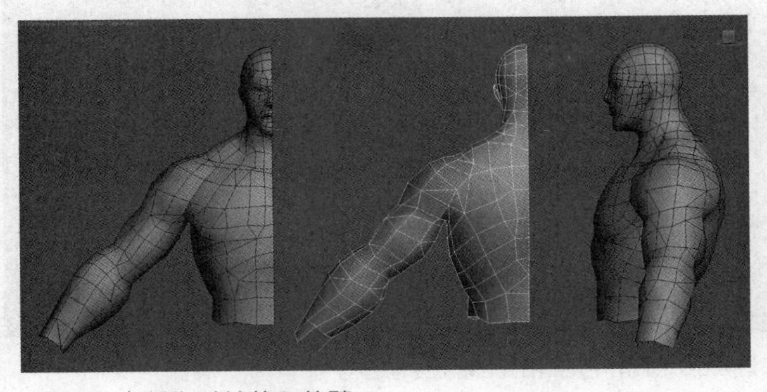

· 图4-19 | 制作肘关节和前臂

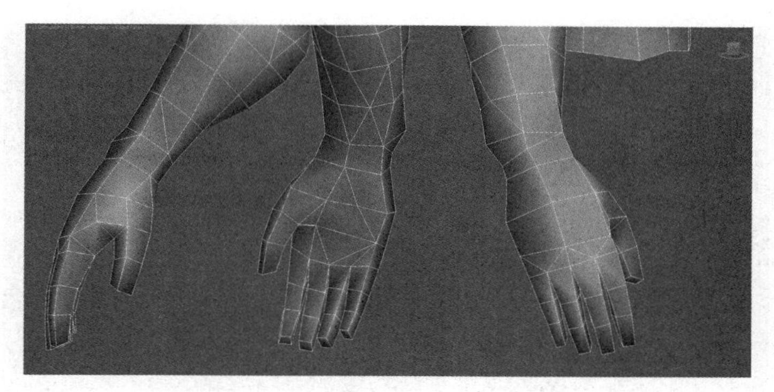

・图4-20｜制作腕关节和手部

上肢制作完成后，开始完善腰部和臀部的结构（见图4-21），为接下来制作下肢做准备。这里要注意胯部骨骼和肌肉的结构和形态。然后向下制作出大腿、膝关节和小腿（见图4-22、图4-23）。这里要注意膝关节处的布线，要充分考虑到动画的制作。最后制作出踝关节和足部（见图4-24）。这样整个下肢的模型就制作完成了。

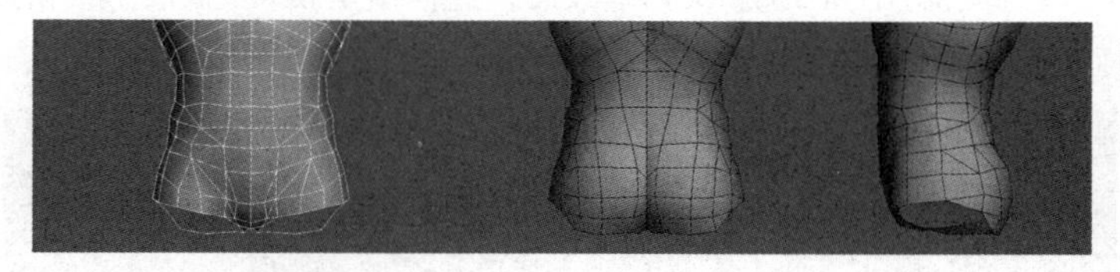

・图4-21｜制作腰部和臀部

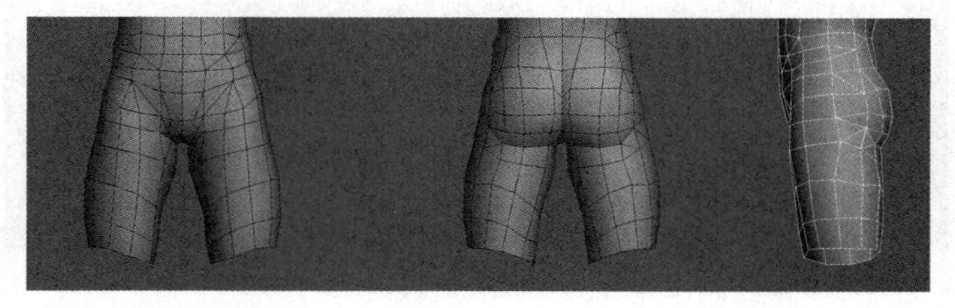

・图4-22｜制作大腿

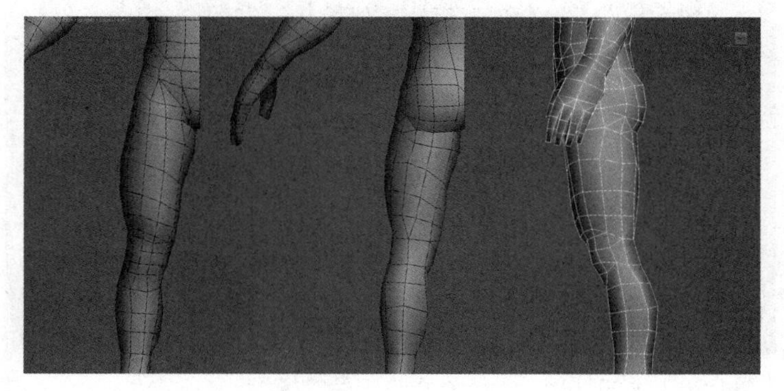

・图4-23｜制作膝关节和小腿

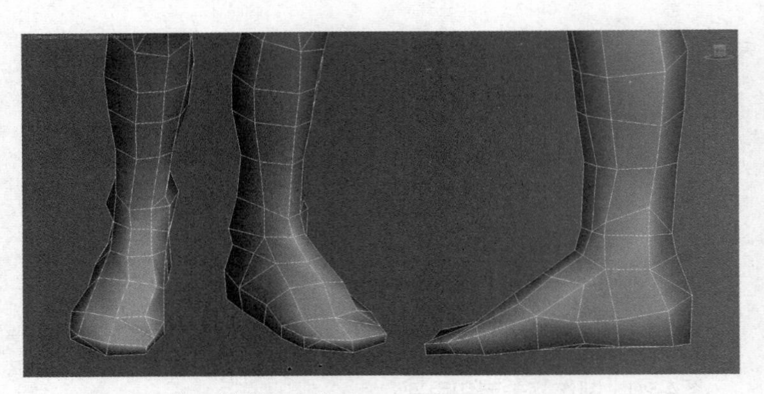

· 图4-24｜制作踝关节和足部

图4-25所示为最终制作完成的人体模型效果。其实对于人体模型来说，既可以将其用作3D动画角色模型，也可以将其用作为3D游戏角色模型。整个人体模型在保证所有结构完善的情况下，应尽量节省模型面数，以达到模型效果和面数的平衡。如果想要将其作为3D动画角色模型，可以为其添加Turbosmooth修改器，这样模型就转化为更加圆滑的高精度模型（见图4-26）。

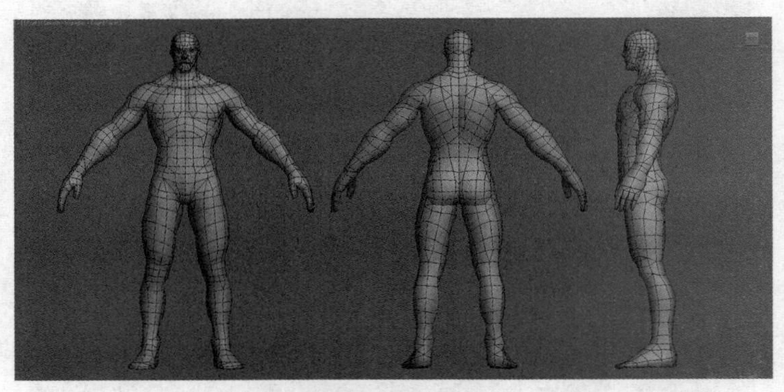

· 图4-25｜最终制作完成的人体模型效果

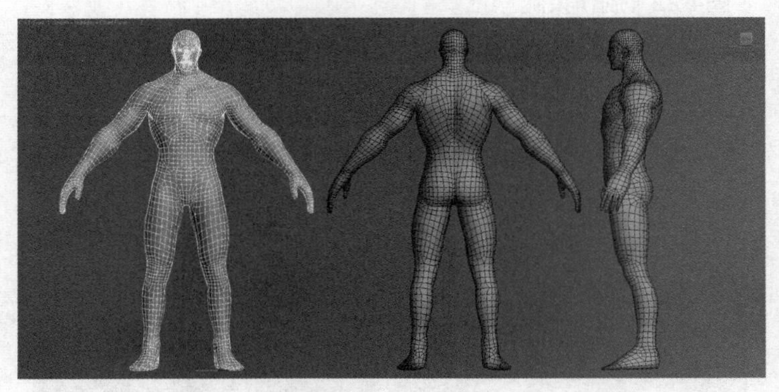

· 图4-26｜添加Turbosmooth修改器后的模型

4.3 | 人体模型UV平展

微课视频

人体模型UV平展

3D角色模型制作完成后，在进行贴图绘制以前，必须要完成的工作就是模型UV的设置和平展。与3D场景模型不同，3D角色模型为一体化模型，不能应用循环贴图，必须要把整个模型UV平展在UV网格之内。对于人体模型，需要先将所有模型UV平展到一张贴图之上，再进行贴图的绘制工作。人体模型UV平展从整体上来说分为以下几个步骤。

（1）为模型添加Unwrap UVW修改器。

（2）在修改器的“Edge”层级下，通过执行“Edit Seam”命令设定缝合线。

（3）在修改器的“Face”层级下，选择想要平展的模型面。

（4）通过执行“Pelt”命令对模型面的UV网格进行平展。

（5）调整每一块UV网格的大小，将所有平展的UV网格平铺在UV编辑器的UV框中。

要尽量按照模型的布线走势平铺UV网格，避免UV网格产生过大的拉伸和扭曲，尤其是面部的UV网格。可以利用黑白棋盘格贴图来检验UV网格的平铺状况，对于拉伸和扭曲严重的UV网格要进行深入调节。要将UV网格尽量铺满UV框，尽可能充分利用UV框的空间，这样可以增加贴图绘制的像素细节。

下面来具体看一下人体模型UV网格的划分和平展。因为人体模型是利用Symmetry修改器制作的，所以在分展模型UV时也只需要分展一侧模型的UV即可。人体模型UV分展后的效果如图4-27所示。但这里需要注意，如果制作的是普通的3D角色模型，其UV可以按照上述方法分展；但如果制作的是添加法线贴图的3D角色模型，必须将模型Attach后对整个模型的UV分展，因为法线贴图在镜像对称的模型中会出现显示错误。

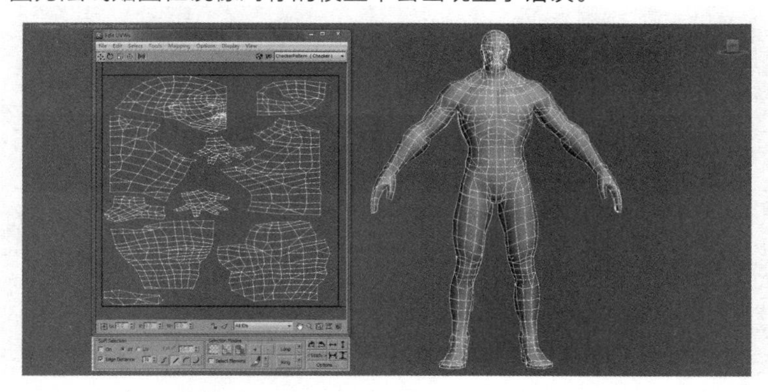

· 图4-27 | 人体模型UV分展后的效果

通常来说，可以先将头部的UV单独平展（见图4-28），以方便面部贴图的绘制，然后平展颈部和躯干的UV。颈部和躯干可以整体平展为一块UV网格，也可以将缝合线设置在颈部和躯干的侧面，然后将颈部和躯干分展为正面和背面两块UV网格，这里选择第二种方式进行分展（见图4-29、图4-30）。

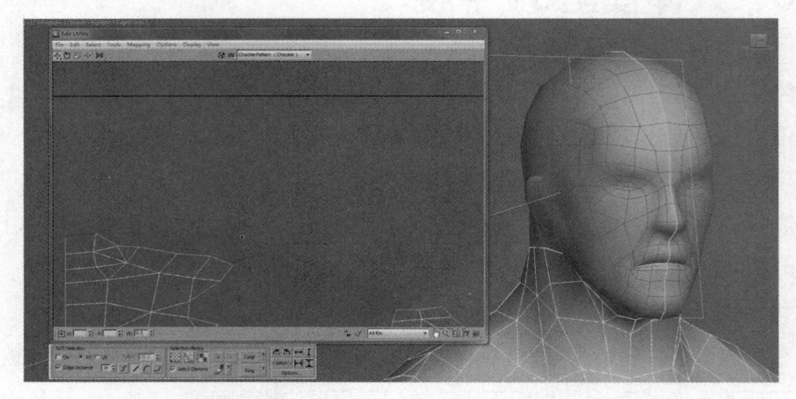

· 图4-28 | 头部的UV平展

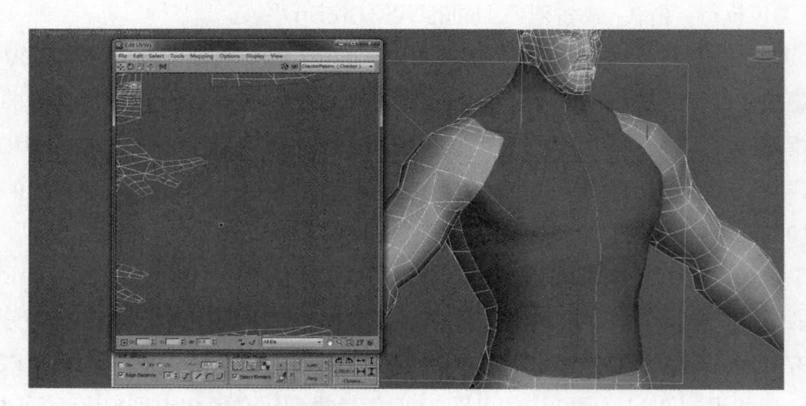

· 图4-29 | 颈部和躯干正面的UV平展

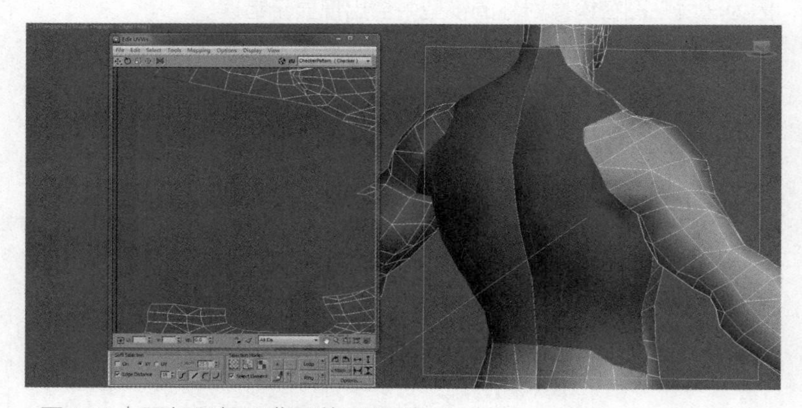

· 图4-30 | 颈部和躯干背面的UV平展

胳膊单独平展为一块UV网格，通常来说胳膊的缝合线要设置在内侧，也就是与躯干相邻的一侧，这样可以很好地避免接缝明显的问题（见图4-31）。然后对腰部、臀部和胯部的UV进行分展。胯部的UV平展如图4-32所示。接着对腿部的UV进行平展，缝合线也要设置在腿部的内侧。腿部的UV分展如图4-33所示。接下来对手部和足部的UV进行平展（见图4-34、图4-35）。

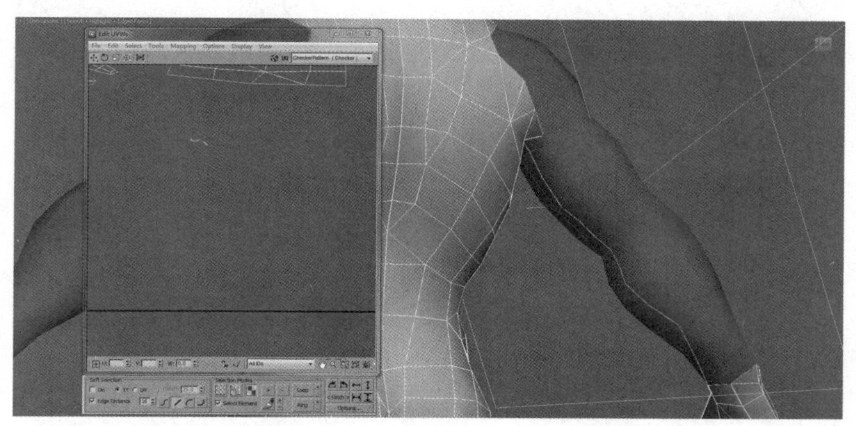

· 图4-31 | 胳膊的UV平展

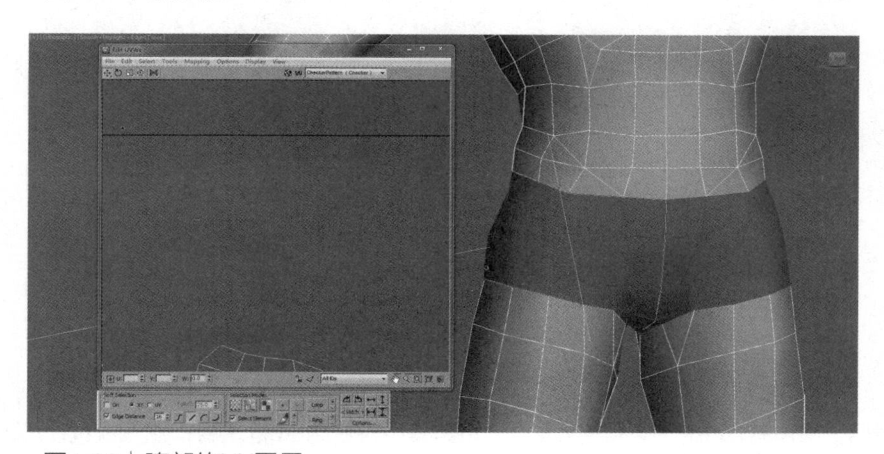

· 图4-32 | 胯部的UV平展

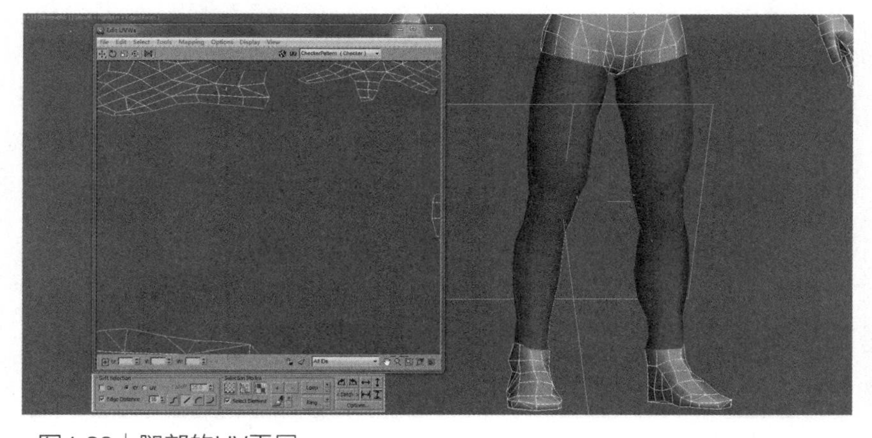

· 图4-33 | 腿部的UV平展

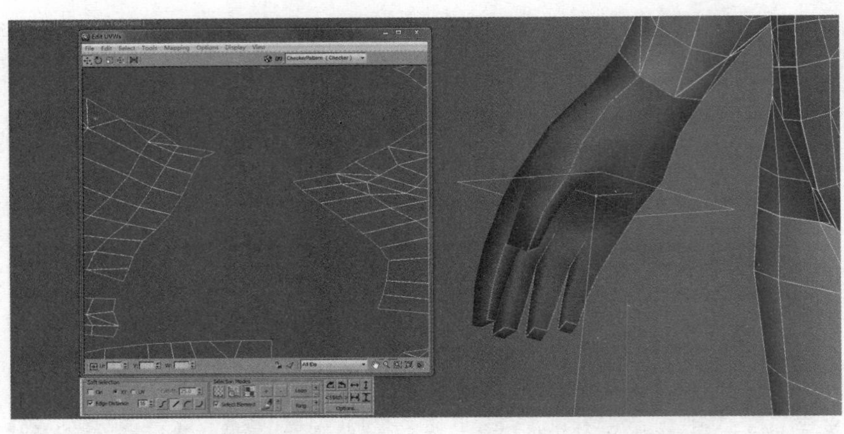

· 图4-34 | 手部的UV平展

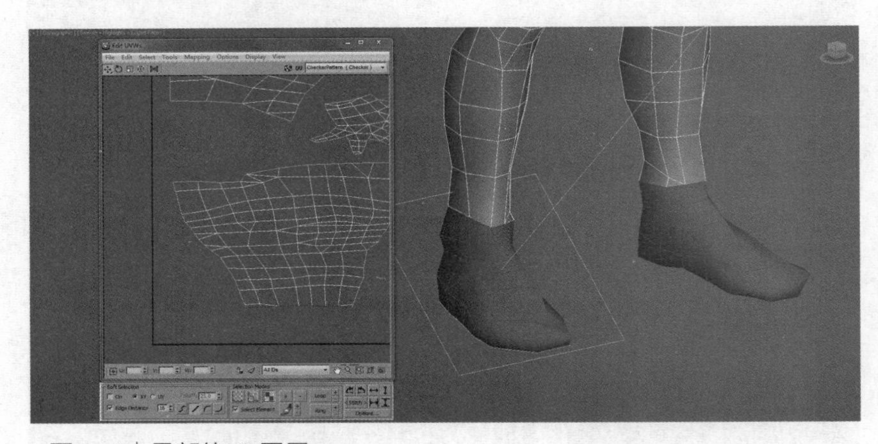

· 图4-35 | 足部的UV平展

最后，将所有部位的UV平展完成后，将其集中拼合到UV框之内，然后通过UV编辑器中的渲染命令，对其进行渲染并将其输出为图片（见图4-36），方便接下来的贴图绘制。

· 图4-36 | 渲染后的人体模型UV效果

4.4 | 人体模型贴图绘制

模型UV分展完成后，就要开始贴图的绘制。本节主要讲解人体模型贴图的手绘制作方式。

首先要将UV编辑器渲染出的UV线框网格图片导入Photoshop，然后将图片中的黑色区域选中并删除，只留下网格图层，并将网格图层置于最顶层，方便绘制贴图时参考。在网格图层下方新建图层，沿着每一块UV网格绘制选区，然后填充颜色作为人体模型贴图的底色和背景层（见图4-37）。

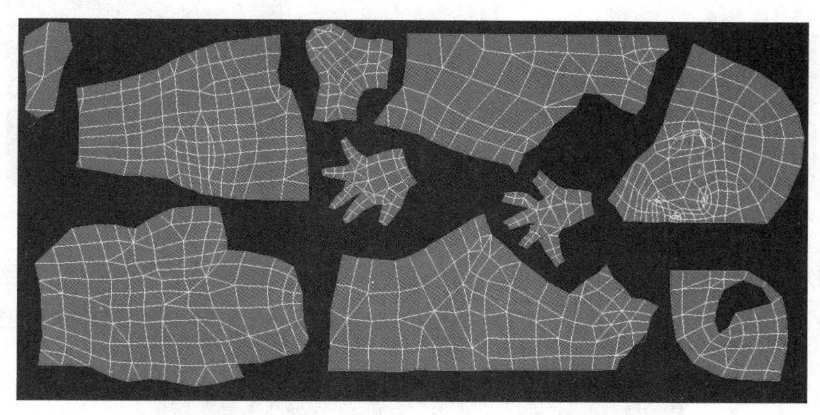

· 图4-37 | 填充出底色和背景层

然后可以开始人体模型贴图的绘制工作。在正式绘制前，首先要了解人体皮肤的一些基本知识。如果把人体皮肤看作一种材质的话，这将是一种接近于3S（三维制作软件中的专业材质术语）的材质，也就是次表面散射材质。人体皮肤与蜡有很多共通之处，例如在逆光时，皮肤也能在一定程度上透出光线。所以，在绘制人体模型贴图的时候，除了要把肤色、肌肉线条和皮肤肌理表现出来，还要把皮肤的通透感表现出来，这也是表现皮肤的真实感的重要一点。手绘的皮肤材质球效果如图4-38所示。

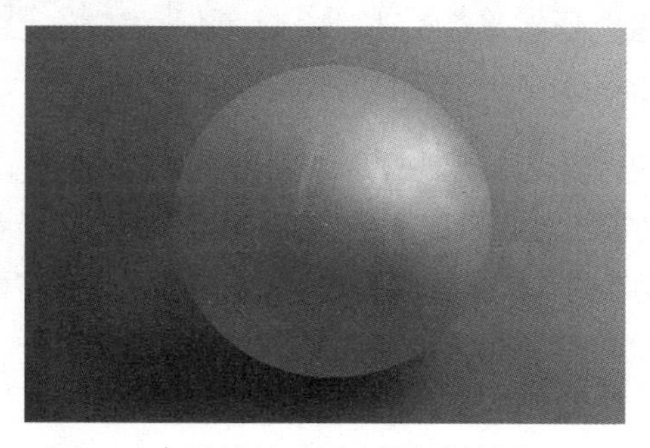

· 图4-38 | 手绘的皮肤材质球效果

对于纯手绘的人体皮肤贴图，通常利用素描法来制作。下面讲解一下人体皮肤贴图绘制的基本流程和方法。在绘制前期只利用黑、白、灰来进行人体皮肤贴图细节的绘制，包括肌肉的纹理和整体的明暗关系等，然后新建一个图层，填充肤色，接着选择Photoshop中的图层混合模式进行叠加，如图4-39所示。

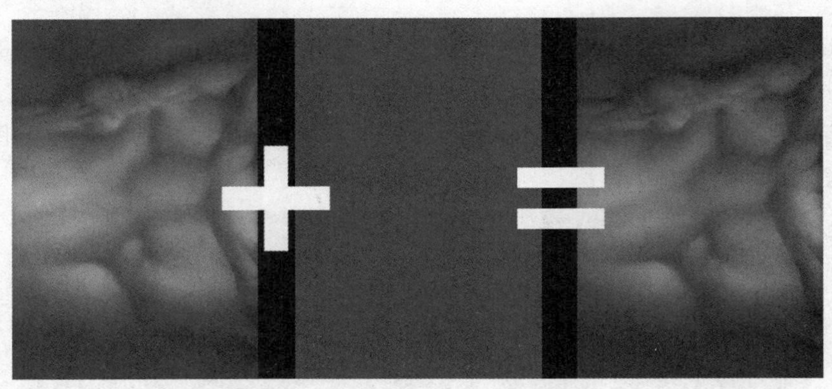

・图4-39｜利用素描法绘制人体皮肤贴图

利用素描法绘制贴图的好处是简单、容易上手，同时可以避免直接利用颜色绘制可能导致的颜色不均问题。在以上步骤完成后，还需要对贴图添加一些体现皮肤质感的纹理和效果，例如再叠加一些皮肤纹理或者绘制皮肤上的青筋效果，如图4-40所示。

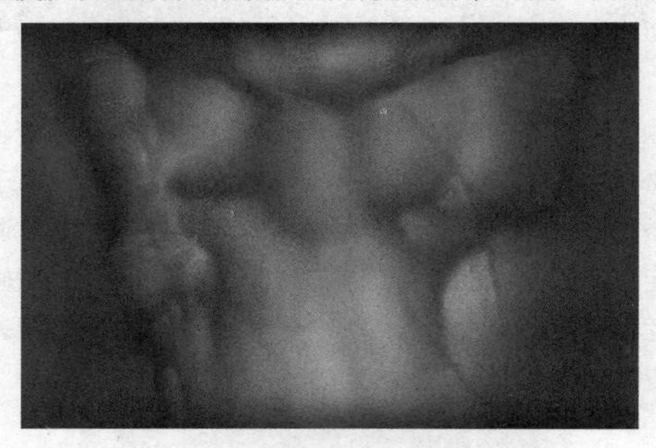

・图4-40｜进一步制作人体皮肤贴图的细节

另外，在实际绘制的时候，一定要把握UV网格的结构关系，让绘制的贴图符合模型的结构。在绘制过程中，要不断将贴图及时保存，并返回3ds Max查看贴图在模型上的效果，然后进行修改和调整。手绘的人体皮肤贴图整体的细节和质量更多依赖于制作者的美术功底和修养。图4-41所示是人体模型贴图绘制完成的效果。

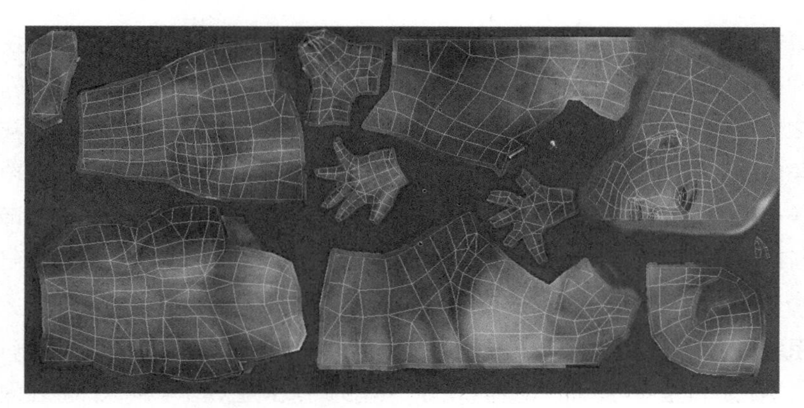

· 图4-41 | 人体模型贴图绘制完成的效果

微课视频

游戏角色模型制作

4.5 | 游戏角色模型制作

在传统印象当中，游戏角色模型通常为低精度模型，但随着游戏制作技术和硬件技术的发展，如今游戏角色模型的精细程度早已获得质的飞跃。针对之前的家用游戏机平台，游戏角色模型的多边形面数可以达到3万面，而对于如今的平台，游戏角色模型的多边形面数可以高达10万面，再配合法线贴图的显示效果，游戏角色模型早已不逊于动画角色模型，甚至在强大游戏引擎的支持之下，其整体视觉效果或许已超越影视级别的高精度模型。目前游戏角色模型的高精度细节如图4-42所示。

对于网络游戏来说，其角色模型在多边形面数上仍然受到诸多因素的限制。通常来说，网络游戏中的角色模型的多边形面数要控制在5000面以下。所以现在市面上绝大多数的网络游戏都是非写实类的，而其模型贴图都采用纯手绘的方式来制作，这样只要通过合理的模型布线控制，再加上出色的贴图绘制，低面数的模型仍然能呈现出很好的视觉效果。网络游戏中的角色模型如图4-43所示。

· 图4-42 | 目前游戏角色模型的高精度细节

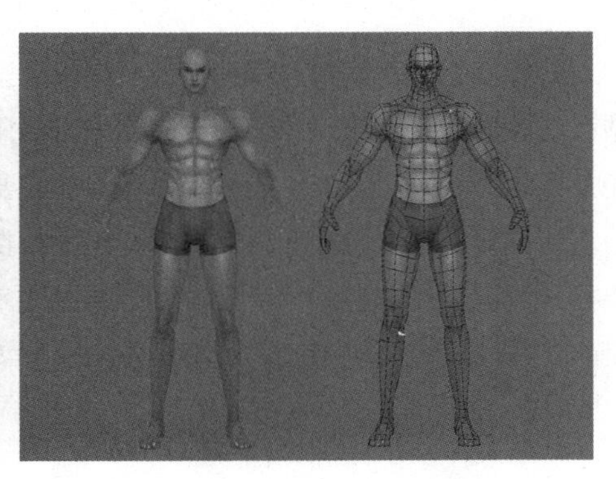

· 图4-43 | 网络游戏中的角色模型

在本章中制作的人体模型其实与游戏角色模型并没有很大区别，其整体的制作流程和方法基本相同，无非是根据具体的游戏项目来合理控制模型的多边形面数。除此以外，两者最大的不同之处可能在于模型UV的分展方式。现在市面上绝大多数的MMO网络游戏中玩家控制的游戏角色都采用了“纸娃娃”换装系统。所谓“纸娃娃”换装系统是指游戏角色的服饰和装备被统一划分为衣服、裤子、手套、鞋子、腰带以及头盔等，每一部分的服饰和装备可以单独进行替换。其实这种系统并不是新出现的，在若干年以前的游戏制作中就已经被广泛应用。

这种系统最大的优势是将游戏角色整体进行了模块化处理，在进行服饰和装备替换的时候仅仅替换相应的模型即可，而无须重新制作原本的游戏角色模型。所以一般在网络游戏项目的实际制作中，除了角色模型，还需要制作大量与之匹配的服装、道具以及装备等，以满足玩家在游戏中为角色换装的需求。

模型的模块化制作要求模型UV必须与之对应。在制作网络游戏的角色模型时，通常不会将模型UV全部平展到一张贴图上，而是进行一定的划分，制作多张贴图，方便对换装模型进行相应的贴图制作。网络游戏中模块化的角色模型制作方式如图4-44所示。

· 图4-44｜网络游戏中模块化的角色模型制作方式

对于网络游戏的角色模型来说，由于模型面数的限制，其制作相对简单，制作重点主要放在贴图的绘制和表现上。对于如今的游戏角色模型来说，其制作起来要复杂得多，主要角色从概念设定开始到模型最后制作完成往往要经历一个漫长的过程。

首先，要设计游戏角色的概念设定图，找到游戏角色的基本设计理念和制作方向。然后需要绘制出精细的游戏角色设定图，将游戏角色的各种细节都表现出来，以方便之后模型的制作。概念设计图和游戏角色设定图如图4-45所示。

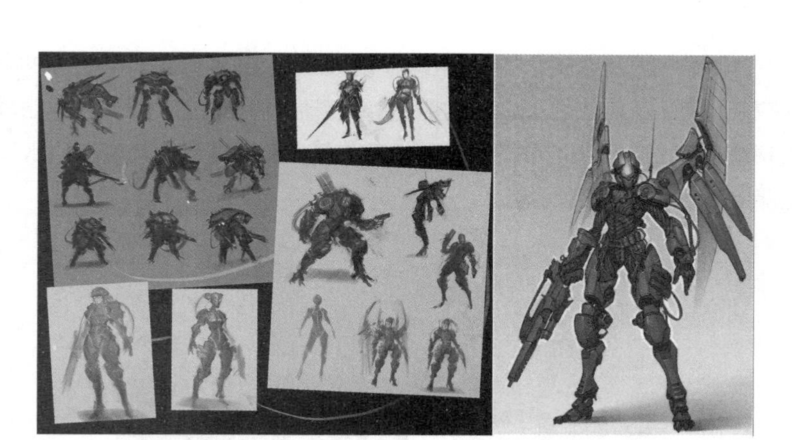

· 图4-45｜概念设定图和游戏角色设定图

之后，需要制作低精度的游戏角色模型（见图4-46）备用。接下来开始制作高精度模型（见图4-47），用来烘焙法线贴图，高精度模型制作的精细程度决定了法线贴图的细节效果。

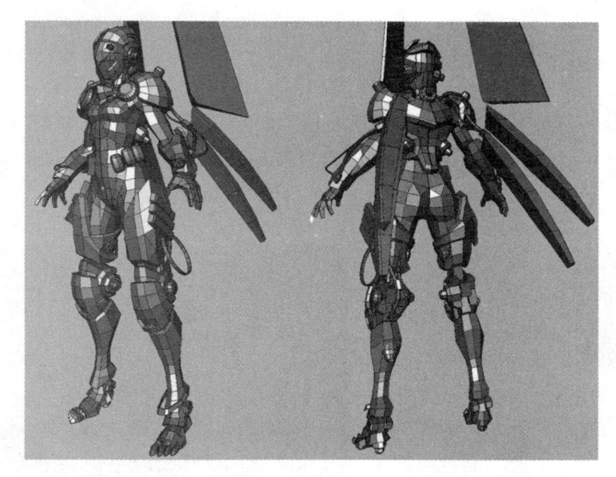

· 图4-46｜制作低精度的游戏角色模型

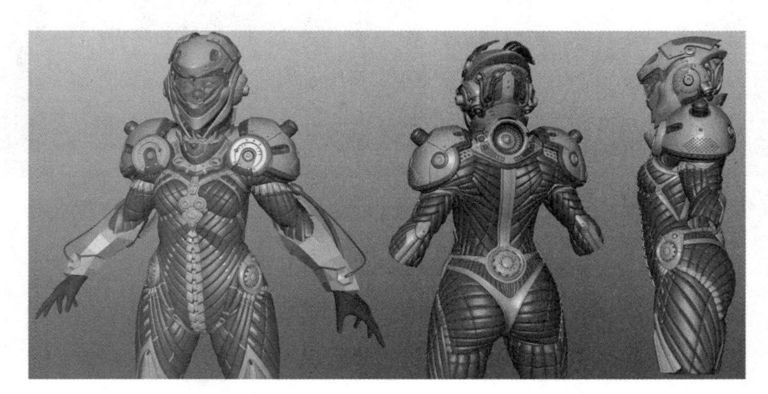

· 图4-47｜制作高精度模型

然后将之前制作的低精度模型进行细化，增加模型面数，但无须制作过多的模型细节，增加模型面数只是为了让模型更加圆润。接下来将高精度模型进行烘焙，生成法线贴图，然后添加到低精度模型上（见图4-48），这样低精度模型就具备了高精度模型所有的模型细节，但仍然保持了模型面数上的优势。

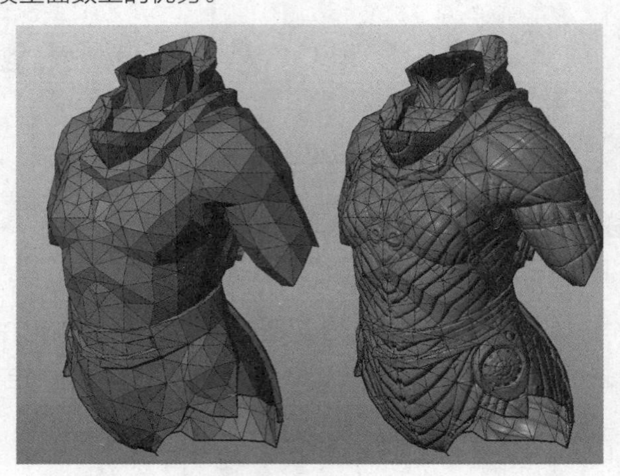

·图4-48｜添加法线贴图

模型制作完成后，开始设定游戏角色的贴图风格和配色（见图4-49）。最后为游戏角色模型绘制并添加贴图，完成最终模型的制作（见图4-50）。以上就是游戏角色模型制作的基本流程。

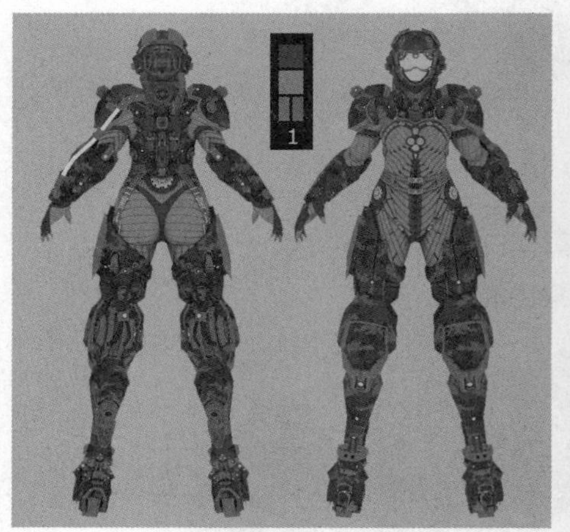

·图4-49｜贴图风格和配色设定

·图4-50｜游戏角色模型的最终效果

项目实例篇

第5章

游戏项目实例——角色道具模型制作

知识目标：

- 了解角色道具模型的概念和特点；
- 掌握常见3D游戏角色道具模型的结构特征及多种角色道具模型的创建方法；
- 掌握正确的模型UV分展方式和基本的模型贴图绘制方法。

能力目标：

- 能够熟练运用三维制作软件进行基础建模；
- 能够正确进行模型结构的布线，尽量节省模型面数；
- 能够合理分展模型UV，并绘制模型贴图。

素养目标：

- 能够举一反三，养成严谨的工作态度，以应对各种游戏项目对角色道具模型的制作要求。

5.1 | 项目分析

角色道具模型是指与3D角色相匹配的附属物品模型。从广义上来说，3D角色的服装、饰品、装备以及各种手持道具都可以算作角色道具。但从狭义上来说，角色道具的概念更多用于游戏制作中。在游戏中，玩家所操控的游戏角色可以更换各种装备以及道具，这就要求在3D游戏角色的制作过程中，不仅要制作角色模型，还必须要制作与之相匹配的各种角色道具模型。

在3D游戏角色模型的制作流程和规范中，角色的服装、饰品等的模型通常是跟角色模型一起制作的，并不是在角色模型制作完成后再独立制作，所以并不算真正意义上的角色道具模型。3D游戏制作中所指的角色道具模型通常是指独立进行制作的角色所持的武器等装备模型。所有的装备模型都是由专门的三维模型设计师进行独立制作的，然后通过设置武器的持握位置来使武器匹配各种不同的游戏角色。

3D游戏中的角色道具模型的常见类型有冷兵器、魔法武器以及枪械等。对于不同类型的游戏，三维模型设计师需要制作不同风格的角色道具模型，如写实类、魔幻类、科幻类等（见图5-1）。本章要制作常见的角色道具模型。

· 图5-1 | 不同风格的角色道具模型的原画设定图

5.2 | 项目实施

微课视频

战斧模型制作

5.2.1 战斧模型制作

在本小节中将学习制作战斧模型，这是最为常见的角色道具模型之一。通常意义上的斧子由斧头和斧柄两部分组成，但3D游戏中的战斧模型需要进行特别的设计。图5-2所示的是

3种经过特别设计的战斧模型。

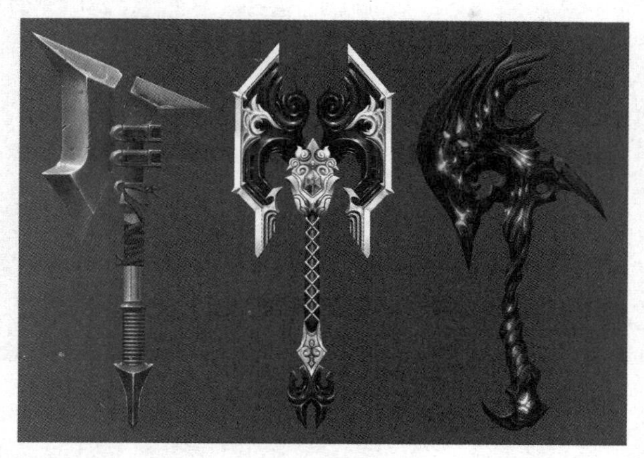

· 图5-2｜经过特别设计的战斧模型

图5-3所示为战斧模型的最终效果。整个模型从设计上来说属于一体化的模型，斧头内部采用了类似有机生物体的设计，这种设计一直延伸到斧柄，从整体来看仿佛是一柄钢斧被某种生物结构所包裹。从制作上来说，整个模型是由基础几何体模型通过多边形编辑制作而成的，可按照从斧头到斧柄的顺序进行制作，然后进行贴图的绘制。下面开始讲解实际的制作过程。

· 图5-3｜战斧模型的最终效果

1．战斧模型的制作

首先在3ds Max视图中创建一个Box模型（见图5-4），设置合适的分段数，然后将模型塌陷为可编辑的多边形。因为战斧模型可以看作前后完全对称的结构，所以在制作的时候只需要制作一侧即可。这里删除Box模型背面的多边形面，然后调整模型的点线，编辑出斧头的基础轮廓（见图5-5）。

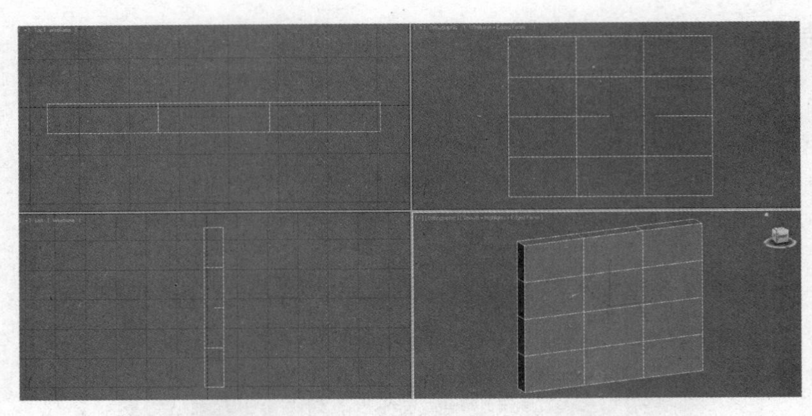

· 图5-4 | 创建Box模型

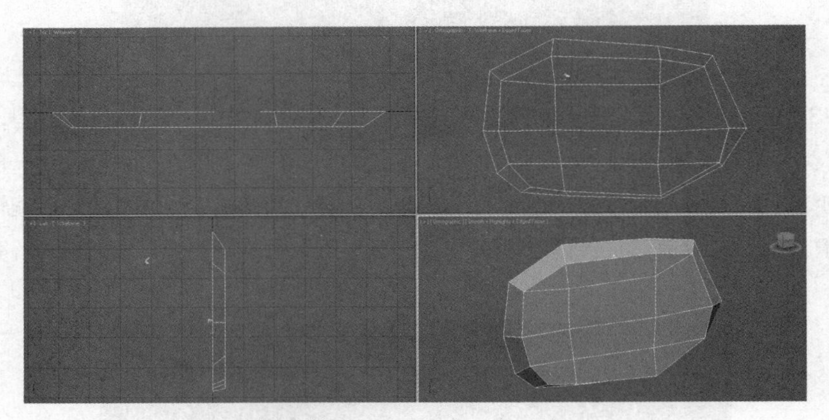

· 图5-5 | 编辑斧头的基础轮廓

为模型添加分段布线，调整出斧头的基本外形，利用“Extrude”命令制作出左下角和右下角的尖刃结构（见图5-6）。继续添加分段布线，细化斧头的结构（见图5-7）。

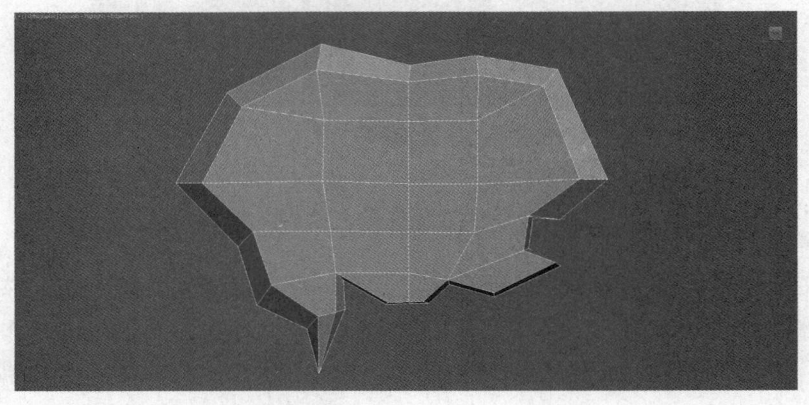

· 图5-6 | 调整斧头的基本外形

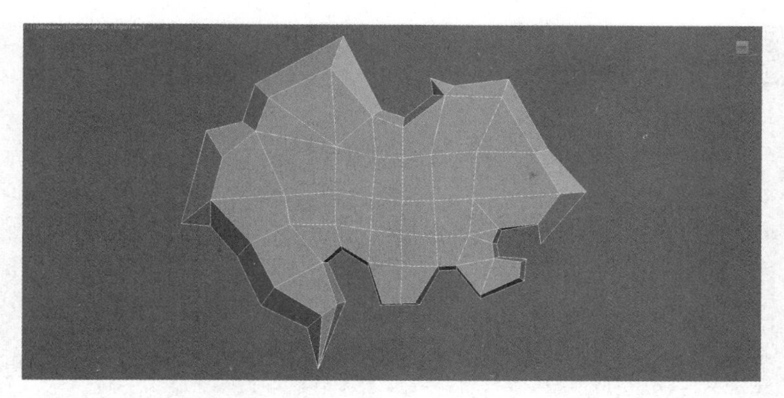

・图5-7｜细化斧头的结构

接下来在斧头内部沿着轮廓走势，利用“Cut”命令切割出新的边线（见图5-8）。进入“Edge”层级，选中刚刚切割出的边线，利用“Chamfer”命令制作出新的边线，注意在此过程中对多余顶点的焊接，避免产生超过4条边以上的多边形面（见图5-9）。接下来进入“Polygon”层级，选中新产生边线内部的所有多边形面，然后将选中面整体向内移动，形成内凹的结构（见图5-10）。

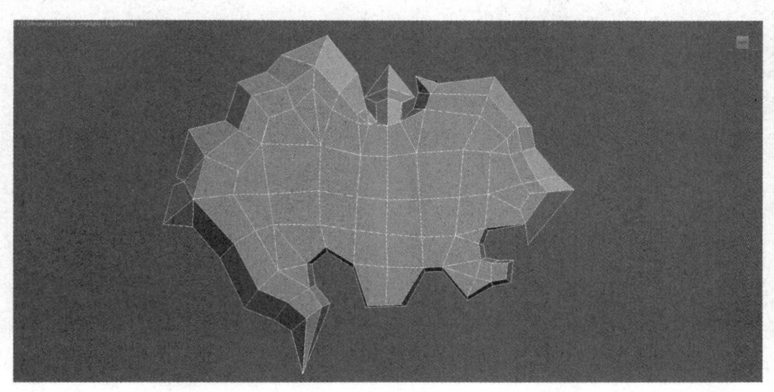

・图5-8｜切割边线

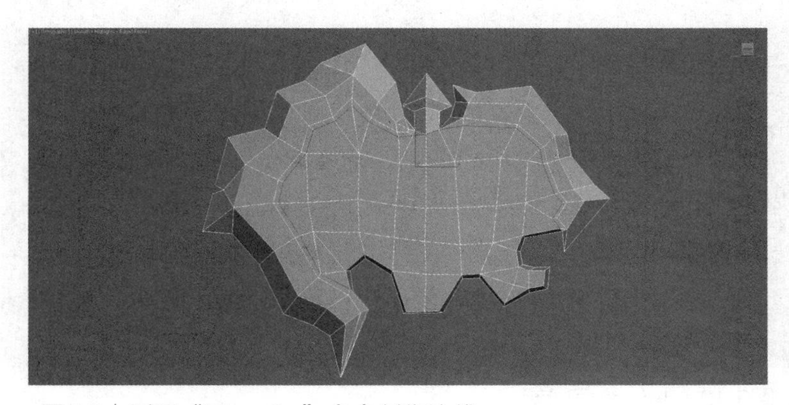

・图5-9｜利用“Chamfer”命令制作边线

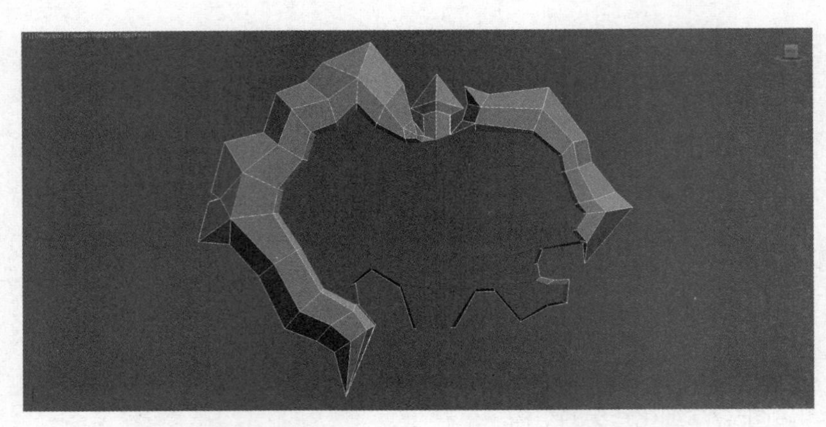

· 图5-10 | 制作内凹结构

然后沿着斧头下方中心部分，向下制作出斧柄（见图5-11）。继续向下延伸制作出斧柄尾部（见图5-12）。在斧柄尾部添加边线，利用“Polygon”层级下的“Extrude”命令制作出内凹结构，然后在内凹结构中制作出椭圆形半球模型（见图5-13）。

· 图5-11 | 向下制作斧柄

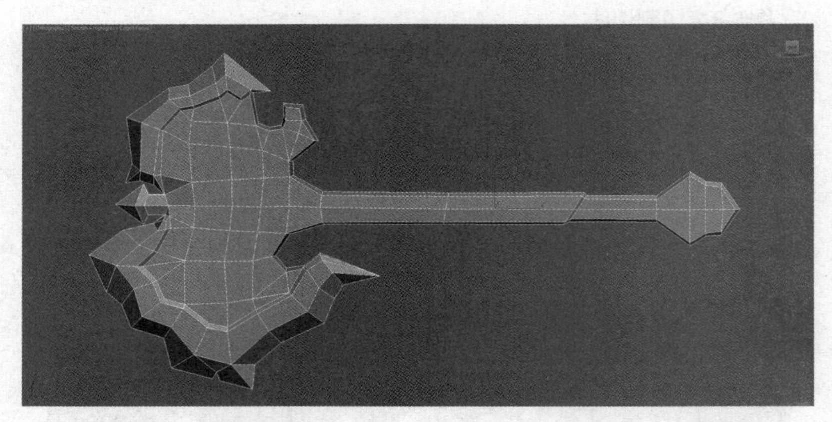

· 图5-12 | 制作斧柄尾部

· 图5-13｜制作内凹结构及椭圆形半球模型

斧柄模型基本制作完成后，继续对斧头模型进行深入制作，通过添加分段调整点线等方式细化斧头模型（见图5-14），然后在个别部位添加锋利的突刺结构（见图5-15）。

接下来在斧头模型左侧通过加线的方式制作出隆起的藤条结构（见图5-16），这是为了与贴图进行配合，让模型更富有立体化效果。

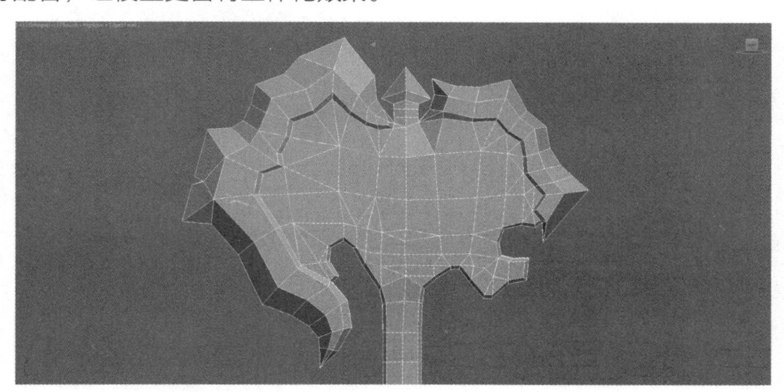

· 图5-14｜细化斧头模型

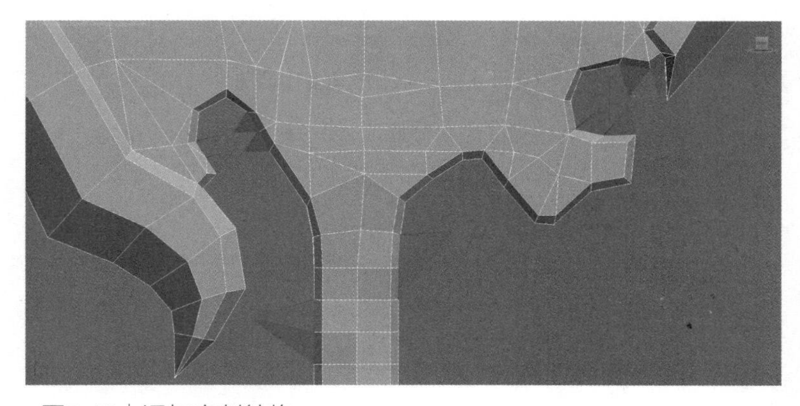

· 图5-15｜添加突刺结构

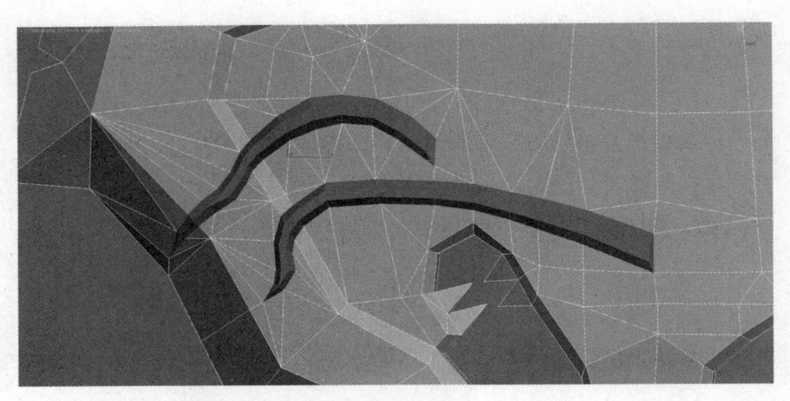

· 图5-16｜制作隆起的藤条结构

接下来为斧头模型添加一些装饰结构。首先在斧头中心制作出椭圆形半球结构（见图5-17），然后围绕该结构利用Box模型制作出外部的环绕结构，同时利用Cylinder模型制作一些镶嵌结构（见图5-18），最后在周围利用Box模型制作出一些装饰结构，如图5-19所示。

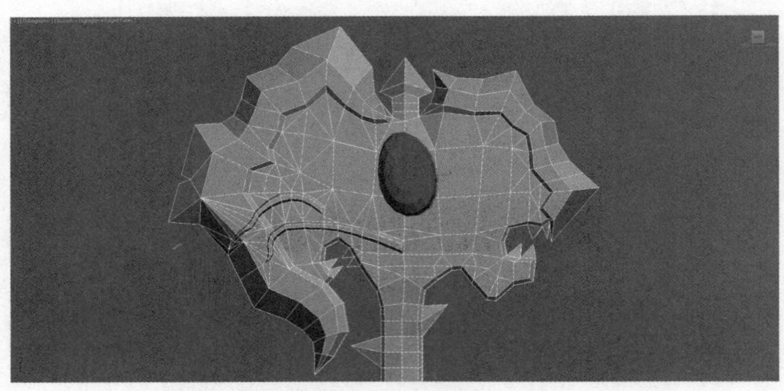

· 图5-17｜制作椭圆形半球结构

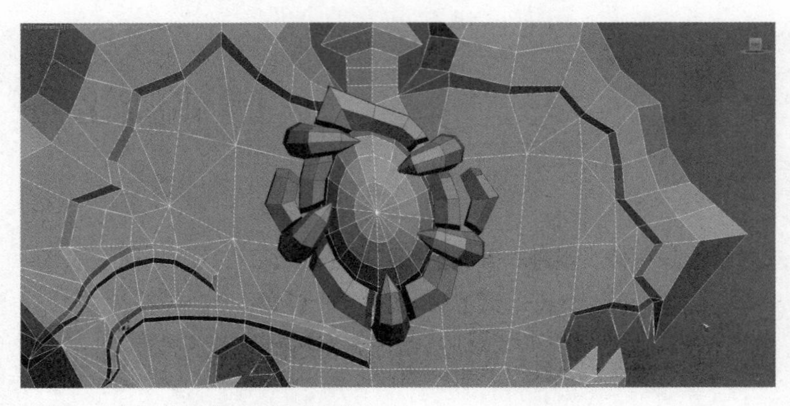

· 图5-18｜制作环绕与镶嵌结构

・图5-19 | 制作周边装饰结构

到此基本完成了战斧模型的制作，但在绘制贴图前还需要对模型进行优化处理。在模型的制作过程中会产生大量多余的边线和面，需要对其进行优化，可以利用顶点焊接或者移除边线的方法来进行处理，最终效果如图5-20所示。另外，还需要对模型的光滑组进行设置，保证渲染和输出效果的正确显示，尤其是斧刃部分，通过对光滑组的合理设置可以让斧刃的层次更加明显，锐利感更强（见图5-21）。全部处理完成后，为模型添加Symmetry修改器，选择合适的轴向并镜像复制出另一侧的模型，然后将整体塌陷，完成完整模型的制作。

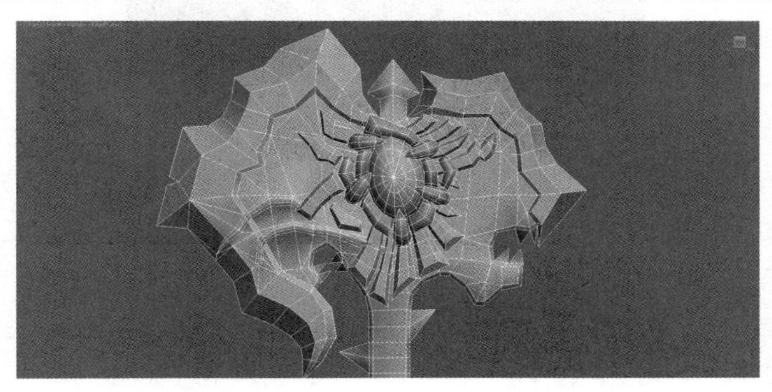

・图5-20 | 优化模型线面

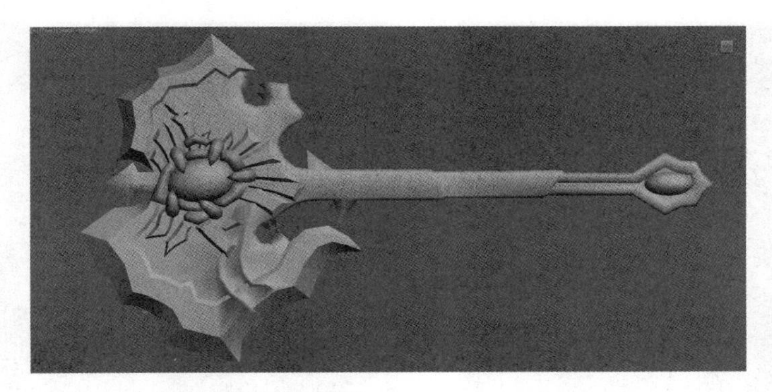

・图5-21 | 设置模型的光滑组

2. 战斧模型贴图的绘制

战斧模型制作完成后，开始贴图的绘制工作。首先要编辑模型UV。因为冷兵器模型大多为扁平结构，所以在编辑模型UV时可以选择Planar投射方式，这能使模型UV的处理和编辑变得非常容易。先将斧头以及斧柄上半部分的UV进行整体平展，对斧柄下半部分的UV进行单独平展，然后对斧头中心的各种装饰结构的UV一一进行单独平展，最后将UV网格导出为平面图片，如图5-22所示。

· 图5-22 | 战斧模型UV网格图

之后将UV网格图导入Photoshop进行贴图的绘制，这里采用完全手绘的方式来制作模型贴图。斧刃要绘制出锋利感，斧柄末端要绘制出金属质感，斧头中心的装饰结构要绘制出发光效果（见图5-23）。

也可以将制作完成的模型导入Zbrush中进行细节雕刻，然后输出法线贴图，按照法线贴图绘制模型的固有色贴图，这样整个模型的细节会更加丰富（见图5-24）。现在大多数次世代游戏中的角色道具模型都是按照这样的方法进行制作的。

· 图5-23 | 绘制完成的模型贴图

· 图5-24 | 利用Zbrush雕刻模型细节

5.2.2 盾牌模型制作

微课视频

盾牌模型制作

在本小节中将制作盾牌模型。盾牌是常见的装备之一，通常跟单手剑搭配。从整体结构来说，盾牌的结构比较简单，属于扁平化的结构，通常需要设计和制作的是盾牌的外形以及盾牌上的装饰图案。图5-25所示为盾牌模型的最终效果，整个盾牌的结构比较简单，但具有复杂华丽的雕刻纹饰，这些大都需要后期通过贴图来进行表现。对于左右对称的盾牌模型，在实际制作的时候只需要制作出一半的模型，另一半可通过Symmetry修改器镜像复制得到。下面开始讲解实际的制作过程。

· 图5-25｜盾牌模型的最终效果

1. 盾牌模型的制作

首先在3ds Max视图中创建Box模型，设置合适的分段数，然后将其塌陷为可编辑的多边形（见图5-26）。因为只需要制作一半的模型，所以这里沿中间边线删掉一侧的模型。然后调整模型外部轮廓，制作出盾牌的基本外形（见图5-27）。接下来将模型前面的顶点向内收缩，制作出边缘结构（见图5-28）。

· 图5-26｜创建Box模型

· 图5-27 | 制作盾牌的基本外形

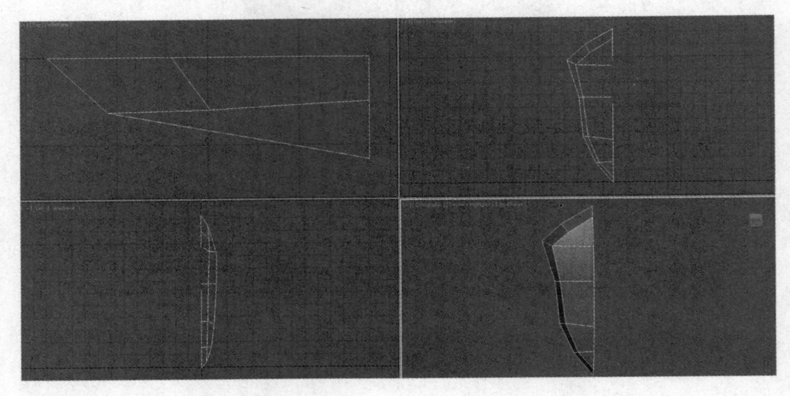

· 图5-28 | 制作边缘结构

接下来在盾牌模型前方多边形面内部加一圈边线，如图5-29所示。然后在盾牌模型顶部做加线处理（见图5-30），对新加的边线进行调整，制作出轮廓细节（见图5-31）。

· 图5-29 | 在前方的多边形面内部加线

· 图5-30｜在盾牌模型顶部加线

· 图5-31｜调整边线，制作轮廓细节

还要注意模型背面的布线处理，让模型背面内部形成内凹的结构（见图5-32），模型正面基本是向前突出的结构。最后对制作的模型添加Symmetry修改器，完成整个盾牌模型的制作（见图5-33）。

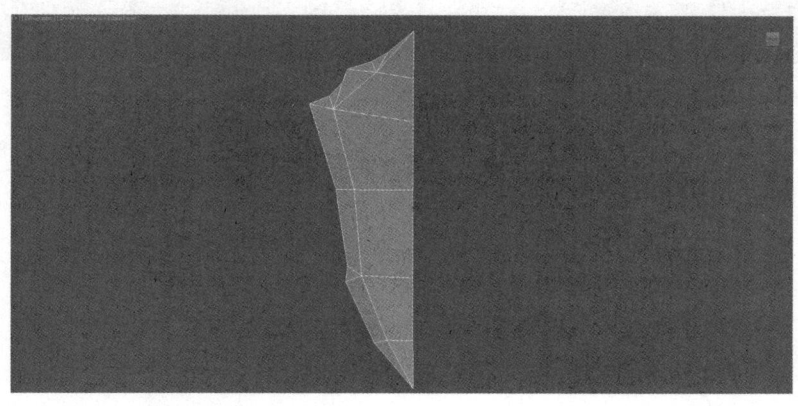

· 图5-32｜模型背面的布线处理

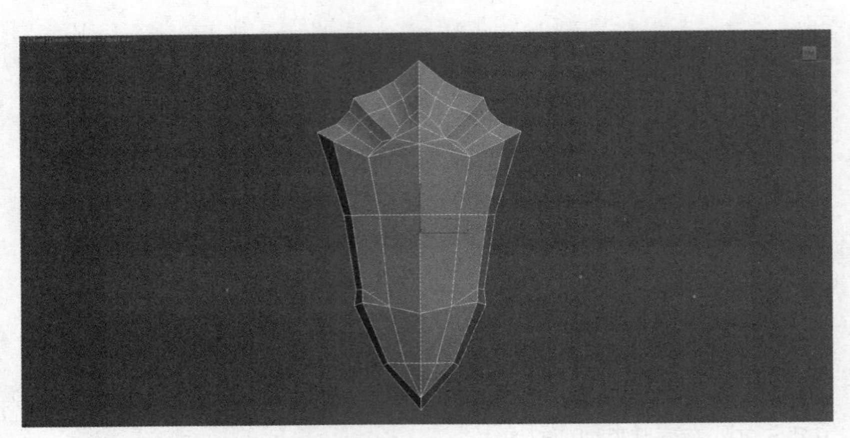

·图5-33｜完整的盾牌模型

2. 盾牌模型贴图的绘制

盾牌模型的制作相对简单，其细节主要通过贴图来表现，尤其是一些复杂的纹饰和雕刻图案。下面就对盾牌模型贴图的绘制进行讲解。

在绘制贴图前，先要对模型UV进行拆分。因为盾牌为扁平化的结构，所以无须对模型UV进行过多的调整，只需使用Planar投射方式将模型UV拆分为正面和背面两部分。模型背面通常不会被玩家观察到，为了更好地突出正面贴图的效果，可以将背面UV缩小，正面UV要尽可能地放大，以保证贴图的效果。盾牌模型UV网格如图5-34所示。接下来讲解贴图绘制的流程和方法。

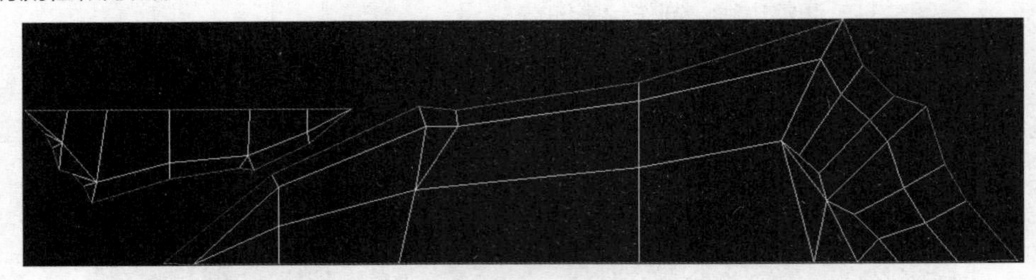

·图5-34｜盾牌模型UV网格

（1）将UV网格渲染为图片并导入Photoshop，新建图层，沿着线框范围填充底色。

（2）新建图层，在底色之上开始绘制盾牌上的纹饰和图案，先利用单色进行平面绘制。

（3）绘制纹饰和图案的细节，注意明暗对比，表现出立体感。

（4）绘制盾牌的边缘，利用明暗转折表现盾牌的金属质感。

（5）绘制盾牌背面的贴图效果，主要表现内凹的效果。

（6）将纹饰和图案图层隐藏，绘制盾牌正面隆起的效果，同时表现出盾牌的金属质感。

（7）继续完善盾牌贴图的细节，调整整体的明暗对比，强化盾牌的金属质感。

盾牌模型贴图的绘制过程如图5-35所示。

· 图5-35 | 盾牌模型贴图的绘制过程

5.2.3 枪械模型制作

前两小节主要讲解了冷兵器角色道具模型的制作，本小节将讲解枪械模型的制作，这是科幻类或战争类游戏中最为常见的角色道具模型之一。与冷兵器不同的是，枪械模型的结构相对复杂，棱角较多，模型和贴图都需要做针对化的处理。图5-36所示为枪械模型的最终效果，这里仍然利用低精度的多边形进行建模，后期主要通过贴图来表现细节。下面开始讲解实际的制作过程。

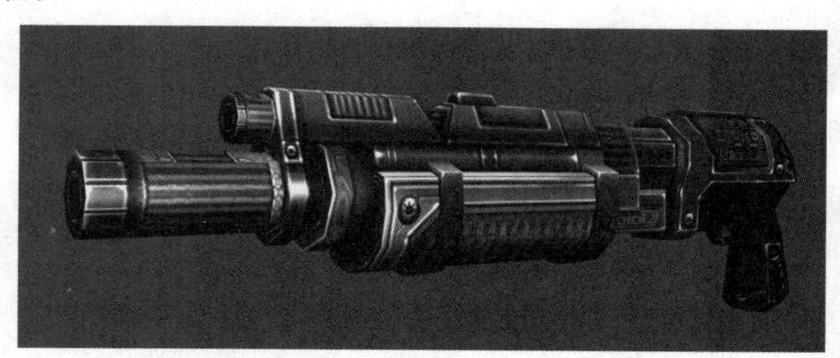

· 图5-36 | 枪械模型的最终效果

1. 枪械模型的制作

对于枪械这种零件较多的模型，在制作的时候应先根据其结构制作部件，然后将部件拼合。首先从枪械的后端开始建模，在3ds Max视图中创建Box模型，设置合适的分段，然后将其塌陷为可编辑的多边形（见图5-37）。因为这里制作的枪械模型是两侧对称的结构，所以制作的时候删除一侧，只编辑剩余一侧的模型，最后通过添加Symmetry修改器进行镜像复制得到完整的模型。接下来调整点线，编辑出模型的基本轮廓（见图5-38）。然后进一步编辑模型，制作出枪械后端的结构（见图5-39）。

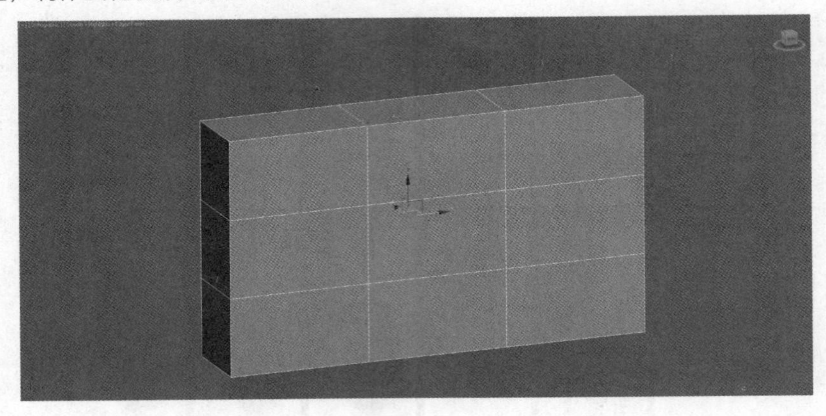

· 图5-37 | 创建Box模型

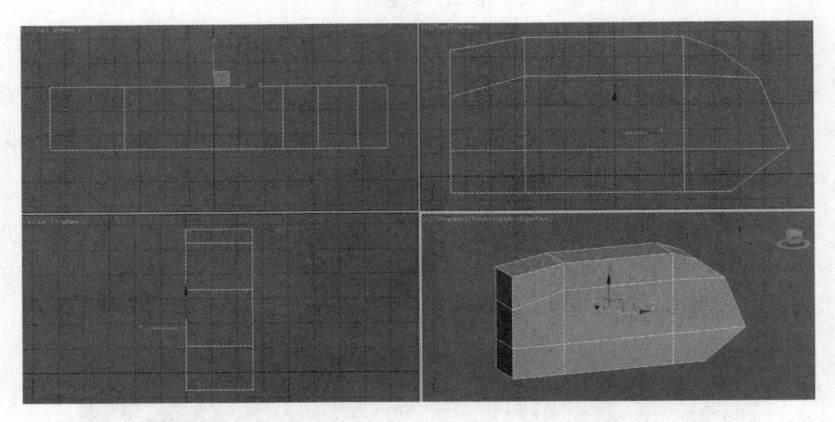

· 图5-38 | 编辑模型轮廓

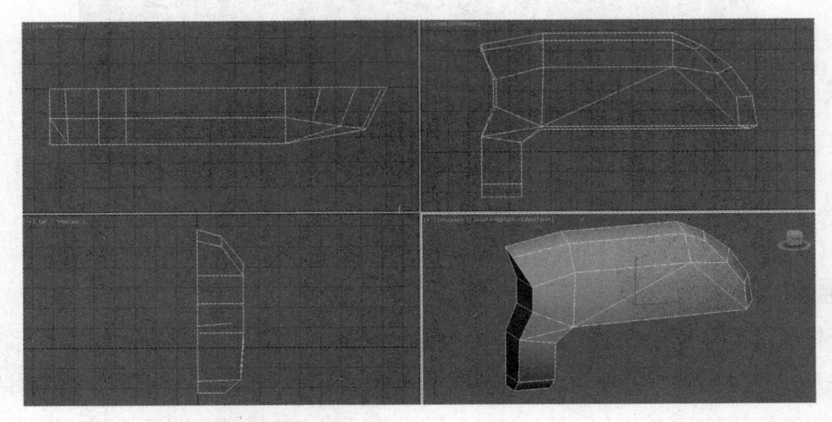

· 图5-39 | 制作枪械后端的结构

接下来利用“Polygon”层级下的“Inset”和“Extrude”等命令制作出枪械后端下方的结构（见图5-40）。然后制作出枪柄（见图5-41）。接着在枪械后端前方利用“Inset”“Extrude”命令制作出连接结构（见图5-42）。

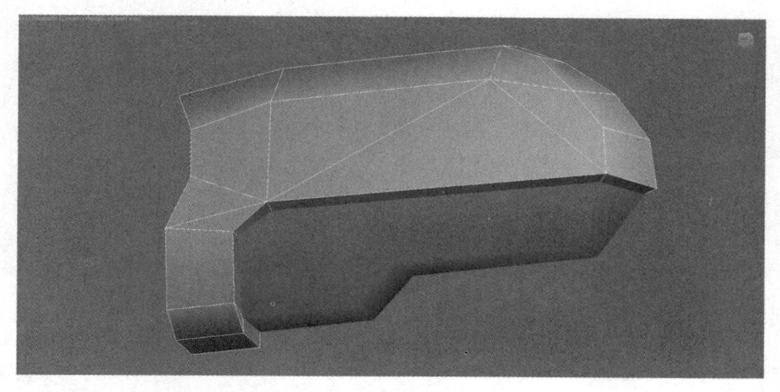

· 图5-40 | 制作枪械后端下方的结构

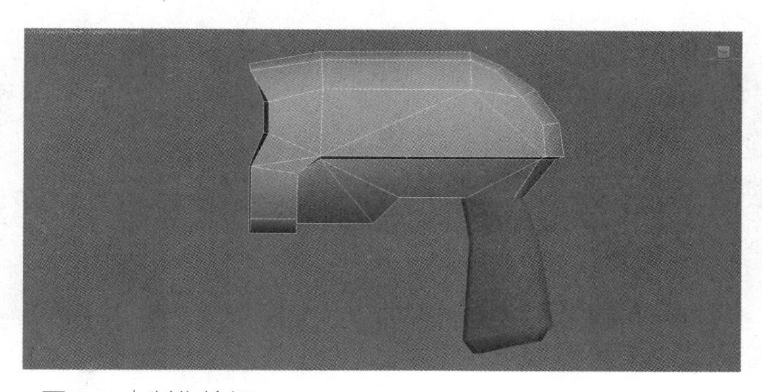

· 图5-41 | 制作枪柄

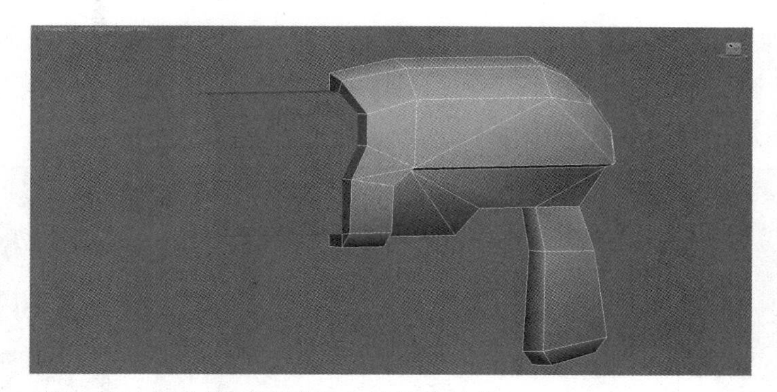

· 图5-42 | 制作枪械后端前方的连接结构

接下来在视图中创建Cylinder模型，通过编辑多边形制作出枪身的基本结构（见图5-43）。然后选中枪身模型前面的多边形面，利用“Extrude”命令制作出枪管的悬挂结构（图5-44）。

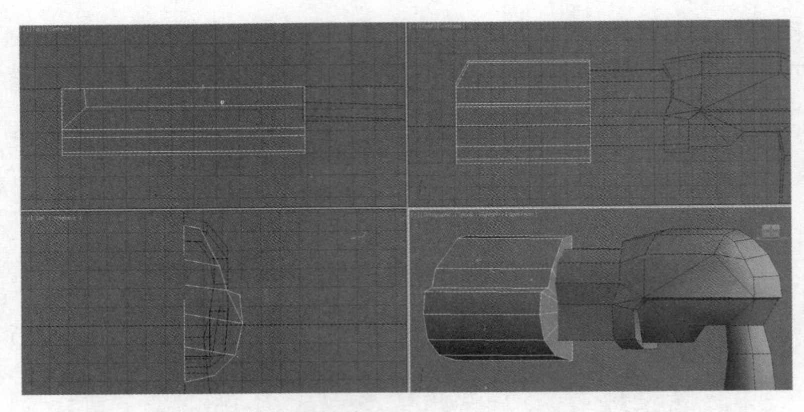

· 图5-43 | 制作枪身的基本结构

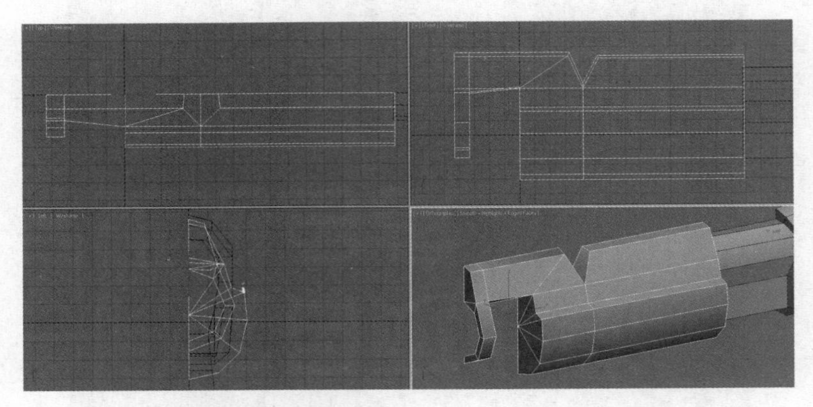

· 图5-44 | 制作枪管的悬挂结构

利用Box模型完善枪械后端与枪身间的连接结构，让模型整体的衔接更加合理（见图5-45）。然后为模型添加Symmtery修改器，镜像复制出完整的模型（见图5-46）。最后制作前端的枪管结构并制作扳机等部件（见图5-47、图5-48）。到此枪械模型就制作完成了，整个模型所用多边形面不足700面。

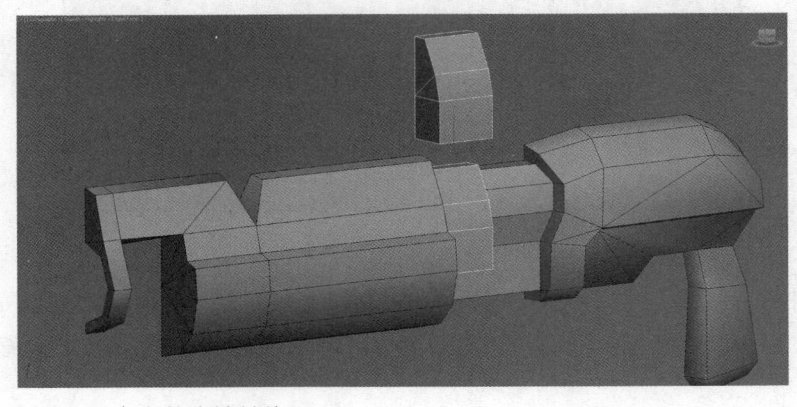

· 图5-45 | 完善连接结构

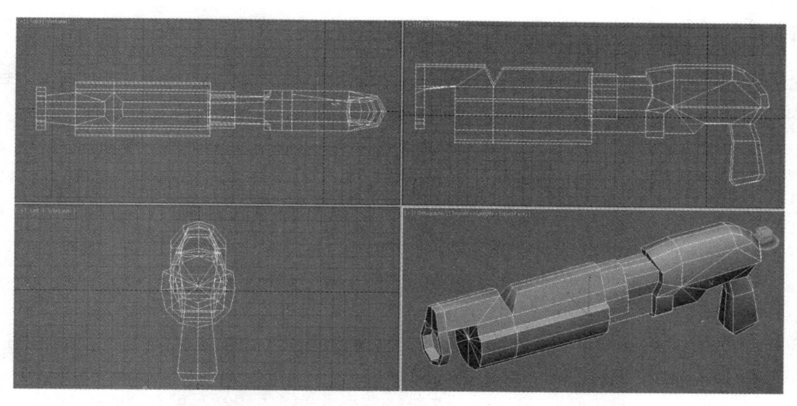

· 图5-46｜镜像复制出完整的模型

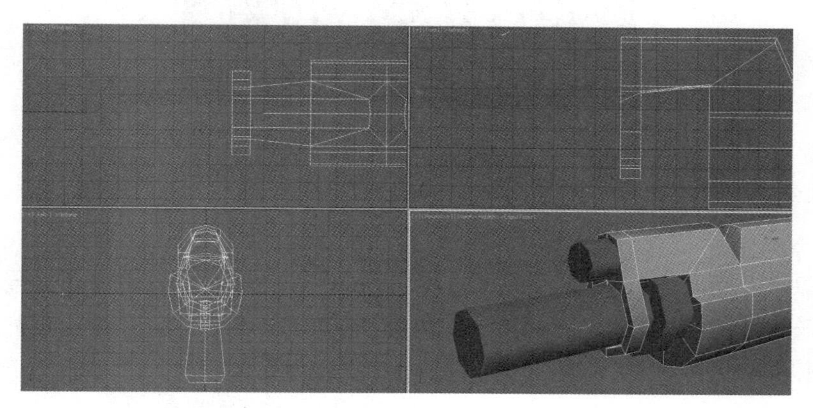

· 图5-47｜制作枪管结构

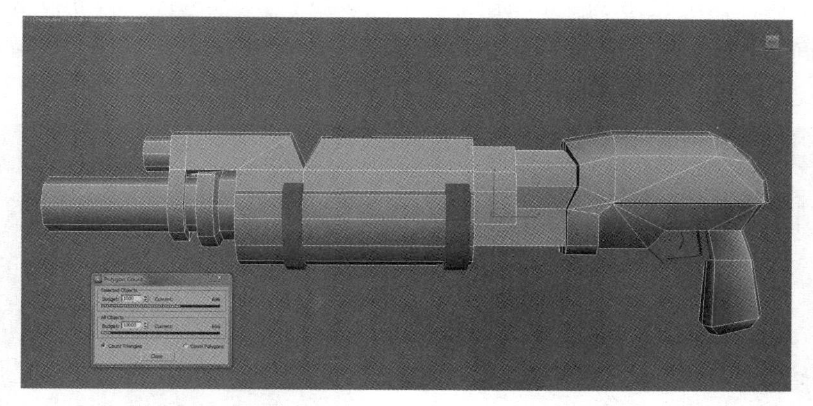

· 图5-48｜制作扳机等部件

2. 枪械模型贴图的绘制

枪械模型制作完成后，开始进行模型UV的分展，为之后的贴图绘制做准备。整个模型

UV分前后两大部分，枪柄和枪管单独平展，扳机等部件也单独平展。因为枪械模型的金属质感比较强，在后期绘制贴图的时候我们需要对每个转折处都进行绘制，所以这里需要对枪械模型UV进行仔细分展，这样才能满足后期贴图绘制的表现效果。最终分展的枪械模型UV网格如图5-49所示。

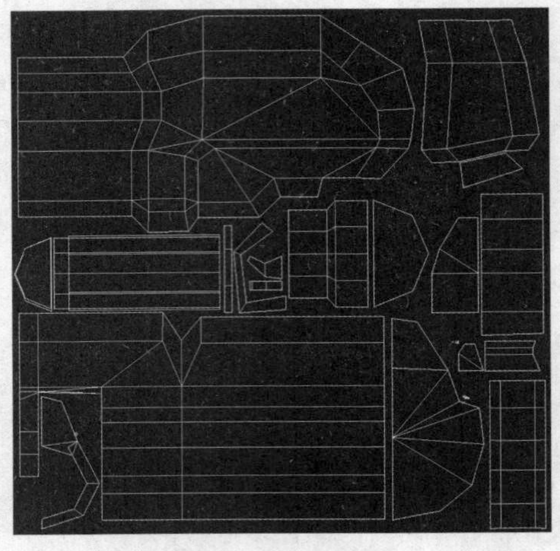

· 图5-49 | 最终分展的枪械模型UV网格

模型UV分展完成后，开始绘制模型贴图。下面针对枪械模型贴图的绘制流程进行简单讲解。对于这类转折结构多、金属质感强的贴图，首先需要绘制结构边线，一般利用黑线进行绘制（见图5-50）。然后绘制贴图的明暗关系，先刻画贴图的暗面（见图5-51），再绘制转折处的高光亮线（见图5-52）。接下来为贴图添加一些装饰图案，增加贴图的细节（见图5-53）。然后绘制大面积的高光，增强整体的金属质感（见图5-54）。最后为整个贴图叠加一张带有划痕和斑迹的底纹图片，选择合适的图层混合模式进行叠加处理，整体调整贴图的明暗对比，完成整个贴图的绘制（图5-55）。

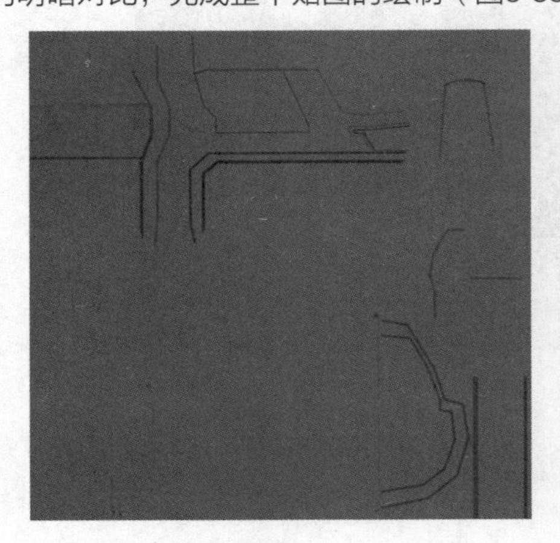

· 图5-50 | 绘制黑线

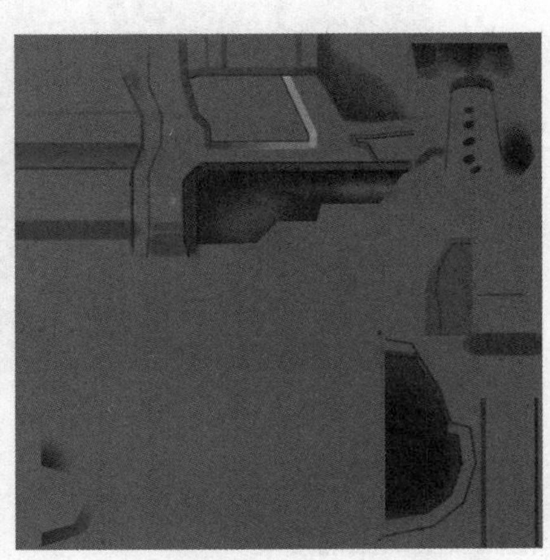

· 图5-51 | 绘制暗面

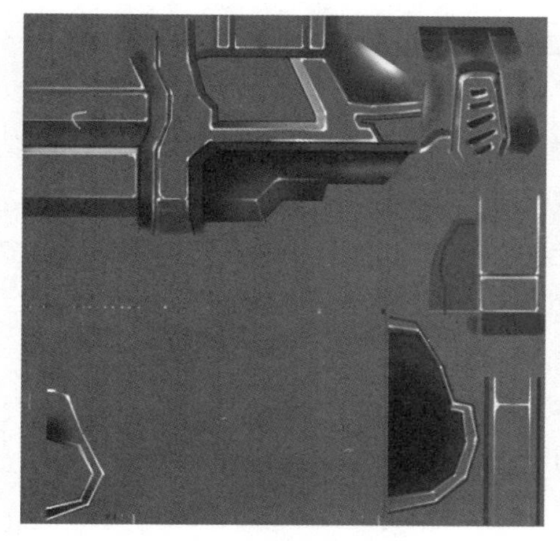

· 图5-52 | 绘制高光亮线

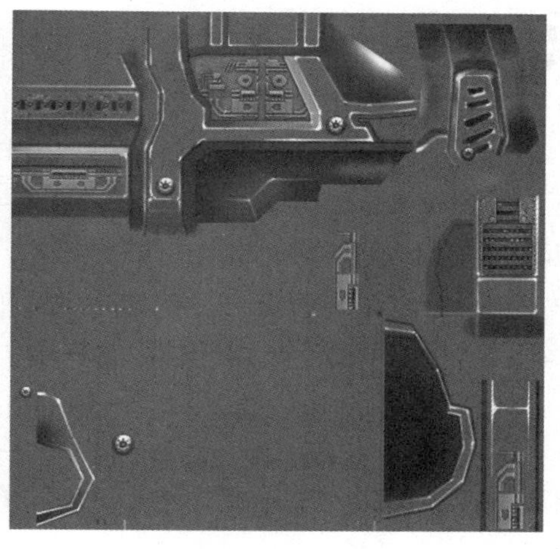

· 图5-53 | 添加装饰图案

· 图5-54 | 绘制高光

· 图5-55 | 叠加底纹图片并调整明暗对比

5.3 | 项目总结

本章主要针对3D游戏中常见的角色道具模型的制作进行讲解，在实际的游戏项目制作中，除了本章介绍的3种角色道具模型，还会有各种各样的角色道具模型。根据不同的应用需求，角色道具模型在制作精度上会有一定区别。下面针对本章内容做简单总结。

（1）要善于利用简单的几何体模型进行基础建模。

（2）建模时，可以按照由简到繁的步骤来布线，尽可能用较少的模型面来表现结构，细节部分可以通过贴图来表现。

5.4 | 项目拓展

在游戏作品中，法杖与剑也是常见的角色道具模型，而游戏中不同等级的武器在外形细节上也会有不同的变化。图5-56所示为法杖与剑模型原画设定图。其中法杖模型可以按照上下两部分进行制作，先制作杖头再制作杖身，且法杖模型和剑模型都是左右对称的，可先制作一侧的模型，再镜像复制出完整的模型。下面是制作法杖模型和剑模型的基本步骤。

（1）首先制作杖头，利用对称的结构特点来制作。

（2）杖身利用4边或6边的Cylinder模型来建模。

（3）剑利用对称模型结构来制作，首先制作剑刃。

（4）制作剑格。

（5）制作剑柄。

（6）合理分展模型UV。

（7）根据相应的模型UV绘制贴图。

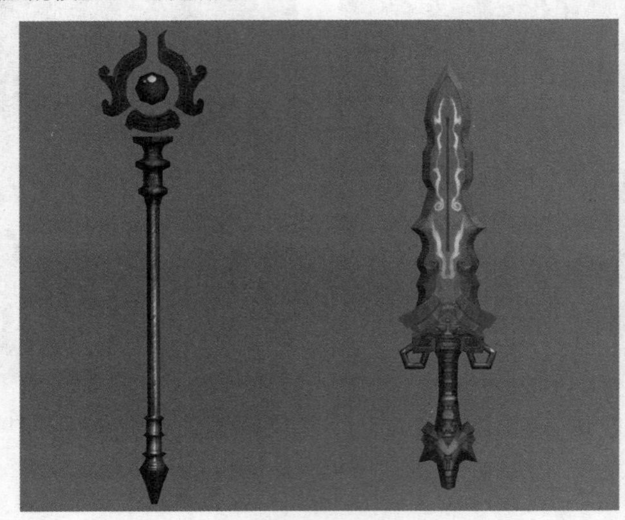

· 图5-56 | 法杖与剑模型原画设定图

第6章

游戏项目实例——角色模型制作

知识目标：

- 了解角色模型的概念和特点；
- 掌握角色模型的结构特征及角色模型的创建方法；
- 掌握正确的模型UV分展方式及基本的贴图绘制方法。

能力目标：

- 能够熟练运用三维制作软件进行基础建模；
- 能够正确进行模型结构的布线，尽量节省模型面数；
- 能够合理分展模型UV，并绘制模型贴图。

素养目标：

- 提高审美水平，培养细致的工作作风，以应对各种游戏项目对角色模型的制作要求。

6.1 | 项目分析

在游戏世界中，相对于玩家控制的游戏主角，NPC更像是以配角的身份存在的。在实际制作中，NPC的角色模型的设计也会比游戏主角的角色模型的设计更简单，所用的模型面数更少，同时模型UV的分展也会尽量集中，以减少模型采用的贴图数量，有的NPC模型甚至只会采用一张贴图。

本章要制作角色模型。图6-1所示为角色模型的原画设定图。从图中可以看出，这是一位年轻的女性角色，穿着带有民族风格的服饰。在制作的时候，按照头部、躯干和四肢的顺序进行制作。制作的难点在于头发模型的制作和贴图处理，同时腰部衣服的层次和褶皱表现也需额外注意。下面开始讲解实际的制作过程。

· 图6-1 | 角色模型的原画设定图

微课视频

角色模型制作

6.2 | 项目实施

6.2.1 角色模型制作

1. 头部模型制作

首先制作头部模型，仍然以Box模型作为基础几何体模型，并将视图中的Box模型塌陷为可编辑的多边形（见图6-2），删除一半模型，然后添加Symmetry修改器进行镜像复制，得到完整的模型。然后对模型进行编辑，调整出头部的大致形态，在面部中间挤出鼻子的基本结构（见图6-3）。通过“Cut”“Connect”等命令对模型进行加线处理，进一步编辑头部和面部的结构（见图6-4）。

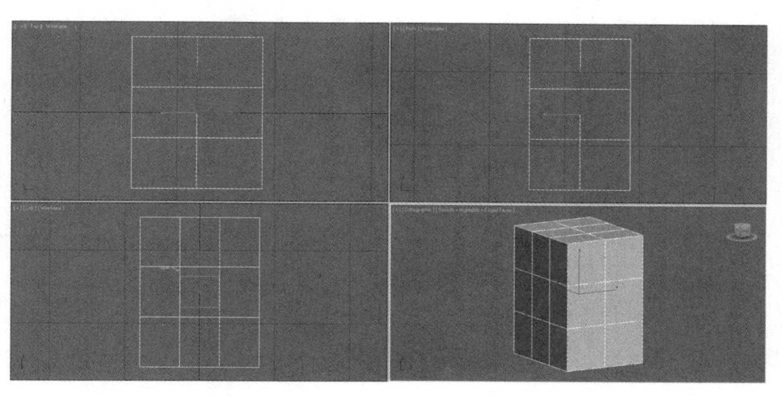

· 图6-2｜创建Box模型

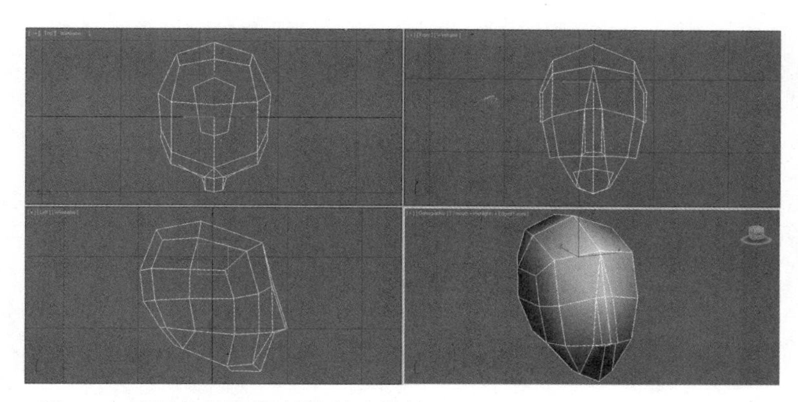

· 图6-3｜编辑头部和面部的基本结构

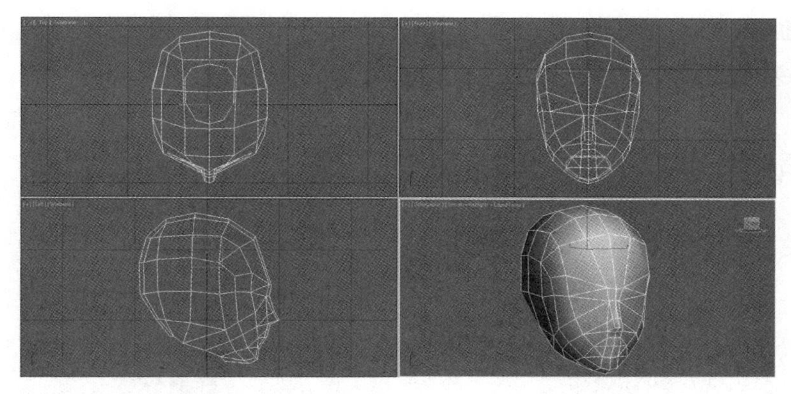

· 图6-4｜加线并细化头部和面部结构

接下来进一步增加面部的布线结构，制作出鼻部及嘴部的轮廓结构（见图6-5）。然后通过切割布线刻画出眼部的线框轮廓（见图6-6）。因为是NPC的角色模型，所以眼部和嘴部不需要刻画得特别细致，后期主要通过贴图来表现，这里的布线也是为了方便贴图的绘制。

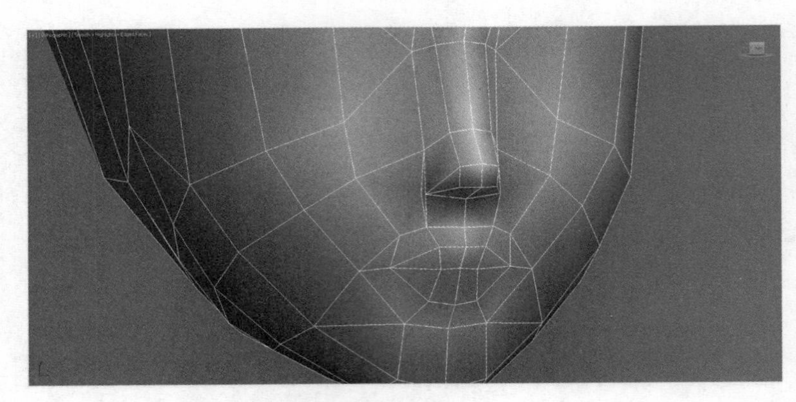

· 图6-5｜制作鼻部以及嘴部的轮廓结构

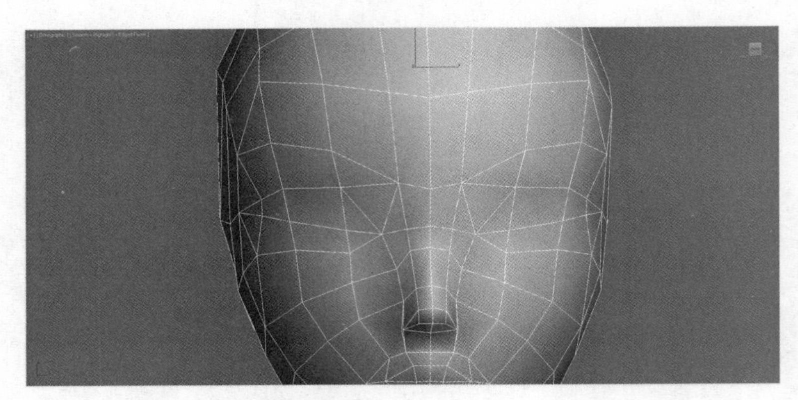

· 图6-6｜制作眼部的线框轮廓

除了面部，头部其他部位的结构和布线可以尽量精简，因为头部上方有头发进行覆盖。接下来对头部侧面进行布线处理，制作出耳朵的线框轮廓（见图6-7）。然后利用“Polygon”层级下的“Extrude”命令制作出耳朵的结构（见图6-8）。耳朵只需要简单处理即可，后期也可通过贴图来进行表现。

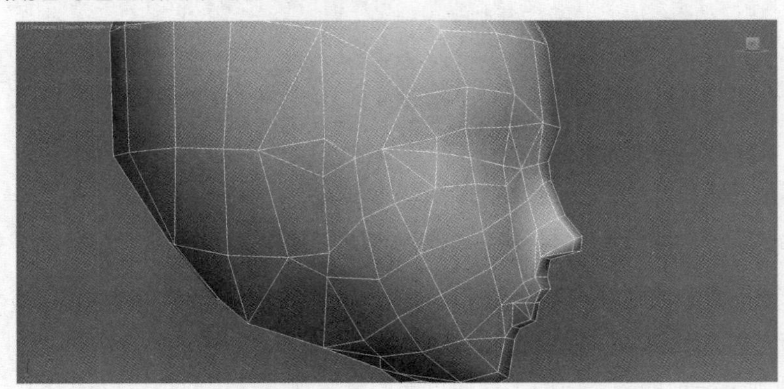

· 图6-7｜制作耳部的线框轮廓

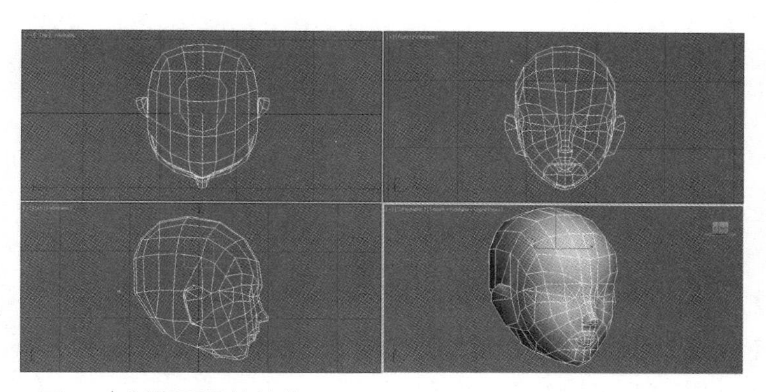

· 图6-8｜制作耳朵的结构

角色头部模型制作完成后，开始制作头发模型。首先利用Box模型贴着头皮部位制作出头发的基本结构。因为头发是有厚度的，所以不能紧贴头皮进行制作，要注意头发与头皮的位置关系（见图6-9），同时要注意头部侧面与头发边缘的衔接关系（见图6-10）。

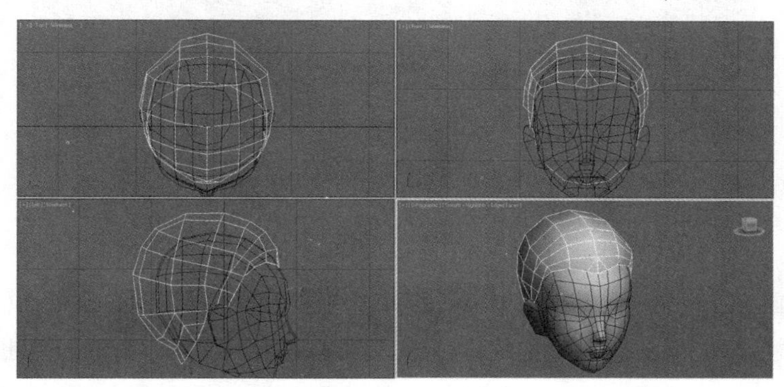

· 图6-9｜制作头发基本模型结构

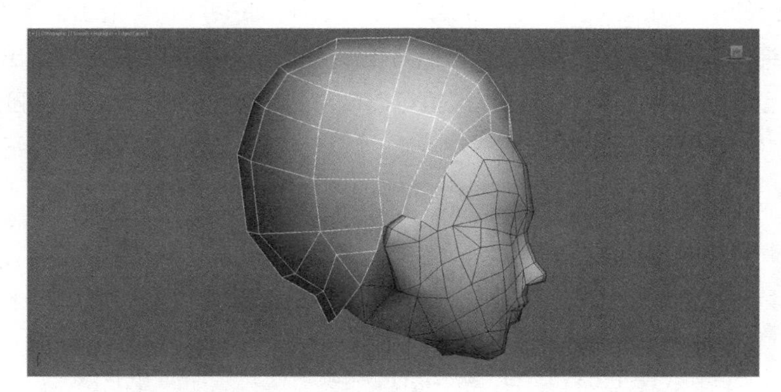

· 图6-10｜头部侧面的衔接关系处理

接下来在视图中创建细长的Plane模型，通过编辑多边形制作出耳朵后方散落下来的细长发丝模型，这里只需要制作一侧即可，另一侧可以通过镜像复制得到（见图6-11）。这里要注意Plane模型与耳朵后方的衔接处理（见图6-12）。

· 图6-11 | 制作细长发丝模型

· 图6-12 | Plane模型与耳朵后方的衔接处理

然后同样利用Plane模型制作出前额处的头发，这里利用两个不同的Plane模型制作出向两侧分开的发丝模型（见图6-13）。接下来在前额两个Plane模型分开的衔接处利用Plane模型制作出发丝模型（见图6-14）。这些Plane模型用于增加头发的复杂性和真实感，同时对于头发衔接处的结构也起到了遮挡和过渡的作用。所有的Plane模型最后都要添加Alpha贴图，以表现头发的自然形态。最后在头发后方正中间的位置利用Box模型制作出发髻模型，整个发髻模型看上去像一个蝴蝶结，这里可以制作成不对称的结构，以增强自然感（见图6-15）。

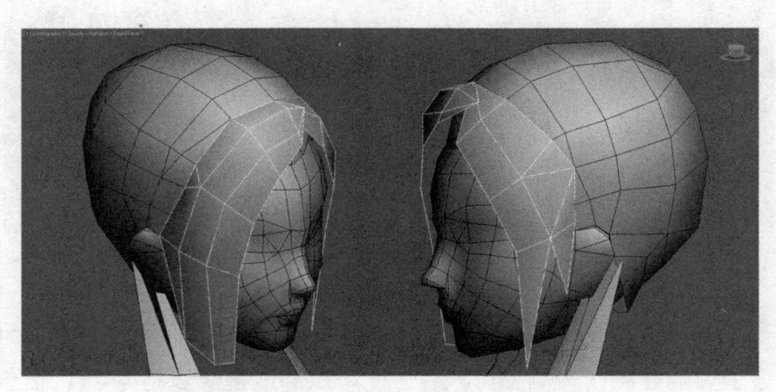

· 图6-13 | 制作前额处向两侧分开的发丝模型

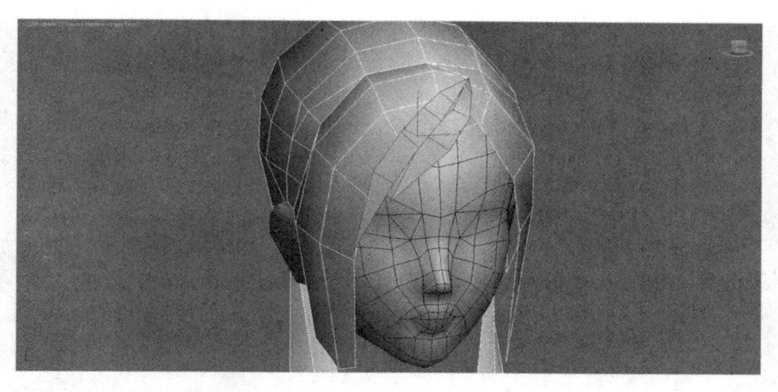

· 图6-14 | 制作前额处中间的发丝模型

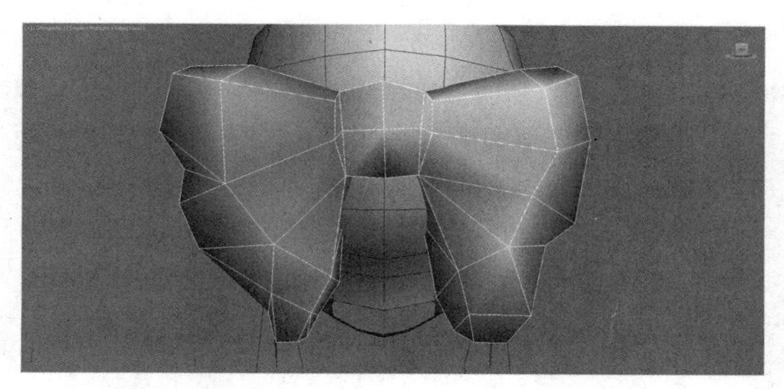

· 图6-15 | 制作发髻模型

2. 躯干模型制作

头部模型制作完成后，接下来开始制作躯干模型。从前面的原画设定图中可以看出，本章制作的角色模型上身穿着一件修身的外衣，所以首先制作这件外衣的模型。制作方法仍然是利用Box模型镜像对称并编辑多边形得出外衣的大致形态（见图6-16），这里要留出袖口的位置。然后沿着袖口的位置利用“Extrude”命令制作出肩膀处的袖子模型（见图6-17），从肩膀处向下延伸制作出整个袖子模型（见图6-18）。接下来通过切割布线进一步增加模型的细节，让模型更加圆滑（见图6-19）。

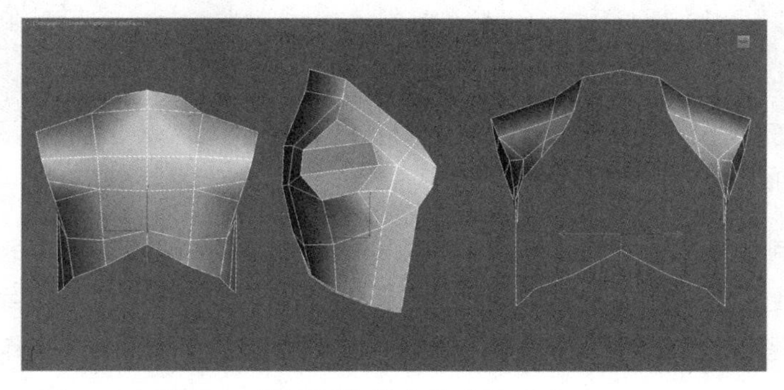

· 图6-16 | 利用Box模型制作外衣的大致形态

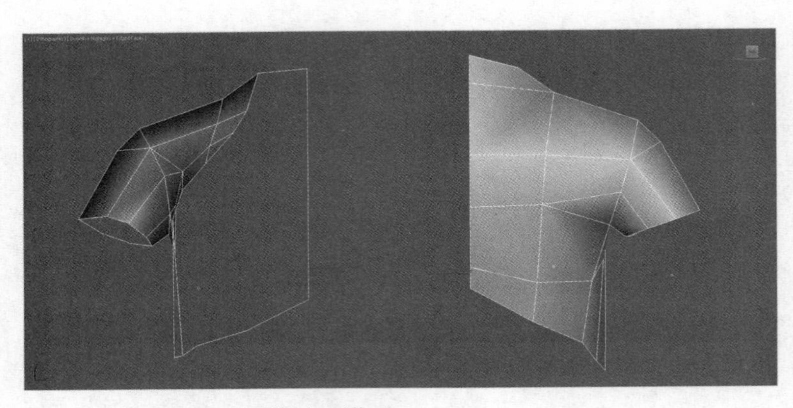

· 图6-17 | 制作肩膀处的袖子模型

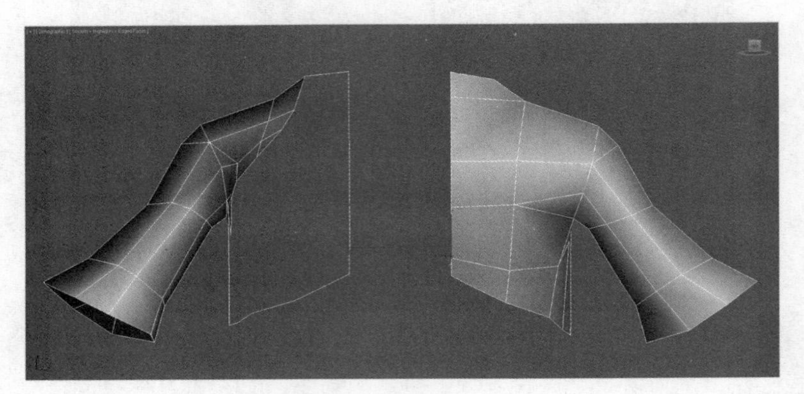

· 图6-18 | 制作整个袖子模型

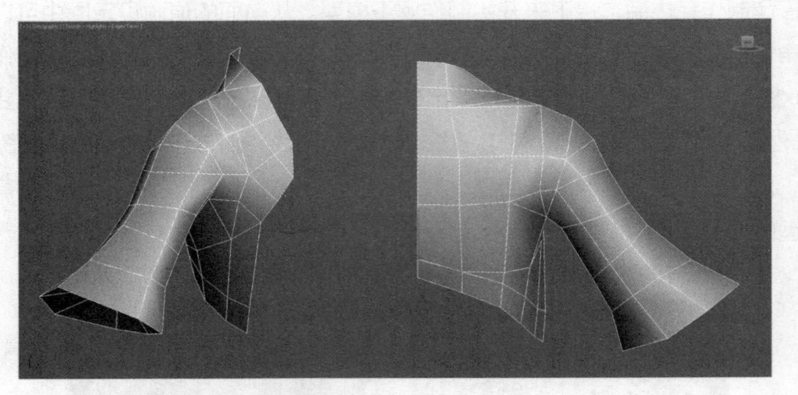

· 图6-19 | 增加模型细节

上衣模型制作完成后，接下来制作被衣服包裹的身体模型。首先，沿着头部模型向下制作出颈部模型（见图6-20）。然后向下继续制作出胸部模型（见图6-21）。因为颈部后面下方的背部区域是被衣服模型完全覆盖的，所以为了节省模型面数，可以不制作这部分身体模

型，同理，肩膀和上臂等的模型也无须制作。接下来向下继续制作出腰部和胯部的模型（见图6-22、图6-23）。

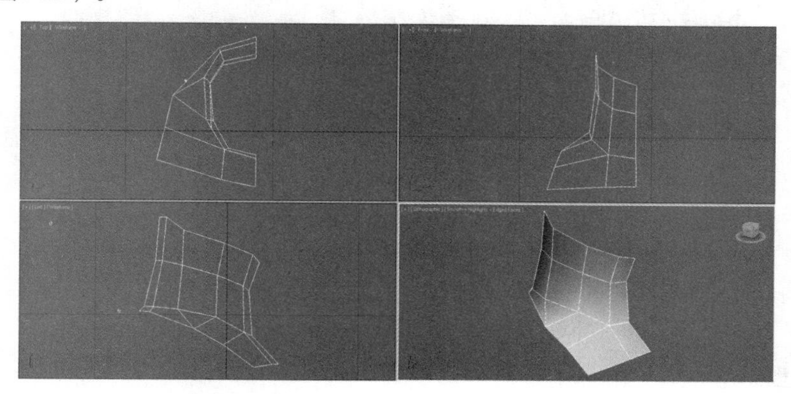

· 图6-20｜制作颈部模型

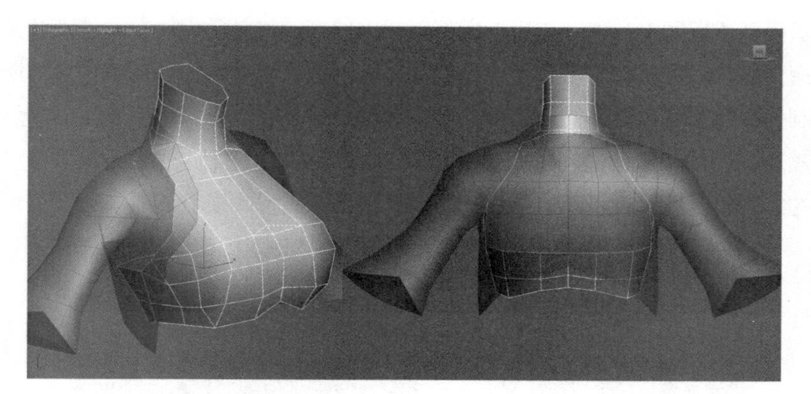

· 图6-21｜制作胸部模型

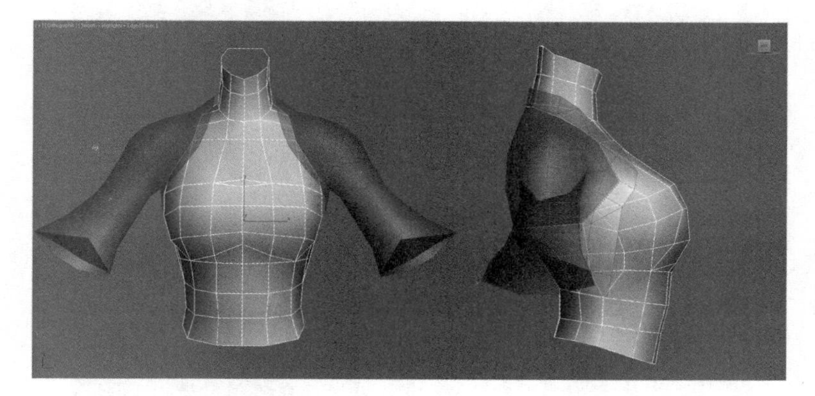

· 图6-22｜制作腰部模型

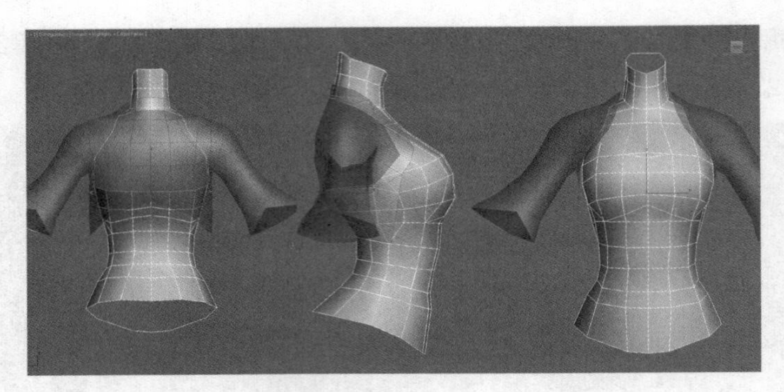

· 图6-23 | 制作胯部模型

3. 四肢模型制作

接下来开始制作四肢以及部分服饰的模型。首先沿着上身衣袖，向下利用Cylinder模型制作出手臂模型（见图6-24）。这里考虑到后期骨骼绑定和角色运动，要注意肘关节处的模型布线处理。接着向下制作出手部模型（见图6-25）。因为是NPC的角色模型，所以手部模型不需要制作得特别细致，只需要将拇指和食指单独分开制作，其余手指可以靠后期贴图进行绘制。然后在腕部和前臂处利用Cylinder模型制作护腕模型（见图6-26），要注意护腕上方镂空结构的制作。图6-27所示为制作完成的角色上身模型效果。

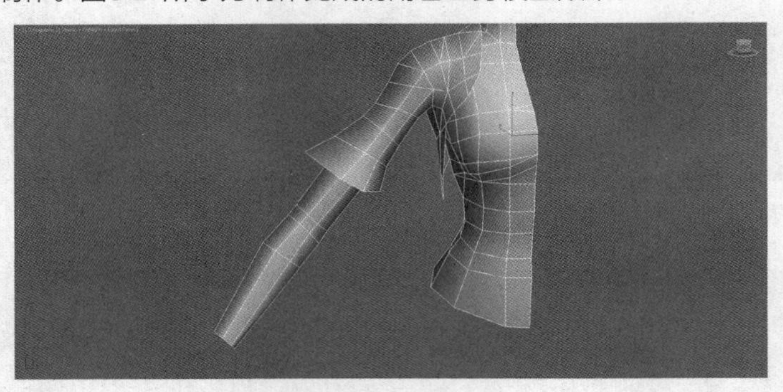

· 图6-24 | 制作手臂模型

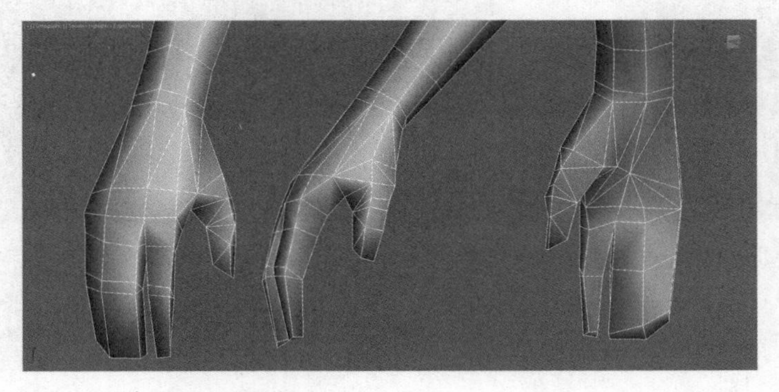

· 图6-25 | 制作手部模型

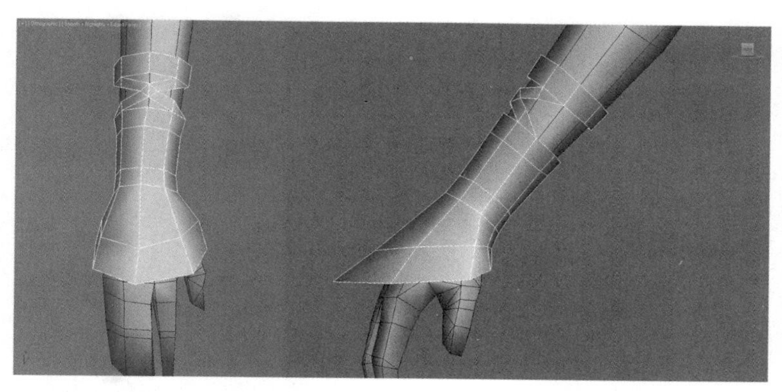

・图6-26｜制作护腕模型

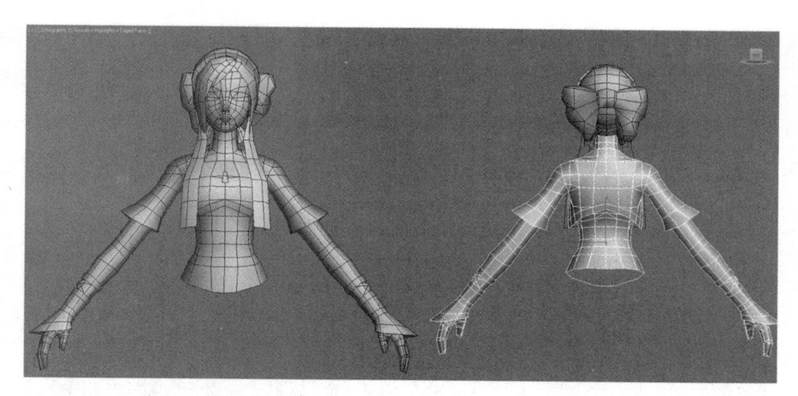

・图6-27｜角色上身模型效果

下面开始制作下身模型。首先利用Box模型镜像制作出短裤模型（见图6-28）。然后沿着短裤向下制作出腿部模型（见图6-29）。腿部布线可以尽量简单些，但要表现出女性腿部整体的曲线效果，同时考虑到后期角色的运动，膝关节处的布线一定要特别注意。

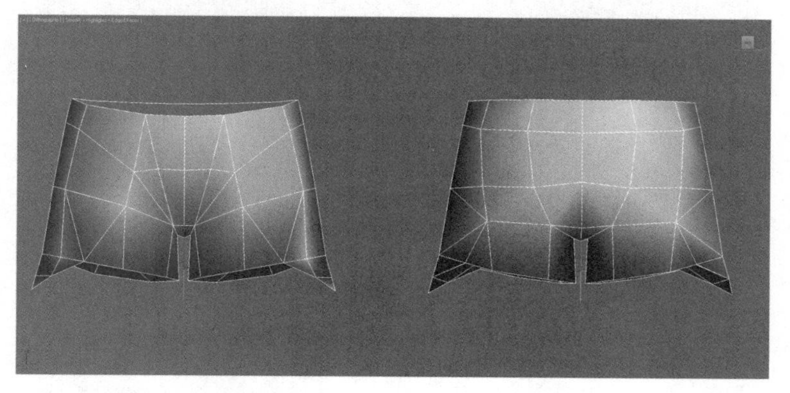

・图6-28｜制作短裤模型

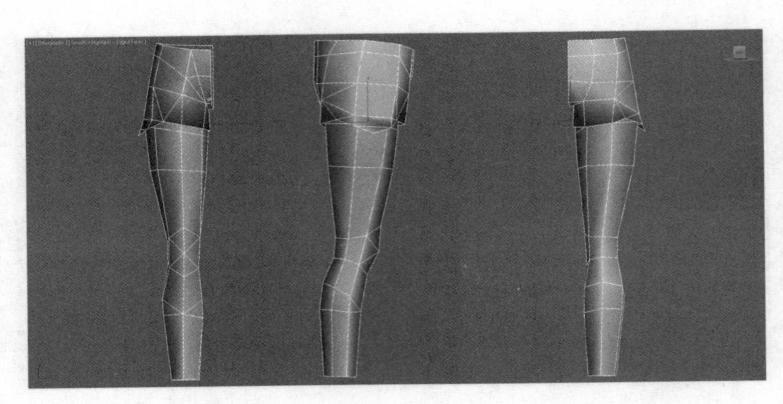

· 图6-29 | 制作腿部模型

接下来制作靴子模型。先利用6边的Cylinder模型制作出与小腿衔接的靴筒模型（见图6-30）。然后向下编辑制作出靴子的模型（见图6-31）。这里要注意结构及布线的处理，尤其是靴子底部的弧度。把制作完成的下身模型与上身模型进行拼接（见图6-32）。从图6-32中可以看出，上身模型和下身模型在胯部并没有完全拼接，这是因为还要在胯部制作衣饰模型。

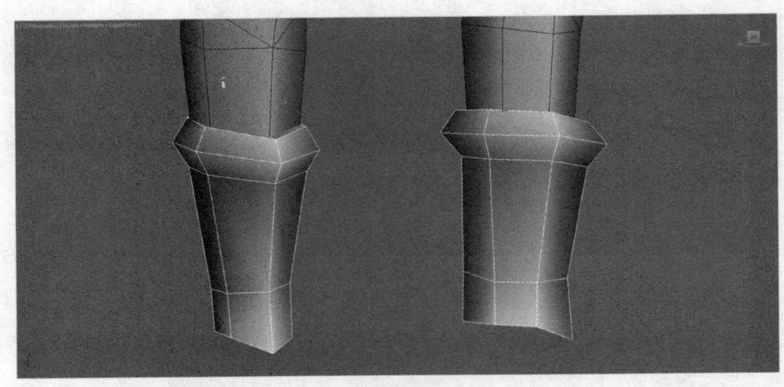

· 图6-30 | 制作靴筒模型

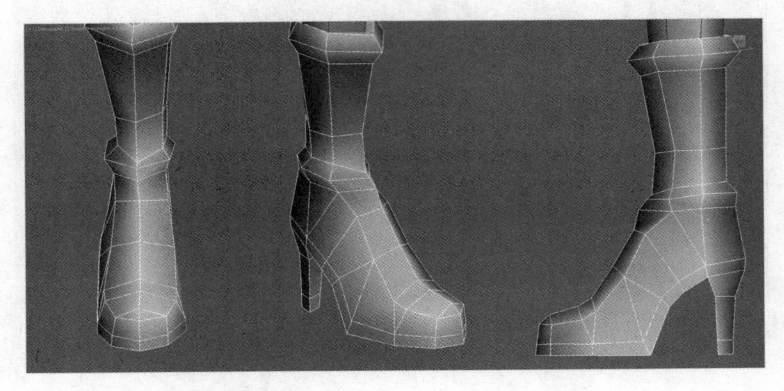

· 图6-31 | 制作靴子模型

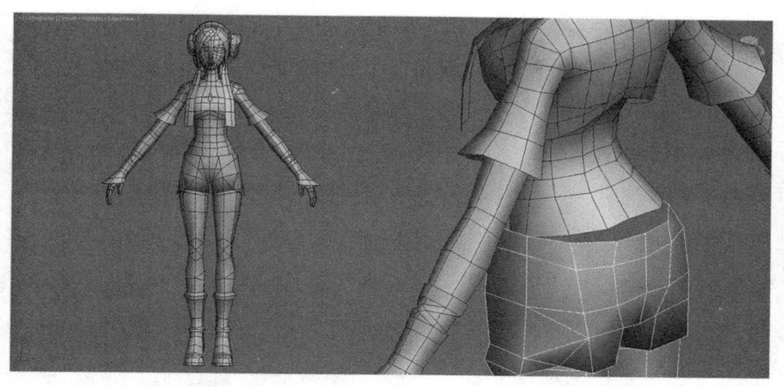

· 图6-32 | 拼接上身模型与下身模型

接下来开始制作胯部的衣饰模型。首先围绕胯部创建Tube模型，制作出胯部衣饰模型的褶皱结构，这里将其制作为不对称结构（见图6-33）。然后向下延伸制作出裙子模型（见图6-34）。这里仍然制作成不对称结构，同时要适当增加裙子的模型面数，这主要考虑到后面角色的运动，较多的模型面数可以避免角色在运动的时候裙子产生过度的拉伸和变形。最后在胯部一侧制作出飘带模型（见图6-35）。图6-36所示为角色模型制作完成的最终效果。

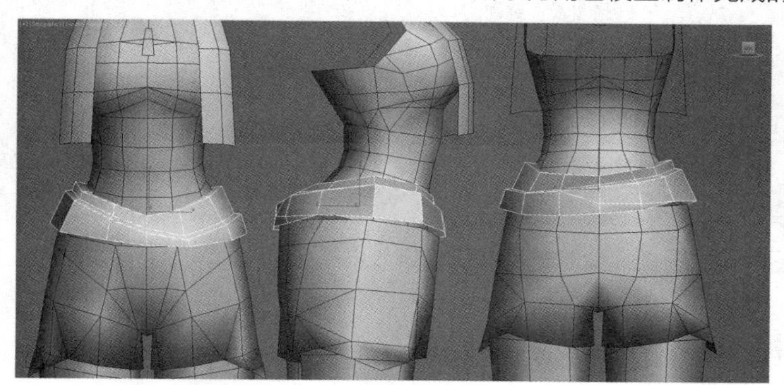

· 图6-33 | 制作胯部衣饰模型的衣褶结构

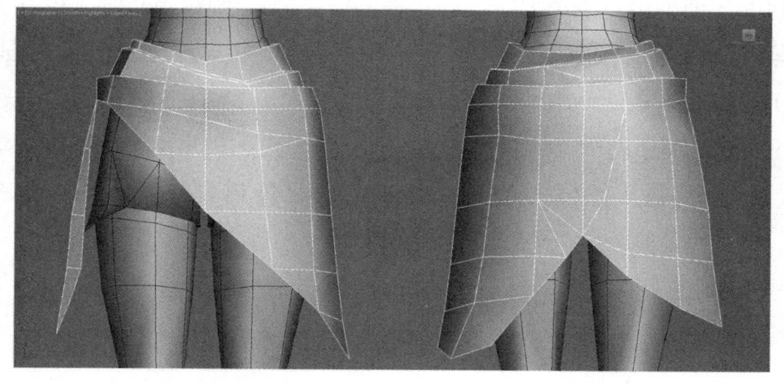

· 图6-34 | 制作裙子模型

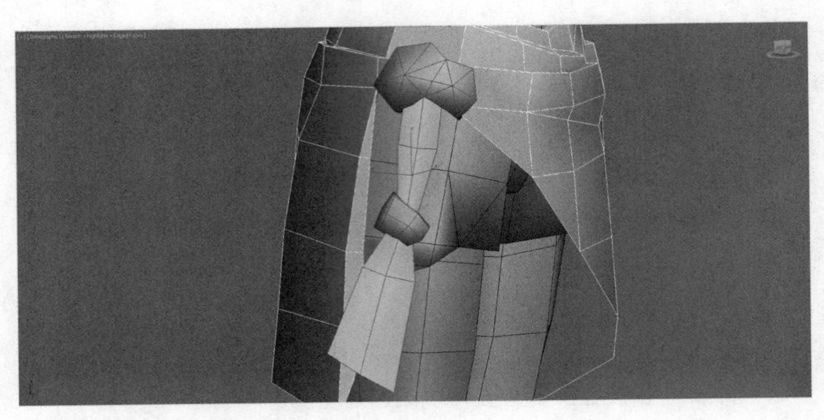

· 图6-35 | 制作飘带模型

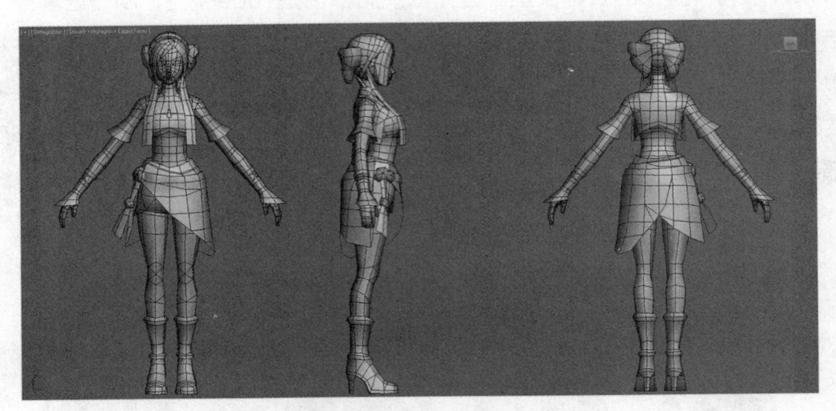

· 图6-36 | 角色模型制作完成的最终效果

6.2.2 模型UV分展及贴图绘制

角色模型制作完成后，需要进行模型UV分展和贴图绘制。首先将头部模型的UV进行分展。将面部模型进行隔离显示，在堆栈面板中为其添加Unwrap UVW修改器，进入“Edge”层级，激活面板底部的“Edit Seams”命令，通过单击设置面部的缝合线（见图6-37）。然后进入Unwrap UVW修改器的“Face”层级，选择缝合线范围内的模型面。之后通过面板中的“Planar”命令为其制定UV投射的Gizmo线框并调整线框位置（见图6-38）。最后进入UV编辑器调整面部UV，尽量将其放大，以方便贴图绘制（见图6-39）。

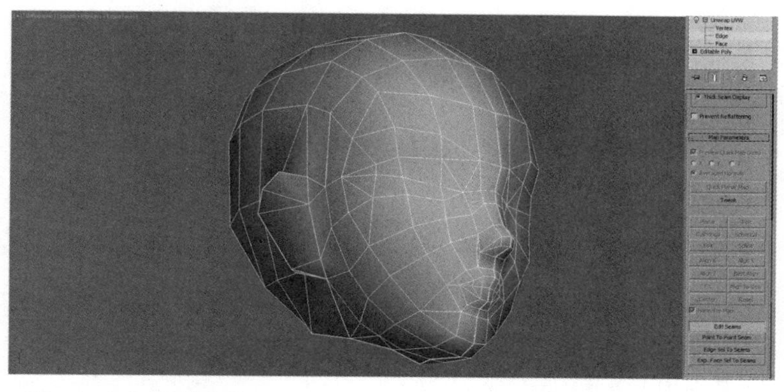

· 图6-37｜设置缝合线

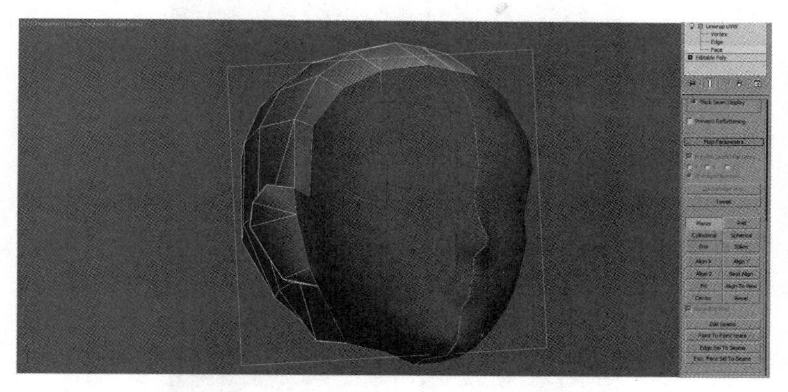

· 图6-38｜指定UV投射方式

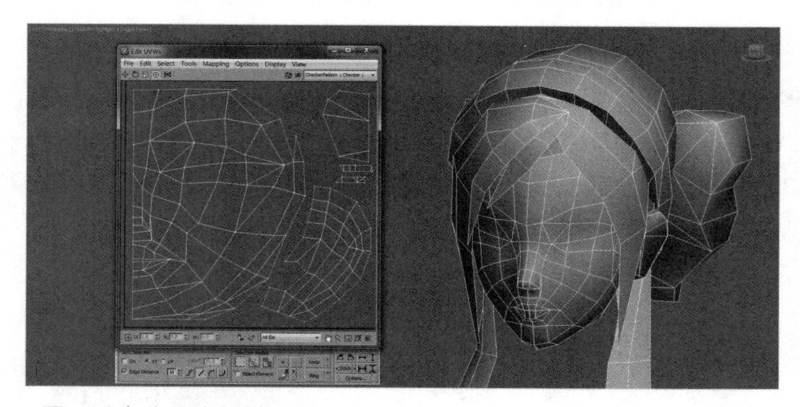

· 图6-39｜分展头部模型的UV

利用跟上面相同的方法分展其他模型的UV，流程基本相同，不同之处在于UV投射方式的选择，躯干和衣服模型可能更多地选用“Pelt”命令进行UV分展，而四肢模型可能需要选用“Cylindrical”命令。将所有头发模型的UV进行分展（见图6-40）。为了“节省贴图”，这里将头部、头发和发带模型的UV全部拼合在一张贴图上（见图6-41）。

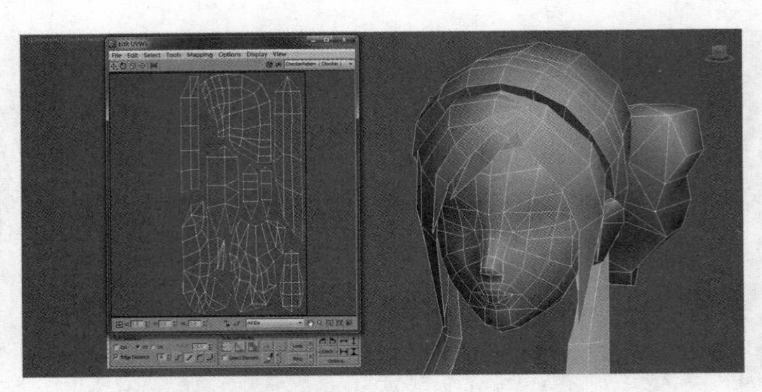

· 图6-40 | 分展头发模型的UV

· 图6-41 | 头部、头发和发带模型的UV拼合

接下来将躯干、上臂、胯部衣饰以及腿部模型的UV进行拆分（见图6-42），注意观察图6-42中UV的拆分方法以及缝合线的处理，然后将这些模型的UV全部拼合到一张贴图上（见图6-43）。由于模型细节过多，无法将所有UV全部整合到一起，因此这里将前臂及靴子模型的UV单独进行分展，作为第三张贴图（见图6-44）。

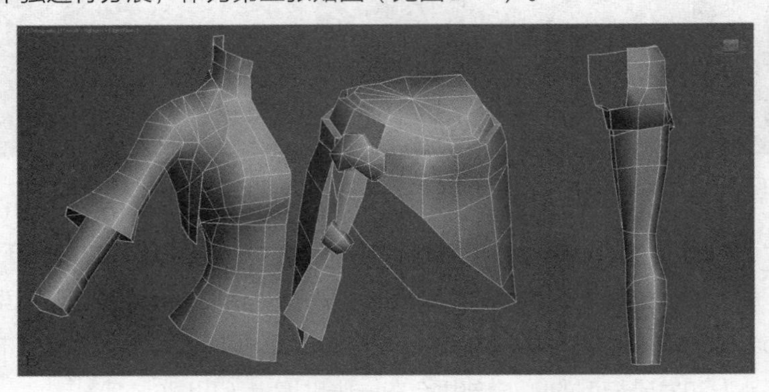

· 图6-42 | 躯干、上臂、胯部衣饰以及腿部模型的UV拆分

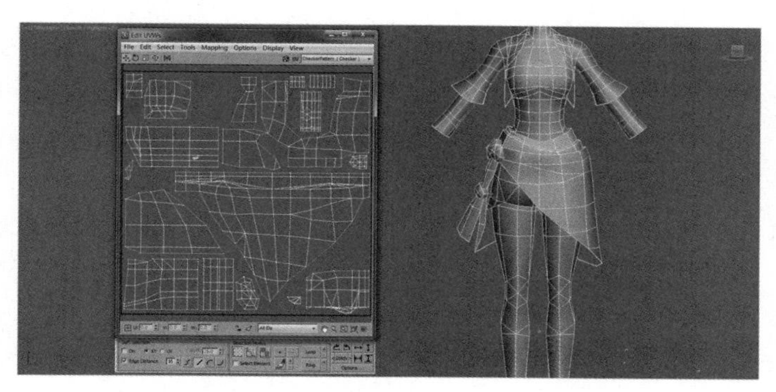

· 图6-43 | 躯干、上臂、胯部衣饰及腿部模型的UV拼合

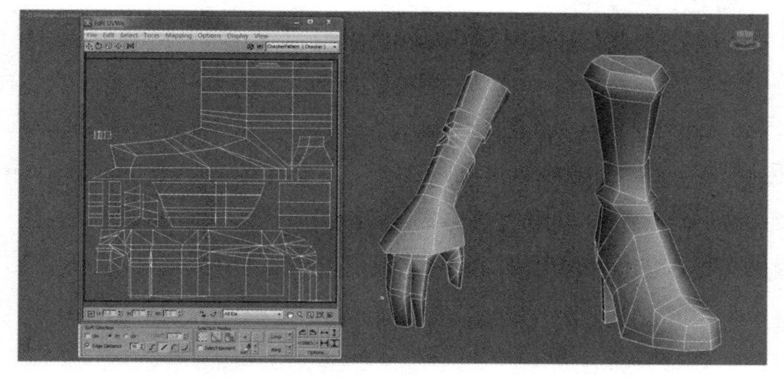

· 图6-44 | 前臂及靴子模型的UV分展

接下来开始绘制角色模型贴图。对于手绘风格的NPC的角色模型来说，可以首先利用大面积的色块来进行颜色填充，然后利用明暗色进行局部明暗关系的处理，并可以根据游戏项目的具体风格和要求来决定贴图细节的刻画程度，角色身体模型贴图如图6-45所示。绘制面部贴图时，可以将明暗关系尽量减弱，着重刻画眉眼以及嘴唇。另外，绘制头发贴图时要注意Plane模型的镂空处理，Plane模型贴图末端要制作出通道，最后将整张贴图保存为带有Alpha通道的DDS格式的贴图。角色面部以及头发模型贴图如图6-46所示。图6-47所示为为头发模型添加Alpha贴图后的效果。

· 图6-45 | 角色身体模型贴图

· 图6-46 | 角色面部及头发模型贴图

· 图6-47 | 为头发模型添加Alpha贴图后的效果

6.3 | 项目总结

本章主要针对3D游戏中NPC的角色模型进行了实例制作，在实际的游戏项目中，除了本章介绍的角色模型，还会有各种外形的角色模型。根据不同的应用需求，角色模型在制作精度上会有一定区别。下面针对本章内容做简单总结。

（1）要根据原画设定图中绘制的角色掌握其基本的外形特征。

（2）要善于利用基础的几何体模型进行角色部位建模。

（3）建模时，可以按照由简到繁的步骤来布线，尽可能用较少的模型面来表现结构，细节部分可以通过贴图来表现。

6.4 | 项目拓展

本章的项目拓展是制作一位武侠风格的力士角色。图6-48所示为力士角色模型原画设定图，此角色模型与普通角色模型一样，可以按照头部、躯干和四肢的结构顺序进行制作。下面是制作此角色模型的基本步骤。

（1）制作头部模型。

（2）制作躯干和肩甲模型，要注意从躯干延伸下来的长袍结构。

（3）制作腰部和胯部模型。

（4）制作上肢和下肢模型。

（5）合理分展模型UV。

（6）根据相应的模型UV绘制贴图。

· 图6-48 | 力士角色模型原画设定图

第7章

游戏项目实例——动物模型制作

知识目标：

- 掌握马及其他常见动物的形体结构特征；
- 掌握各种动物模型的创建方法；
- 掌握马与鞍具等坐骑附件的搭配与结合方法；
- 掌握正确的模型UV分展方式和基本的模型贴图绘制方法。

能力目标：

- 能够熟练运用三维制作软件进行基础建模；
- 能够正确进行模型结构的布线，使其符合动物的运动规律；
- 能够合理分展模型UV，并绘制模型贴图。

素养目标：

- 培养创意思维，以应对各种游戏项目对动物模型的制作要求。

7.1 | 项目分析

在3D游戏中，除了怪物模型的制作会涉及动物形象，还有一类模型也是以动物形象为主的，那就是玩家所控制的游戏角色的坐骑（见图7-1）。坐骑也就是游戏角色的“交通工具”，如马、牛、象、鹿、老虎、狮子等，这类动物角色通常以现实中写实的形象出现，与野外场景中的怪物相比，不会表现得过于凶猛，同时通常会配备鞍具，以符合其作为坐骑的设定。本章要制作写实风格的游戏坐骑——马。在开始制作前，先介绍一下动物的基本形态及特征。

· 图7-1 | 游戏中的坐骑

游戏中常见的动物种类主要有蹄类、犬科类及猫科类。蹄类动物主要包括马、牛、鹿等，犬科类动物主要包括狗、狼、狐等，猫科类动物主要包括狮子、老虎、豹子等。游戏中常见的动物类型为哺乳类动物。下面针对哺乳类动物的骨骼结构进行简单讲解，帮助大家后期建模时把握整体模型的结构。

哺乳类动物的脊椎分化为明显的5个区域，每节椎体属于双平型，两椎体间有有弹性的椎间盘相隔。颈椎的数目通常为7块，共同的特点是椎弓短而扁平，棘突低矮，无肋骨相连。胸椎一般为9～25块，共同的特点是棘突发达，强有力的举头肌肉附着在棘突的垂直面上，各胸椎与肋骨相连，横突短小，前、后关节突扁而小，彼此很靠近。腰椎一般为4～7块，共同的特点是椎体粗，棘突宽大，横突长，伸向外侧前方，无肋骨附着。荐椎数目变化较大，荐椎的特点是棘突较低矮，椎体及突起等部分全合为一整块，称荐骨。荐骨是后肢腰带与躯干连接的部分，前面1～2块荐椎两侧突出成翼，荐骨翼与髂骨翼形成荐髂关节。通过荐部，后肢可推动躯干，并承担体重。尾椎有3～50块，一般来说，尾椎数目和尾长度成正比。图7-2所示为马的骨骼结构。

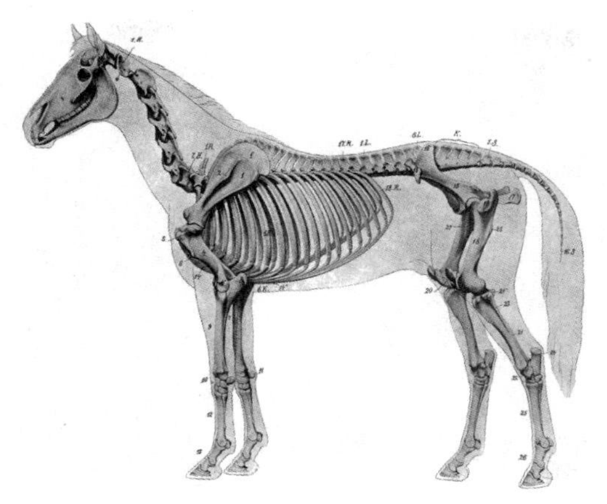

· 图7-2｜马的骨骼结构

哺乳类动物与人类一样，脑颅大且全部骨化，仅鼻筛部分留有少许软骨，骨块坚硬，接缝呈锯齿形，并且愈合，头骨成为一个完整的骨匣，异常坚固。哺乳类动物四肢强大，善于行走，具有四肢扭转和行走时足部着地的特点。四肢扭转后近端紧贴身体，肘关节向后，膝关节朝前。四肢支撑身体，行走时极其稳健而灵活，高举四肢离开地面时既稳固又有弹性。行走时前肢举起将身体拉向前方，后肢则推动身体向前，这样既能提高效率，又很省力。图7-3所示为狮子的骨骼结构。

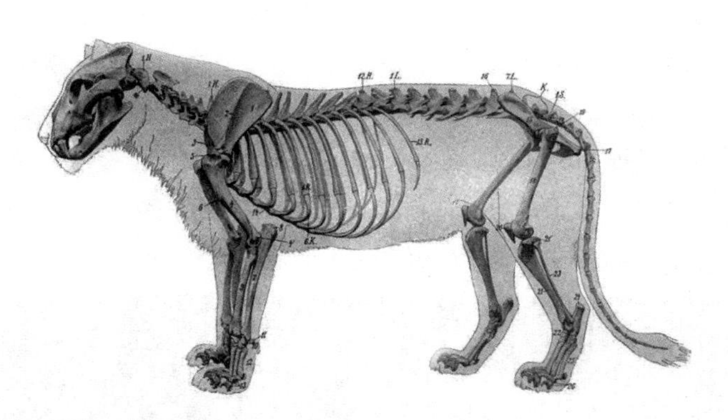

· 图7-3｜狮子的骨骼结构

不同的哺乳类动物足部着地的部位有所不同。灵长类动物包括人以全部脚掌着地行走，猫科和犬科类动物则以脚趾着地行走，趾以上的部分抬起离开地面。而蹄类动物如牛、马等以趾尖（蹄）着地行走，称为蹄行性，由于蹄着地面积很小，因此它们行走时轻快灵活，善于快速奔跑。总体来说，哺乳类动物是典型的五趾型四肢，但不同物种之间的差异仍然很大，主要与其生活方式和进化等因素相关。图7-4所示为不同类型动物的足部结构。

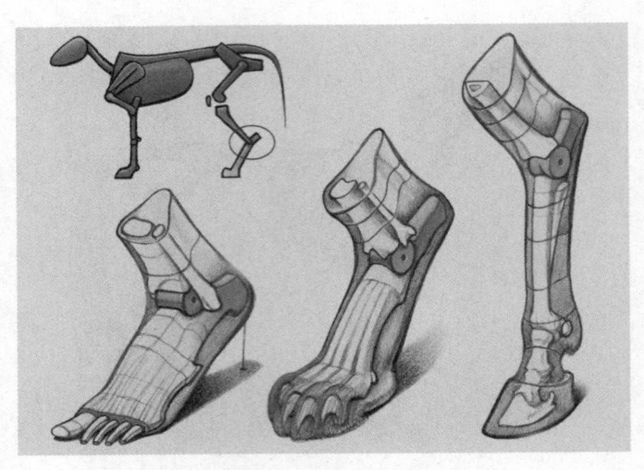

· 图7-4 | 不同类型动物的足部结构

7.2 | 项目实施

7.2.1 动物模型制作

马模型的制作流程与人体模型基本相同，首先从马的头部开始制作，然后制作颈部和躯干，再制作四肢，最后制作坐骑专属的鞍具等的模型。下面正式开始实例制作。

首先，在视图中创建Box模型，然后通过编辑多边形，制作出马的头部基本模型（见图7-5），这里仍然只需要制作头部模型的一半，另一半可通过镜像复制得到。添加布线，进一步细化模型（见图7-6）。在马头部后上方添加布线，通过“Polygon”层级下的“Extrude”命令制作出马的耳朵模型（见图7-7）。

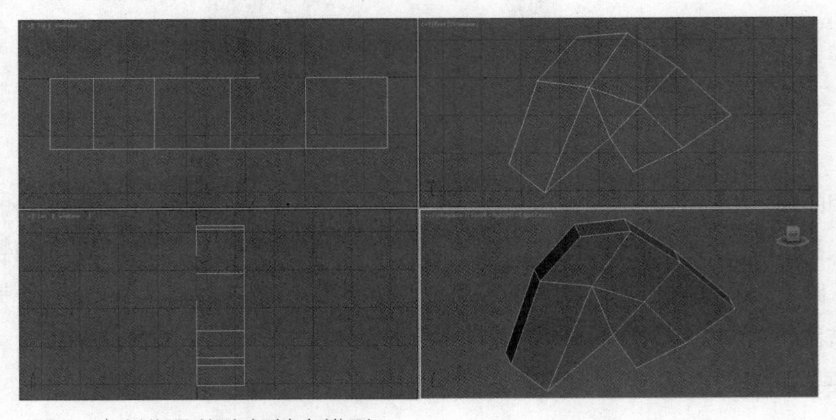

· 图7-5 | 制作马的头部基本模型

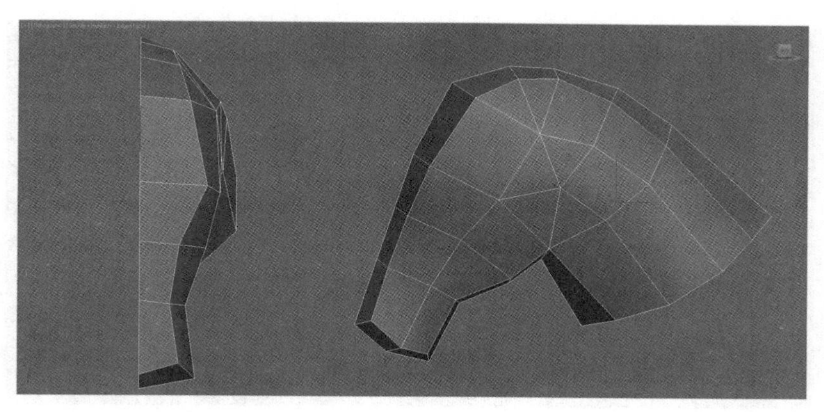

· 图7-6｜细化模型

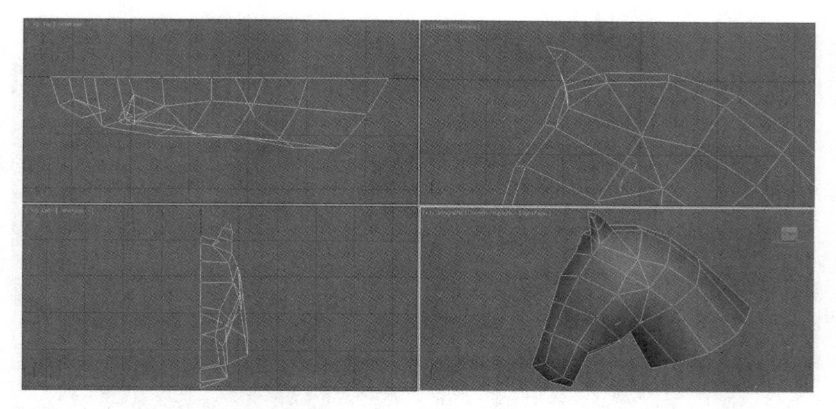

· 图7-7｜制作马的耳朵模型

接下来进一步增加布线，刻画马的眼部和嘴部线面结构（见图7-8、图7-9）；进一步刻画模型细节，制作出马的嘴部和眼部模型（见图7-10、图7-11）。

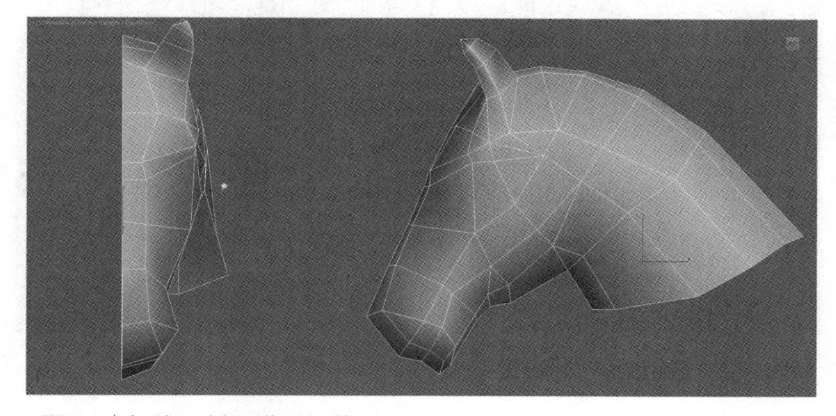

· 图7-8｜加线，刻画模型细节

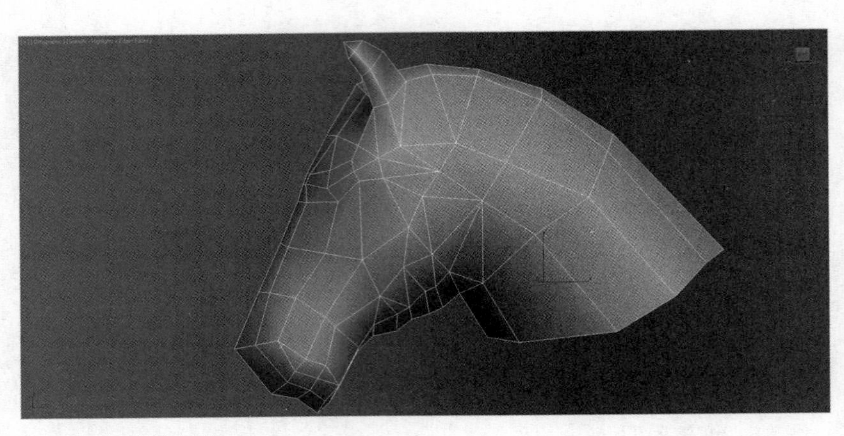

· 图7-9 | 继续加线

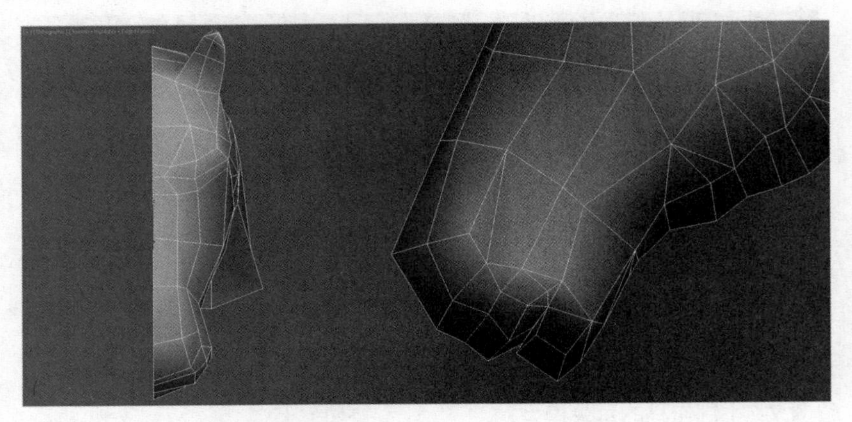

· 图7-10 | 制作马的嘴部模型

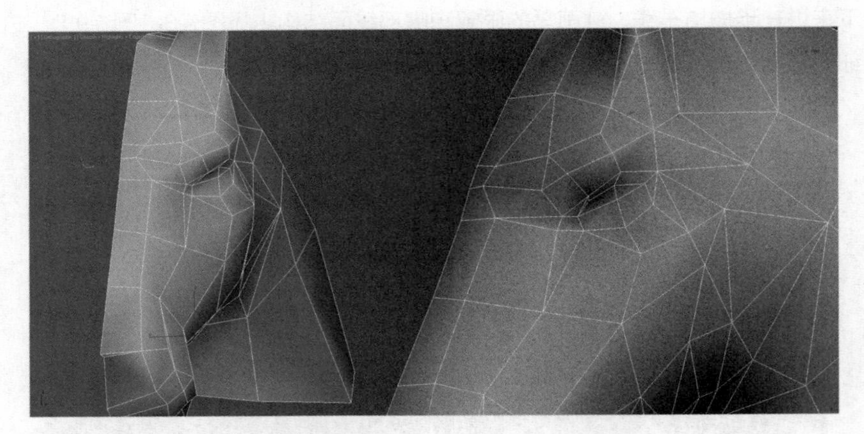

· 图7-11 | 制作马的眼部模型

然后由马头部向下延伸制作马的颈部模型（见图7-12），并继续制作马的躯干模型（见图7-13）。这里首先利用简单的布线确定马侧面的曲线轮廓结构，进一步增加布线，着重刻

画躯干细节（见图7-14）。

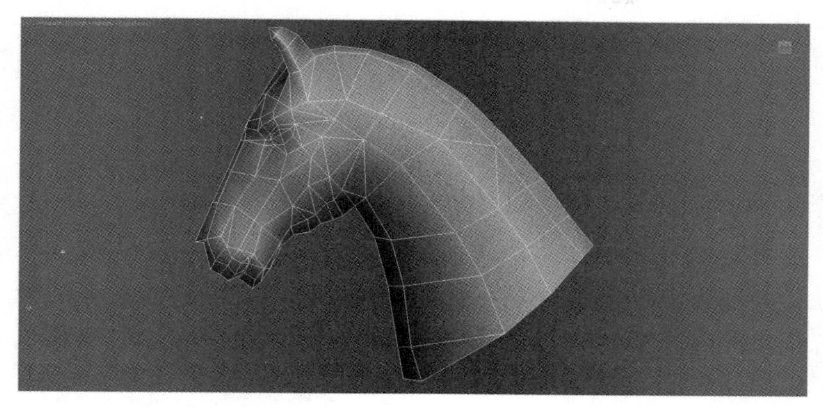

· 图7-12｜制作马的颈部模型

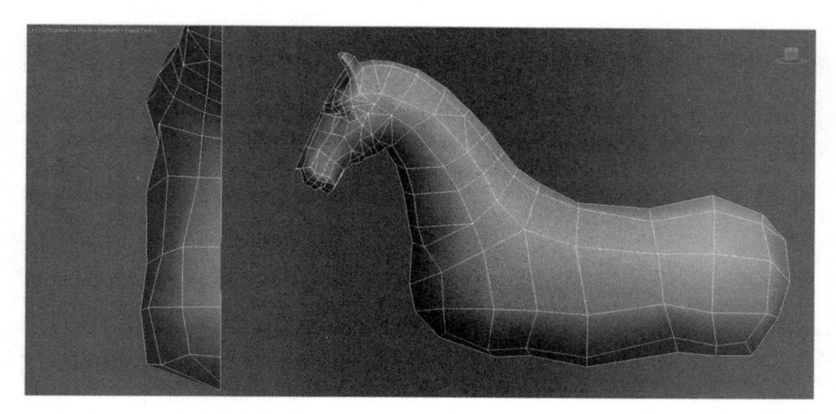

· 图7-13｜制作马的躯干模型

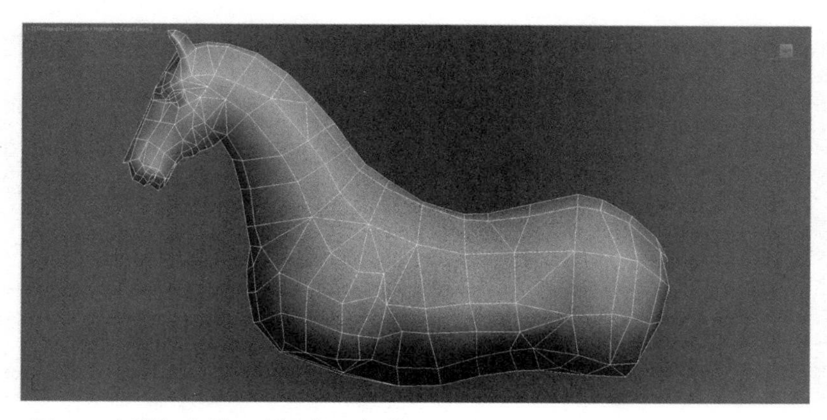

· 图7-14｜增加布线，刻画躯干细节

接下来进入“Polygon”层级，选中马躯干前方底部的模型面，利用“Extrude”命令制作马的前肢模型（见图7-15）。首先制作前肢大腿模型（见图7-16），然后制作护具结构与前肢小腿的一体化模型（见图7-17）。利用同样的方法制作出马的后肢模型（见图7-18）。

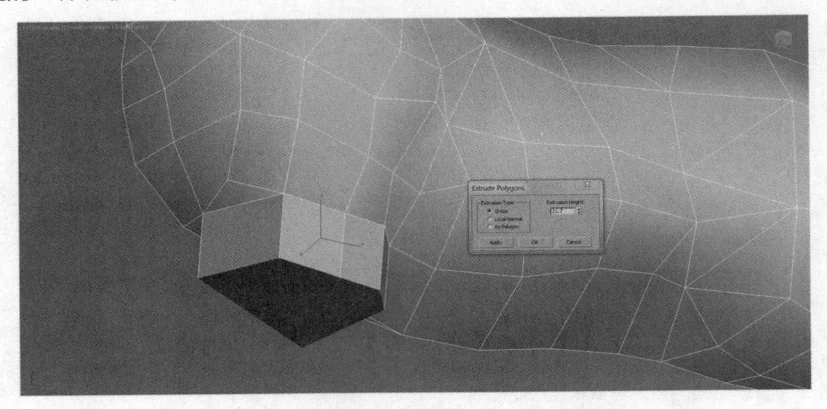

・图7-15｜利用“Extrude”命令开始制作马的前肢模型

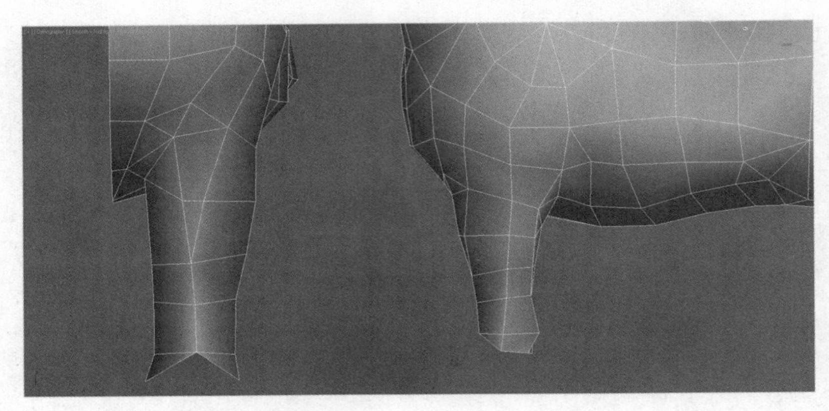

・图7-16｜制作前肢大腿模型

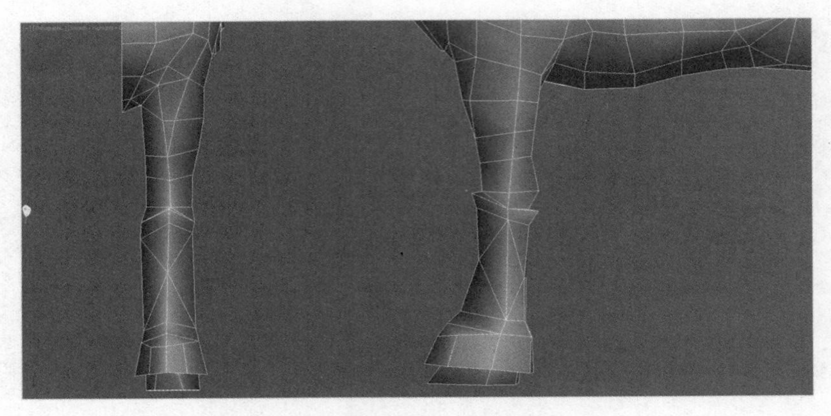

・图7-17｜制作护具结构与前肢小腿的一体化模型

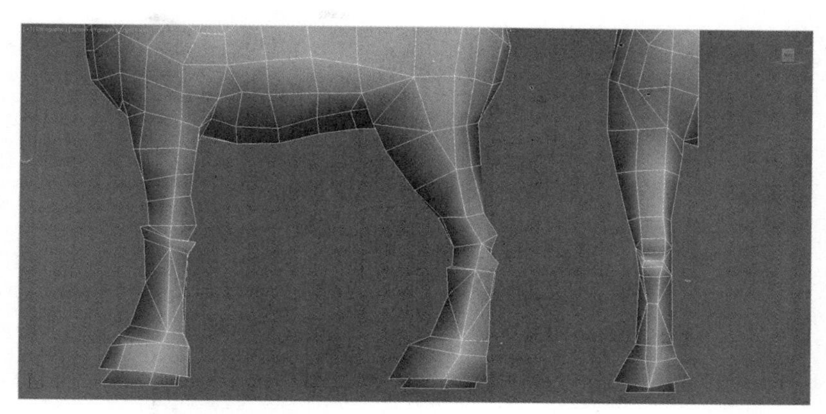

・图7-18｜制作马的后肢模型

接下来在躯干后方制作出马的尾巴模型（见图7-19），这样一侧的马模型就基本制作完成了，然后添加Symmetry修改器，镜像复制出另一侧的马模型（见图7-20）。最后，制作马鞍、缰绳和璎珞装饰的模型（见图7-21、图7-22）。

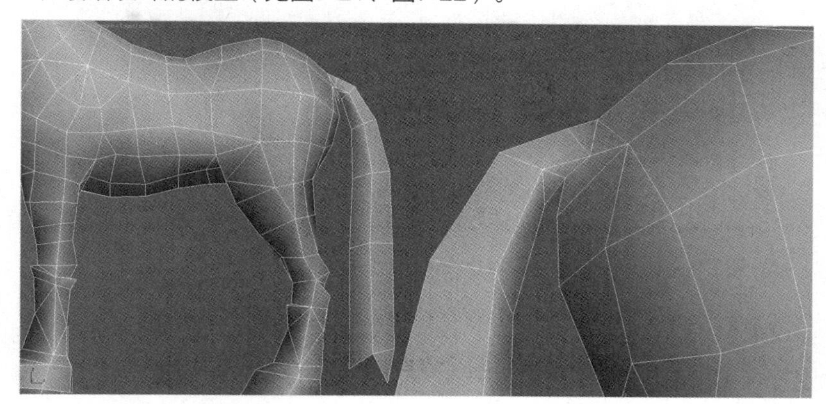

・图7-19｜制作马的尾巴模型

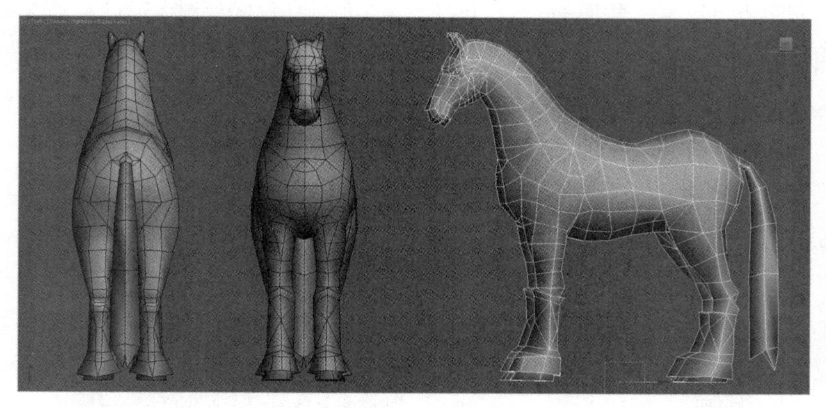

・图7-20｜马模型制作完成的效果图

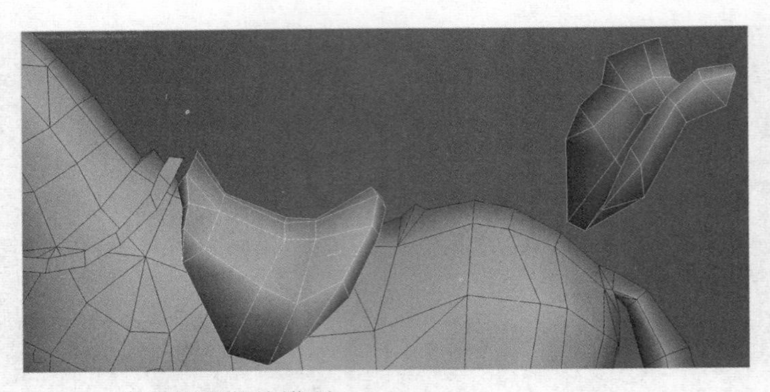

· 图7-21 | 制作马鞍的模型

· 图7-22 | 制作缰绳和璎珞装饰的模型

7.2.2 模型UV分展及贴图绘制

因为马模型为两侧对称的模型，所以在平展UV时只需要平展一侧即可。因为整个马模型在结构上基本趋于扁平，所以可以直接利用“Planar”投射方式来进行UV平展，或者在腿部设定缝合线（见图7-23），然后利用“Pelt”命令进行平展。整个马模型不需要拆分，鞍具等装饰模型的UV需要单独平展并将其与马模型的UV拼合在一张贴图上。模型的UV分展如图7-24所示。

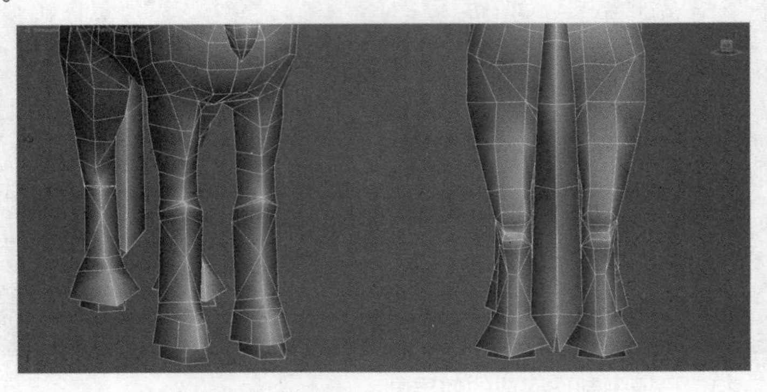

· 图7-23 | 在腿部设定缝合线

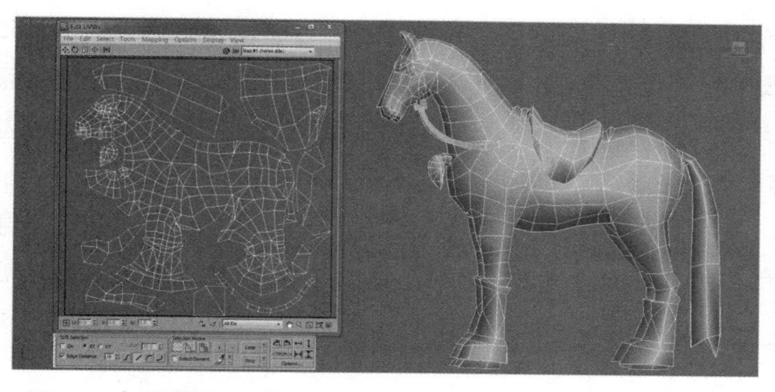

・图7-24｜模型的UV分展

接下来需要进行贴图绘制。由于马的身体毛发较短，因此通常在游戏中除了马的鬃毛和尾巴等处的毛发需要单独绘制，其他身体部位一般用明暗色绘制出基本的肌肉结构和明暗关系即可。除此以外，马作为游戏中的坐骑通常需要在头部、胸前、躯干和腿部等处穿戴护具，这些一般也是通过贴图来表现的，鞍具、缰绳和装饰等模型的贴图要与模型相匹配。图7-25所示为绘制完成的模型贴图效果，图7-26所示为添加贴图后的模型效果。

・图7-25｜绘制完成的模型贴图效果

・图7-26｜添加贴图后的模型效果

对于其他动物模型来说，在最后绘制贴图时可能需要着重刻画毛发的细节，下面简单介绍一下基本的动物毛发手绘技法。对于动物身体上的大部分毛发，一般会按照毛发的生长方向进行绘制，常用“8”字形画法来表现（见图7-27左图）。动物面部和嘴边的毛发一般很短，且贴图的像素一般不会太高，所以这里可以用“迂回型”画法或点画法来表现（见图7-27中图）。鬃毛是雄性动物特有的毛发类型，一般不会出现在雌性动物身上，这种毛发一般分布在颈部，动物胸部的一些毛发也可以归类为鬃毛，由于这种毛发非常具象，一般需要以“根”和“束”为单位进行绘制（见图7-27右图）。添加毛发贴图后的动物模型效果如图7-28所示。

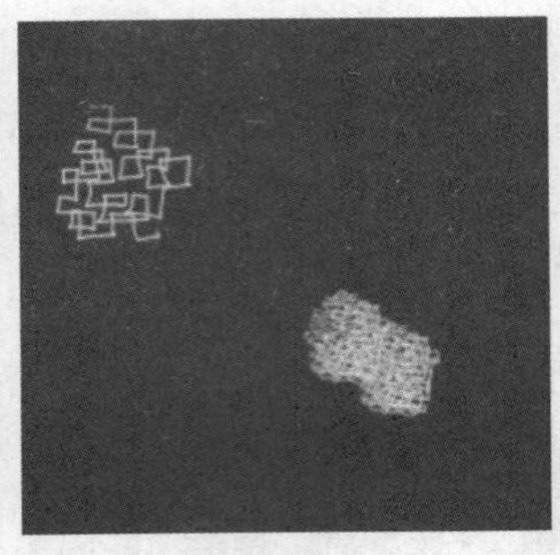

· 图7-27 | 动物不同毛发的手绘技法

· 图7-28 | 添加毛发贴图后的动物模型效果

7.3 | 项目总结

本章主要针对3D游戏中的动物模型进行了实例制作。在实际的游戏项目中，除了角色坐骑，动物模型还广泛应用于游戏中的敌对怪物及己方的召唤物等附属角色。根据不同的应用需求，动物模型在制作精度上会有一定区别。下面针对本章内容做简单总结。

（1）要根据原画设定图中的动物形象找出现实中能与之匹配的动物类型。

（2）要善于把握不同类型动物的基本形态及特征，为模型制作提供依据。

（3）要熟悉动物的基本运动特征，建模时，布线要符合骨骼的运动规律。

7.4 | 项目拓展

在游戏作品中，随着玩家等级的提升，玩家的坐骑也会有等级上的变化。低等级坐骑的形象可能与动物原本的形象保持一致（见图7-29），而高等级坐骑可能会全身穿戴护具和战甲（见图7-30）。本章的项目拓展要求制作图7-30所示的动物模型。大家要掌握动物的结构特征，在制作时注意模型结构的准确性，还要注意动物穿戴的护具和战甲与动物本身的衔接性和结合度。下面是制作的基本步骤。

（1）对于躯干占比较大的动物模型，应首先制作其躯干模型。

（2）制作四肢及尾部模型。

（3）制作头部模型。

（4）制作躯干上的护具和战甲模型。

（5）制作四肢及头部上的护具和战甲模型。

（6）制作附属配件及皮带装饰模型。

（7）合理分展模型UV。

（8）根据相应的模型UV绘制贴图。

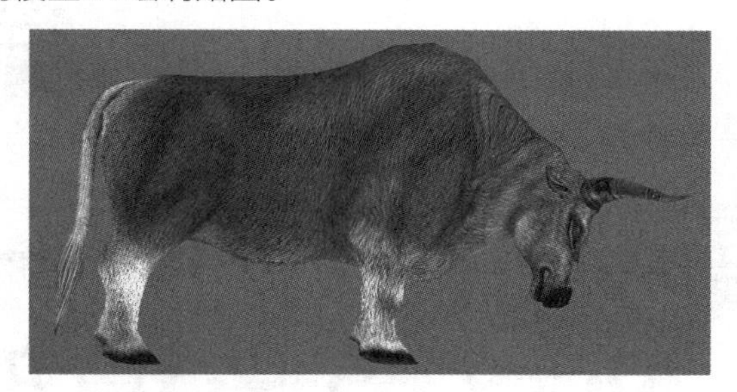

· 图7-29 | 低等级坐骑形象

· 图7-30 | 穿戴护具和战甲的高等级坐骑形象

第8章

动漫项目实例——写实风格角色模型制作

知识目标：

- 了解写实风格角色模型的概念和特点；
- 掌握常见写实风格角色模型的创建方法；
- 掌握正确的模型UV分展方式和基本的模型贴图绘制方法。

能力目标：

- 能够熟练运用三维制作软件进行基础建模；
- 能够正确进行模型结构的布线，适度增加模型面数；
- 能够合理分展模型UV，并绘制模型贴图。

素养目标：

- 提高观察能力，培养综合应用能力，以应对各种动漫项目对写实风格角色模型的制作要求。

8.1 项目分析

本章要制作一个写实风格角色模型。写实风格主要是针对幻想风格而言的。写实风格角色主要是指人类角色，而非野兽和怪物等角色。图8-1所示为本实例的写实风格角色原画设定图。

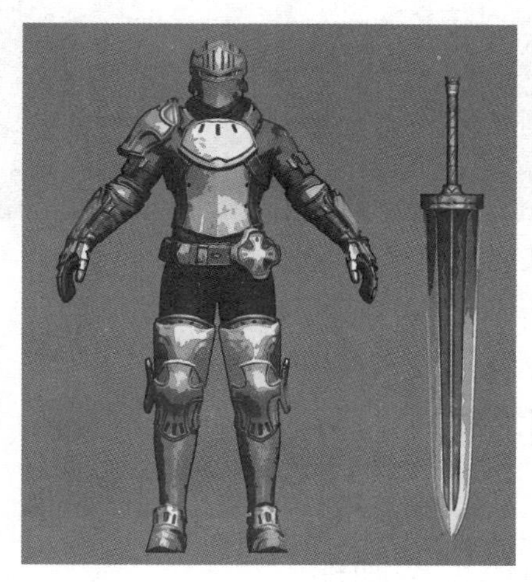

· 图8-1 | 写实风格角色原画设定图

从图8-1中可以看到，这是一张正面效果图，角色为一个标准的男性角色，头部穿戴了全覆盖的头盔，上半身穿戴了部分覆盖的金属轻铠甲，下半身首先是布料设计的裤装，然后从大腿下半段开始是全覆盖的金属重铠甲；角色道具为一柄双手持握的巨剑。下面介绍一下该写实风格角色模型的大致制作流程。

虽然角色是以标准男性人体进行设计的，但因为角色几乎全身覆盖着衣服和铠甲，所以在实际制作的时候，可以直接制作衣服和铠甲的模型。因为模型整体基本为对称结构，所以建模的时候只需制作一侧，另一侧通过Symmetry修改器镜像复制出即可。肩甲、腰带等特殊装饰模型可以单独制作。

建模的顺序仍然是从头部开始，首先制作头盔模型，然后制作头盔下面的头部模型。其实，头部基本被头盔覆盖，只有眼部和颈部能够被观察到，所以这里可以尽量细化这两个部位的模型面，其他部位的模型面只需粗略交代，甚至可以删除。接下来需要制作颈部与上身铠甲衔接的布料材质的衣领模型。然后制作躯干和四肢上的衣服和铠甲的模型。其中肩甲、腰带以及膝盖处的铠甲模型可以单独进行制作，不需要进行一体化建模。最后制作巨剑模型。以上就是本实例的整体制作思路和流程。

在进行实际制作前，除了对原画设定图进行分析，还需要进行素材的搜集，例如，可以通过网络寻找一些铠甲实物图片（见图8-2）。这些图片可以帮助大家更好地进行建模和结构塑造，同时能够作为后期模型贴图的制作素材和参考。

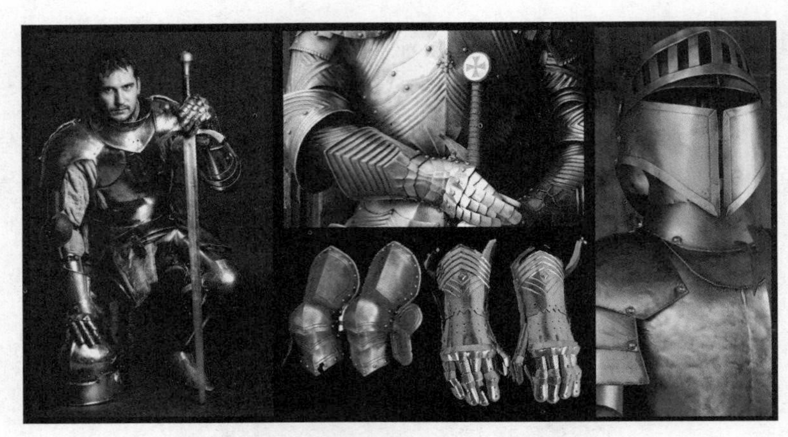

· 图8-2 | 铠甲实物图片

微课视频

写实风格角色模型制作

8.2 | 项目实施

8.2.1 写实风格角色模型制作

1. 头盔及头部模型制作

首先制作头盔模型。在3ds Max视图中利用Box模型和Edit Poly命令制作出头盔模型的基本轮廓（见图8-3）。进一步编辑头盔下部边缘的模型细节，制作出带扣结构（见图8-4）。头盔内部的模型面在理论上是可以删除的，但因为金属头盔是有厚度的，在边缘处是可以看到头盔内部的，所以这里要将头盔内部的模型面保留，但要尽可能地减少模型面数（见图8-5）。

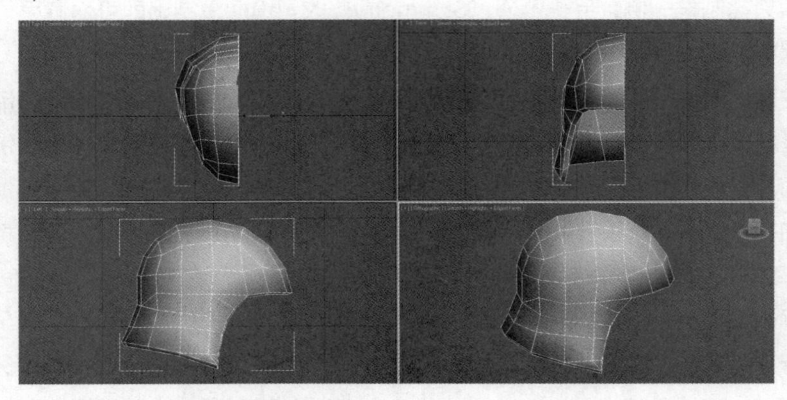

· 图8-3 | 制作头盔模型的基本轮廓

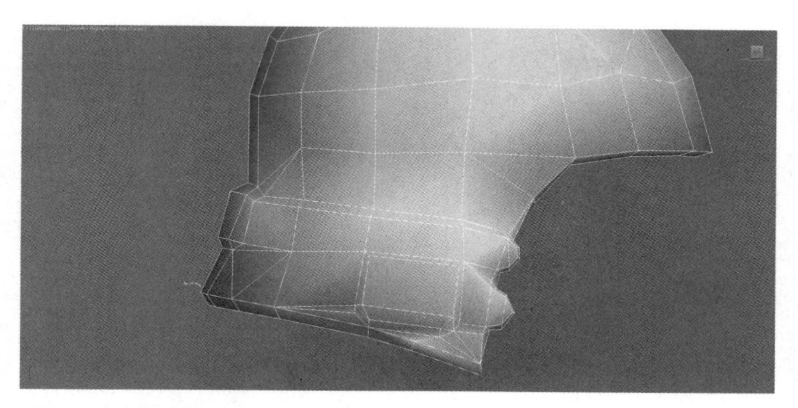

· 图8-4｜制作带扣结构

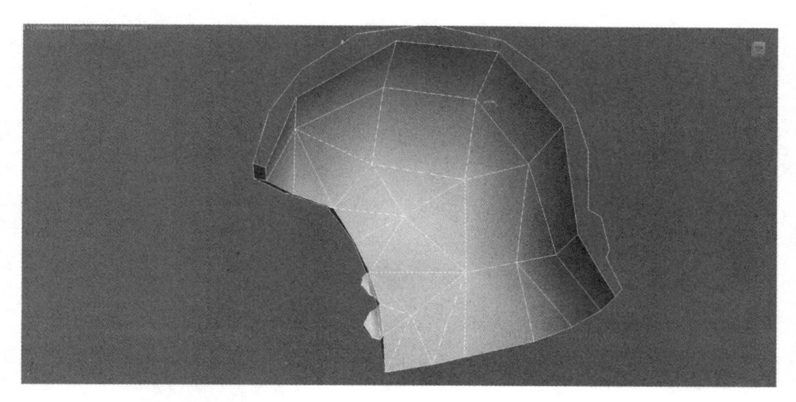

· 图8-5｜头盔模型内部

接下来制作头盔模型前上方的挡板（见图8-6）。对于真实的头盔而言，这个挡板是为了在战斗中保护穿戴者的眼部，在非战斗的时候可以向上抬起固定。但对于虚拟模型的制作，仅仅把这种结构当作一种装饰。沿着挡板模型的位置，制作下方的面部护具模型（见图8-7）。注意两者的穿插衔接关系。图8-8所示为为头盔模型添加Symmetry修改器后的效果。

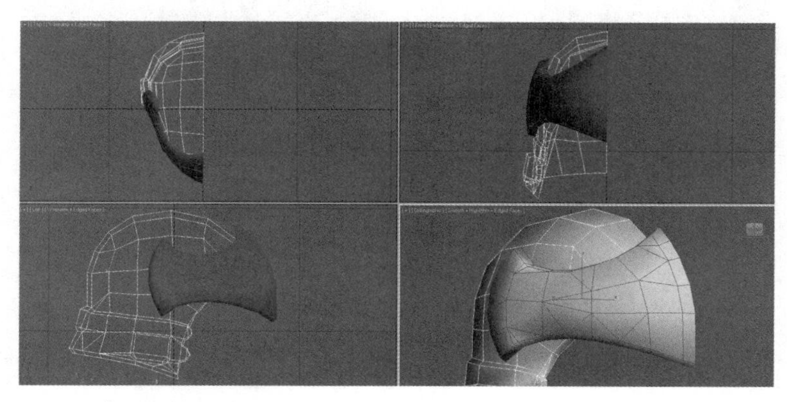

· 图8-6｜制作挡板模型

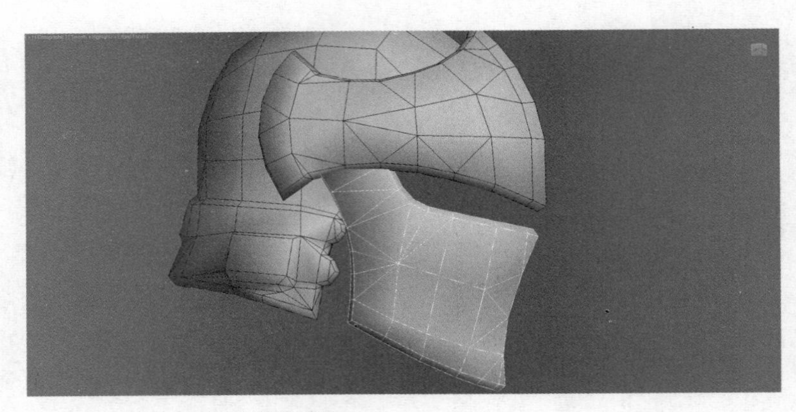

· 图8-7｜制作面部护具模型

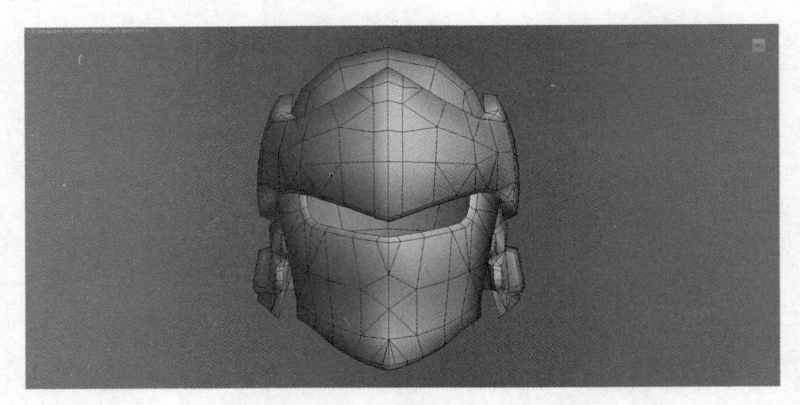

· 图8-8｜为头盔模型添加symmetry修改器后的效果

可以从已经制作完成的男性人体角色模型上拆离头部模型，由于本实例中角色整体被盔甲覆盖，所以头部模型只保留到颈部即可，然后将其导入当前的制作文件（见图8-9）。将头部模型放置在头盔模型内，然后进行整体模型的调整，让头盔模型与头部模型相匹配、协调（见图8-10）。这样的头盔及头部模型就制作完成了。

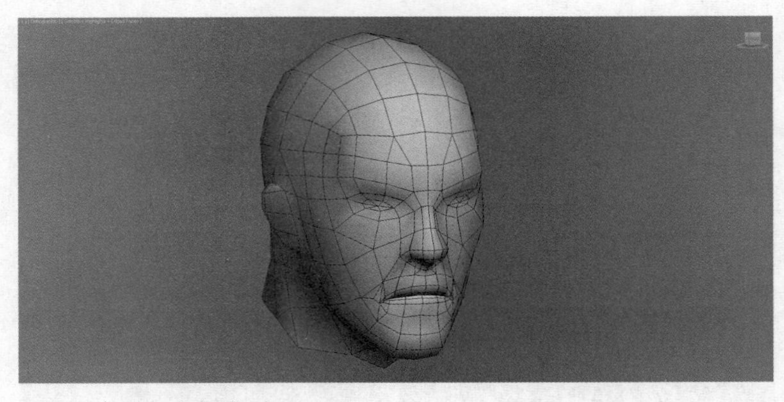

· 图8-9｜导入头部模型

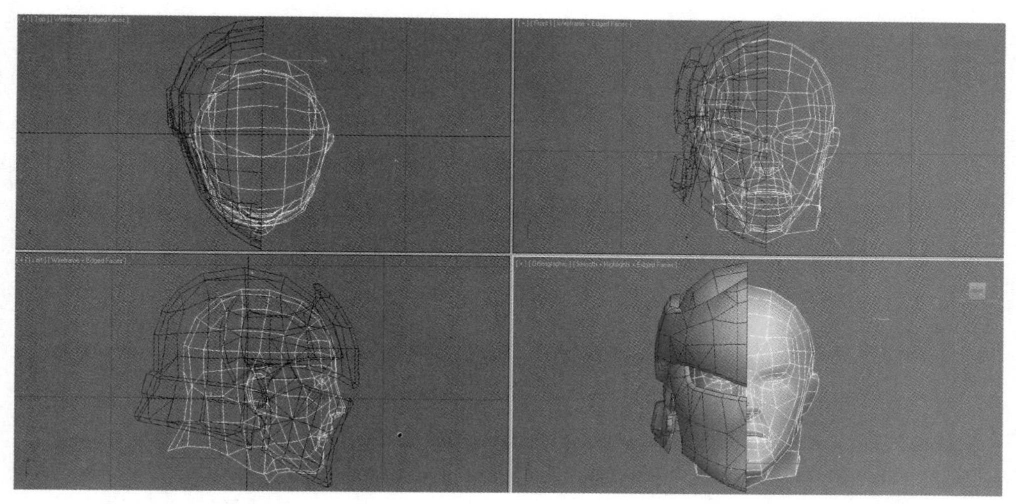

· 图8-10 | 整体模型调整

2. 躯干上的衣服和铠甲模型制作

接下来制作颈部与上身铠甲连接的领口模型。在视图中利用Cylinder模型制作出布料领口的模型形态（见图8-11），尽量将模型制作得自然一些，后期通过贴图表现衣褶等纹理。沿着衣领模型向下制作出上身的部分铠甲模型，包括背带与中间的加厚板甲部分（见图8-12）。制作出一侧上臂处衣服的基础模型（见图8-13）。因为上臂没有被铠甲覆盖，所以上臂与前臂处的模型要分开制作，将上臂处的衣服模型归纳进躯干上的衣服铠甲模型中。完善上臂处的衣服模型，制作出口袋结构（见图8-14）。

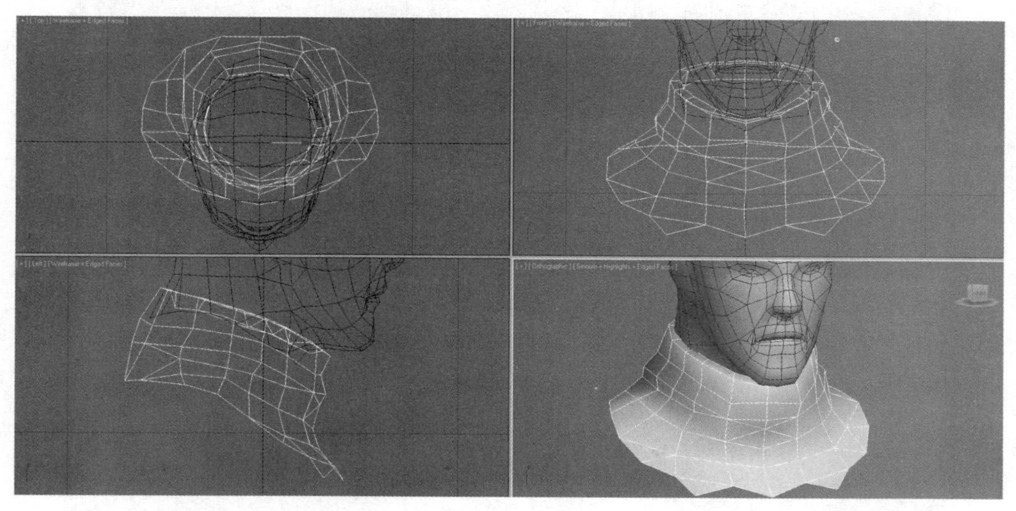

· 图8-11 | 制作衣领模型

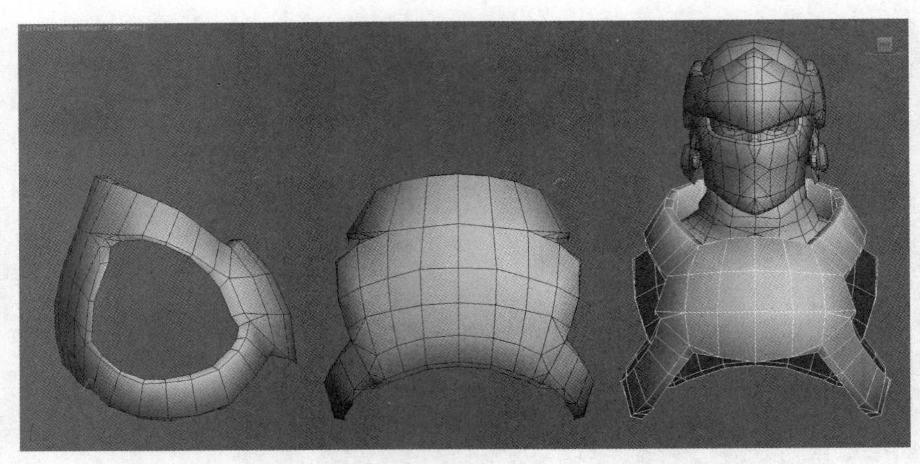

· 图8-12 | 制作上身的部分铠甲模型

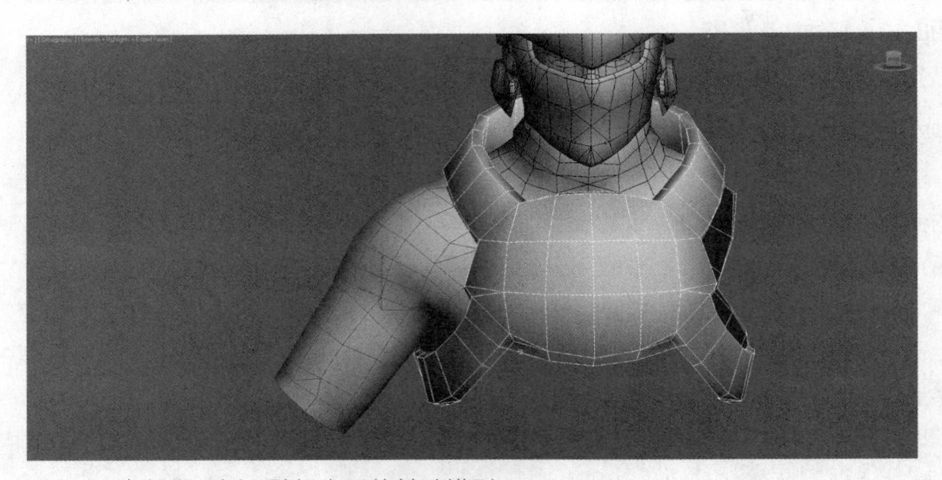

· 图8-13 | 制作一侧上臂处衣服的基础模型

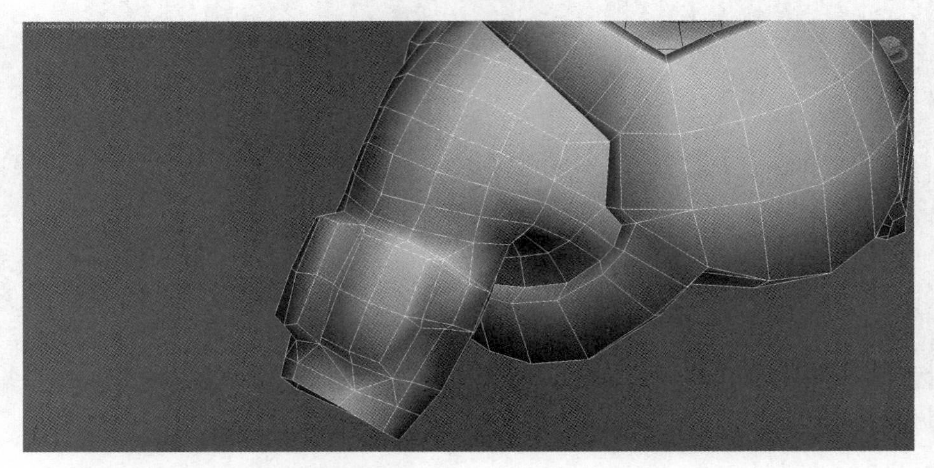

· 图8-14 | 完善上臂处的衣服模型

可以将上臂处的衣服模型从躯干上的衣服和铠甲模型中分离出来，然后镜像复制出另一侧上臂处的衣服模型。接下来向下制作出上身其余部分的铠甲模型（见图8-15）。躯干部分除了金属铠甲，腰部还有部分衣料结构。为了与下身衔接，需要制作上身铠甲下方的连接结构（见图8-16）。

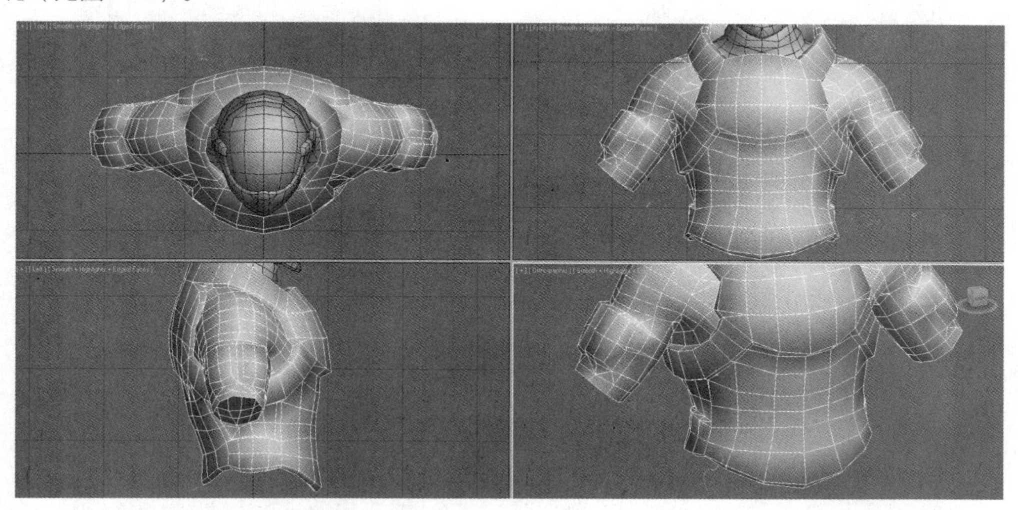

・图8-15｜制作上身其余部分的铠甲模型

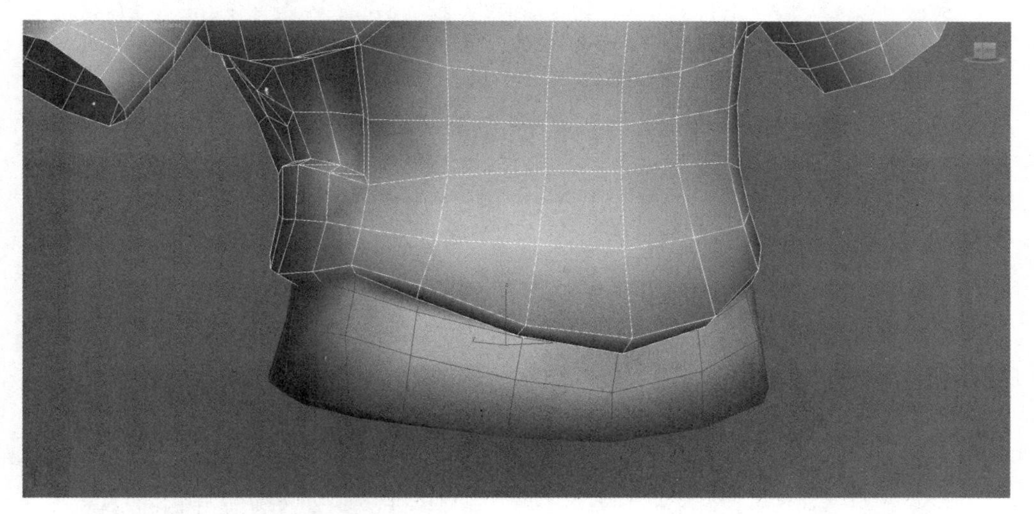

・图8-16｜制作上身铠甲下方的连接结构

接下来通过Edit Poly命令制作出肩甲的模型轮廓。这里的制作方法与第5章中制作盾牌模型的方法基本相同（见图8-17）。将肩甲放置在角色模型的肩膀位置，然后进行细节调整，利用切割布线制作出肩甲上隆起的结构（见图8-18）。根据原画设定图，肩甲模型不采用对称结构，只将其放置在角色模型的右侧肩膀上。至此完成的角色模型效果如图8-19所示。

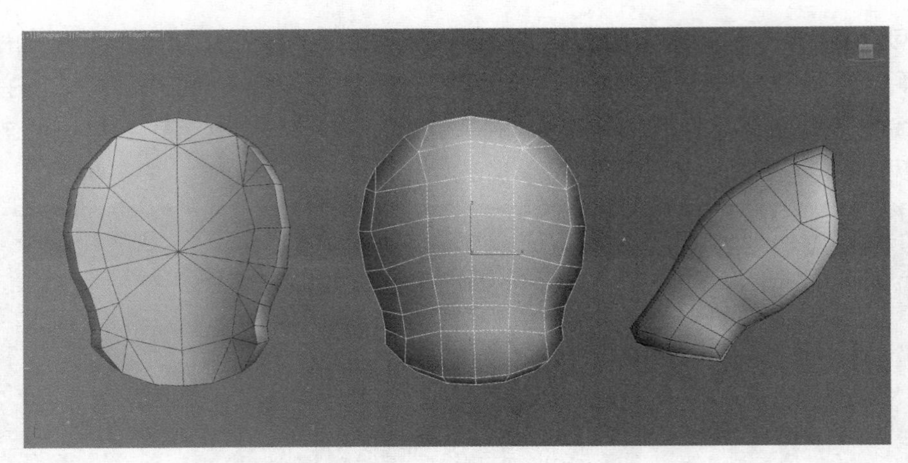

· 图8-17 | 制作肩甲的模型轮廓

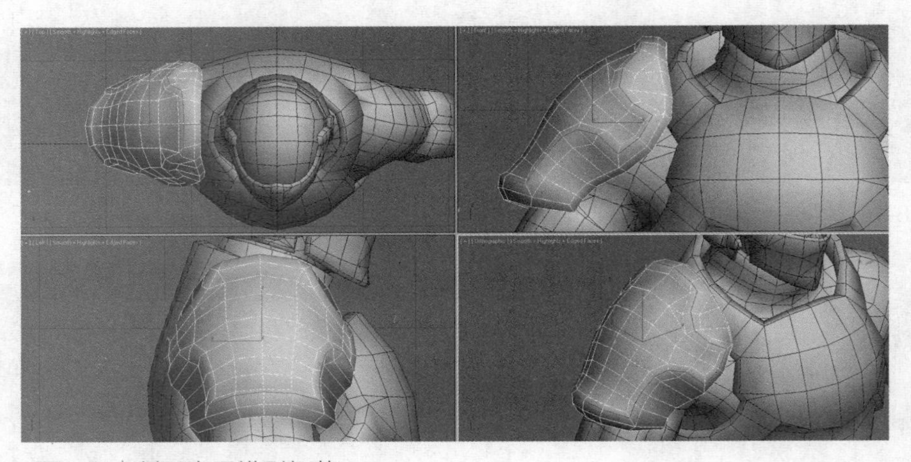

· 图8-18 | 刻画肩甲模型细节

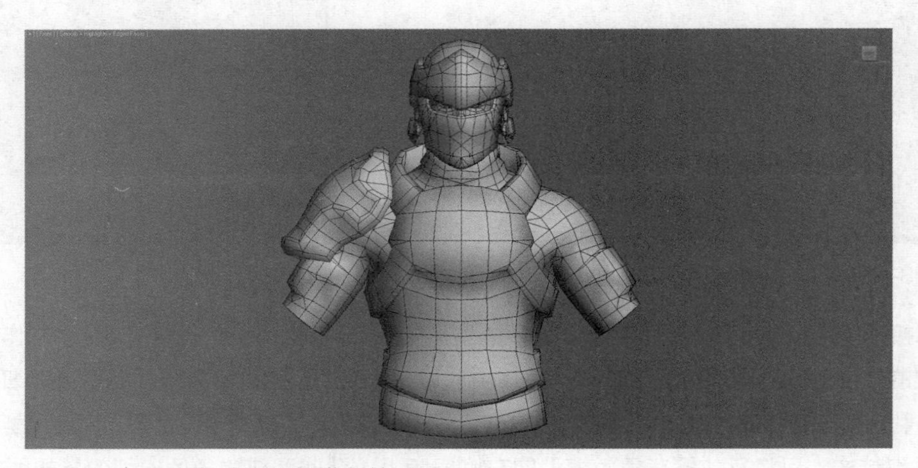

· 图8-19 | 至此完成的角色模型效果

3．四肢上的衣服和铠甲模型制作

下面开始制作四肢上的衣服和铠甲模型。首先制作前臂处的铠甲模型，在视图中利用Cylinder模型制作出前臂处铠甲的基础模型（见图8-20），然后深入刻画模型细节，制作出前臂侧面的金属板甲模型（见图8-21）。

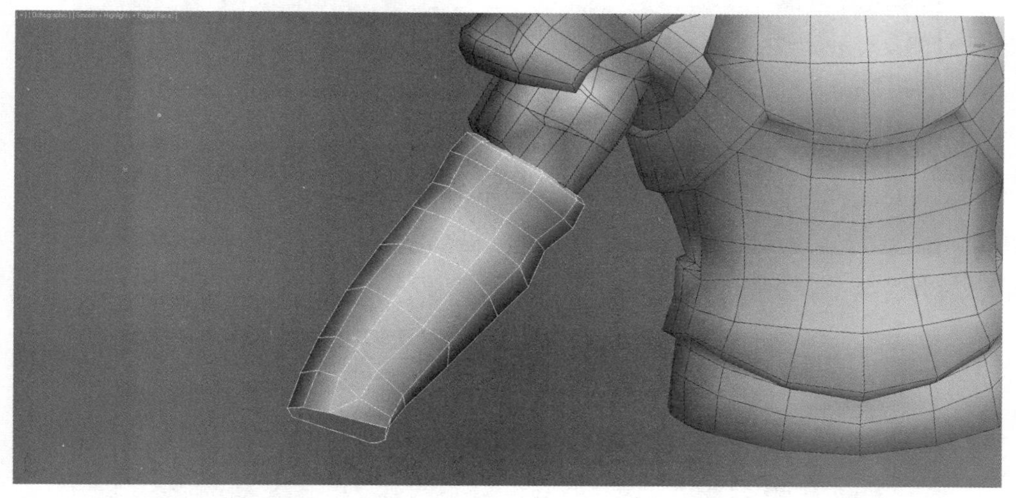

・图8-20｜制作前臂处铠甲的基础模型

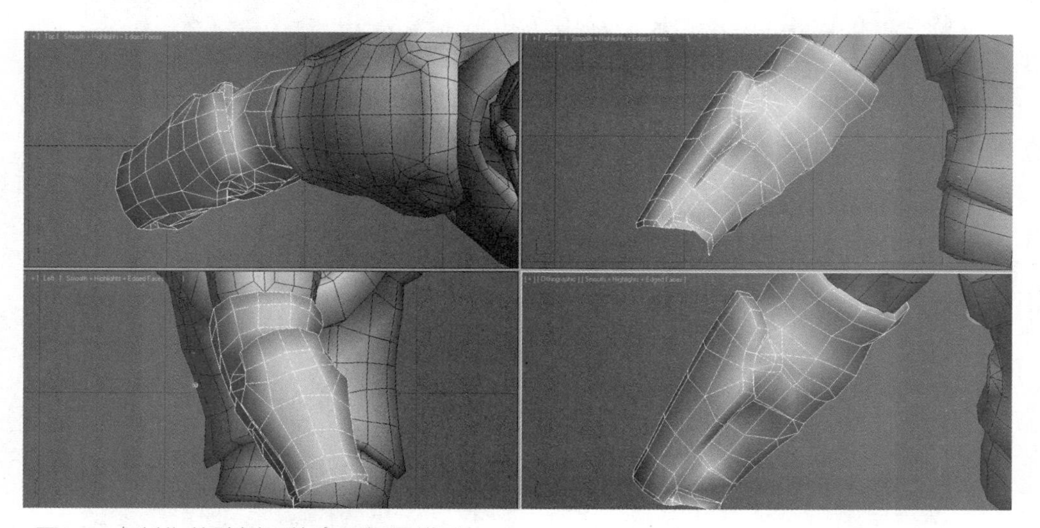

・图8-21｜制作前臂侧面的金属板甲模型

之后沿着前臂侧面的金属板甲模型向下制作护手模型（见图8-22），接下来制作肘部的金属板甲模型（见图8-23），最后制作出手部的衣服模型（见图8-24），注意与护手以及手腕处模型的衔接。上肢上的衣服与铠甲模型制作完成的效果如图8-25所示。

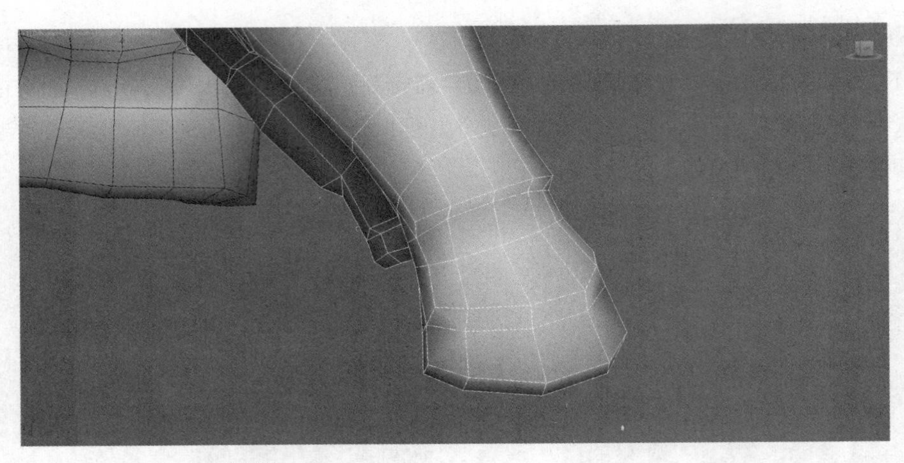

· 图8-22 | 制作护手模型

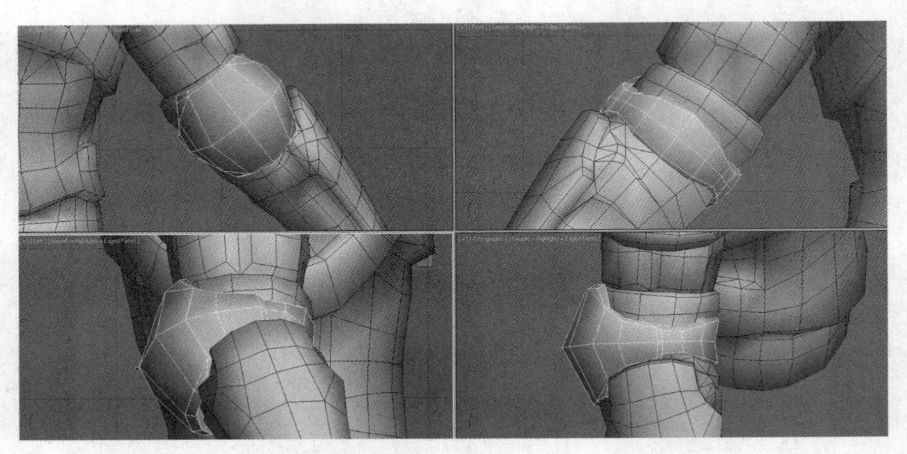

· 图8-23 | 制作肘部的金属板甲模型

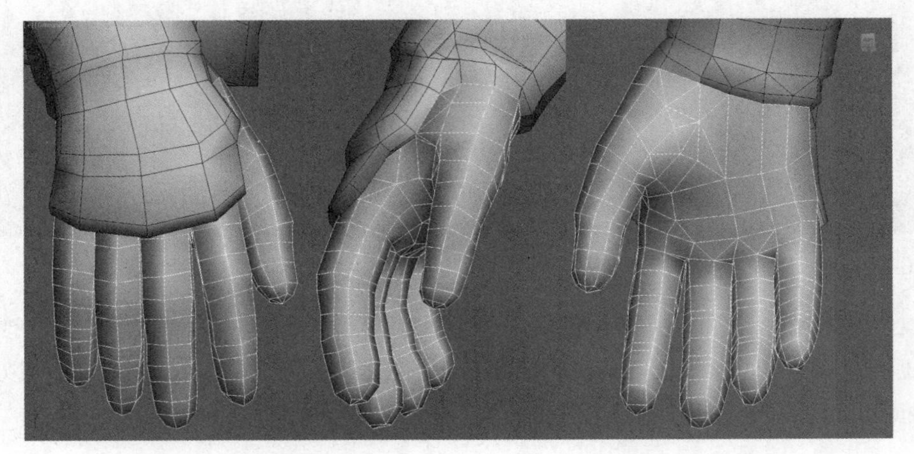

· 图8-24 | 制作手部的衣服模型

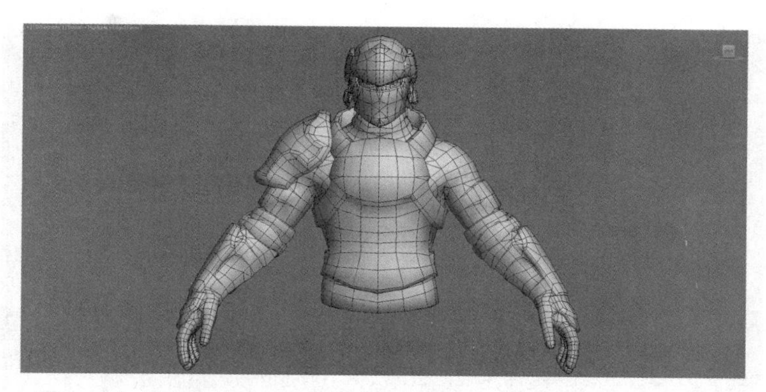

· 图8-25｜上肢上的衣服与铠甲模型制作完成的效果

接下来制作胯部、臀部以及大腿上半部分的衣服模型（见图8-26）。之所以要单独制作这些模型，是因为这些模型是布料材质的同时与上身相衔接。这些模型可以被简单地看作一条短裤，同样只需要制作一侧的模型，另一侧镜像复制出即可。

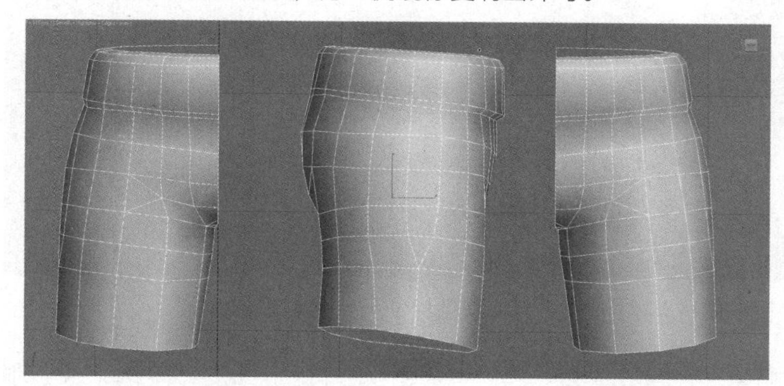

· 图8-26｜制作胯部、臀部以及大腿上半部分的衣服模型

之后制作出腰带模型及其后面的背包模型（见图8-27）。图8-28所示是将腰带模型放置在角色模型上的效果。最后制作出腰带前方侧面的十字形装饰模型（见图8-29）。至此完成的角色模型效果如图8-30所示。

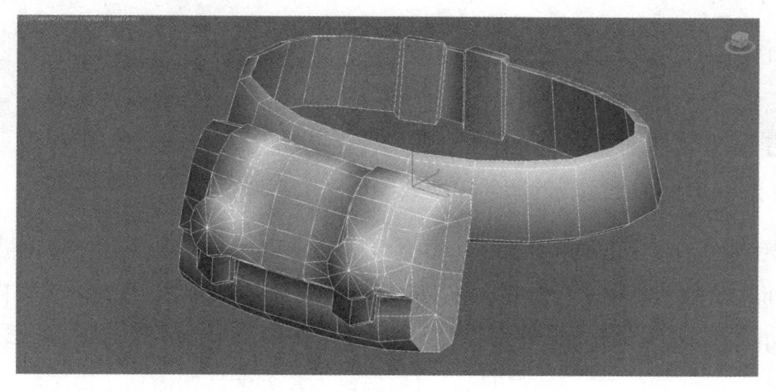

· 图8-27｜制作腰带及其后面的背包模型

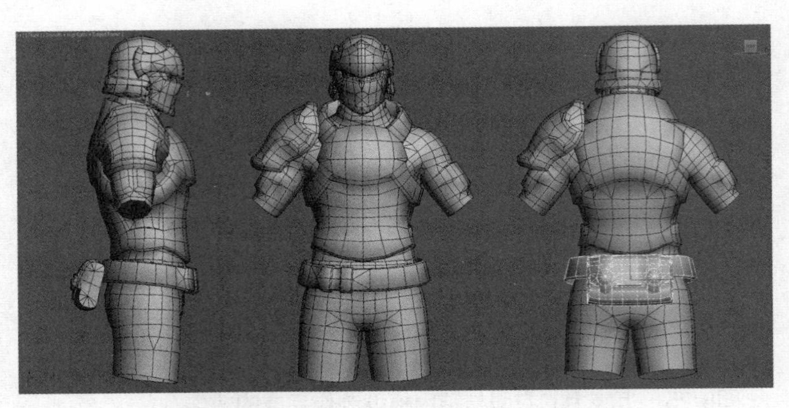

· 图8-28 | 腰带模型放置在角色模型上的效果

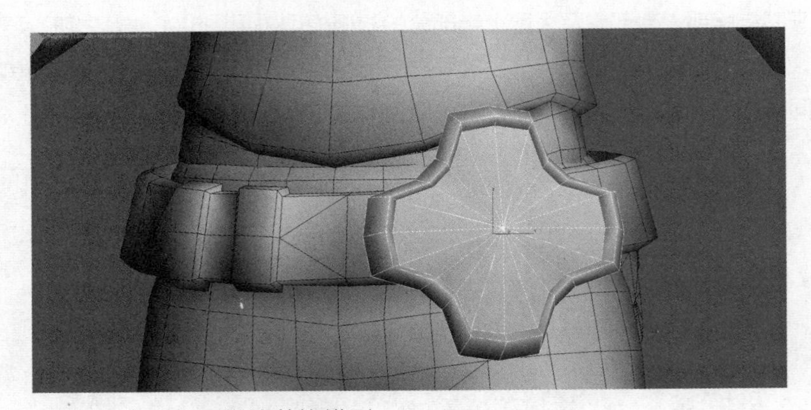

· 图8-29 | 制作腰带的装饰模型

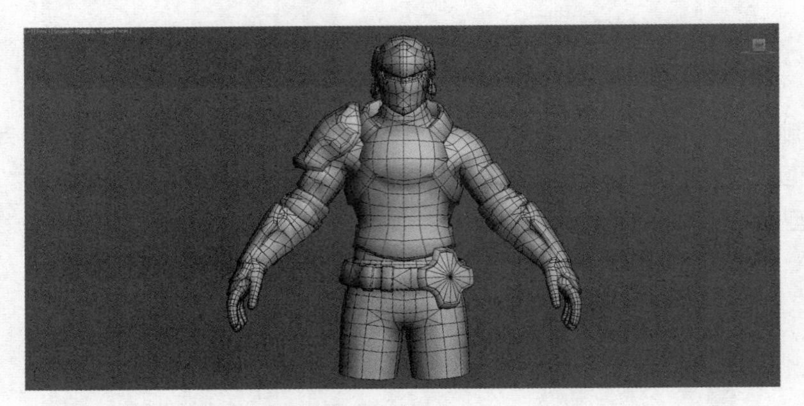

· 图8-30 | 至此完成的角色模型效果

然后开始制作下肢上的铠甲模型。从大腿下半部分开始一直到足部，整体被铠甲覆盖。首先利用Cylinder模型制作出大腿下半部分的铠甲模型（见图8-31），继续向下制作出膝关节及小腿处的铠甲模型（见图8-32），然后制作大腿及膝关节最外层的铠甲模型（见图8-33、图8-34），制作方法与肩甲类似，最后制作足部的铠甲模型（见图8-35）。将下肢处的铠甲模型分离出来，对模型进行镜像复制，然后通过“Attach”命令与角色模型结合。图8-36所示为最终制作完成的角色模型效果。

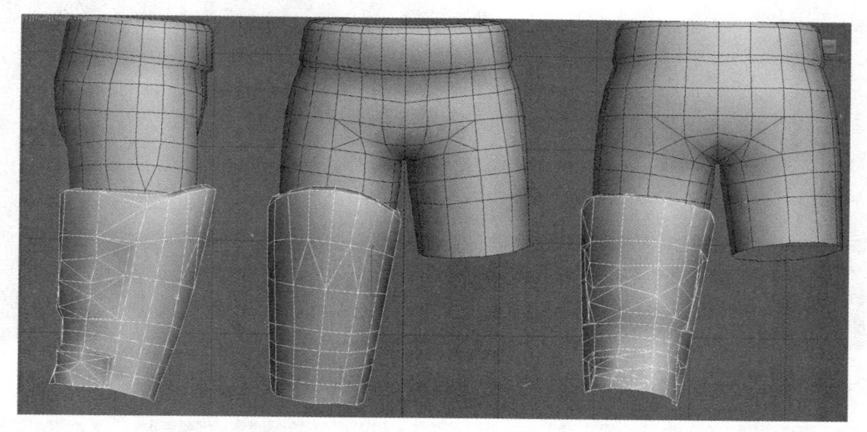

· 图8-31 | 制作大腿下半部分的铠甲模型

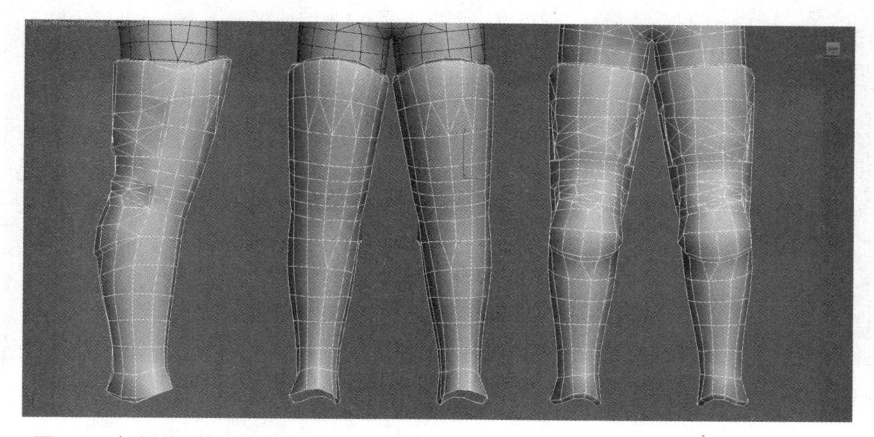

· 图8-32 | 制作膝关节及小腿的铠甲模型

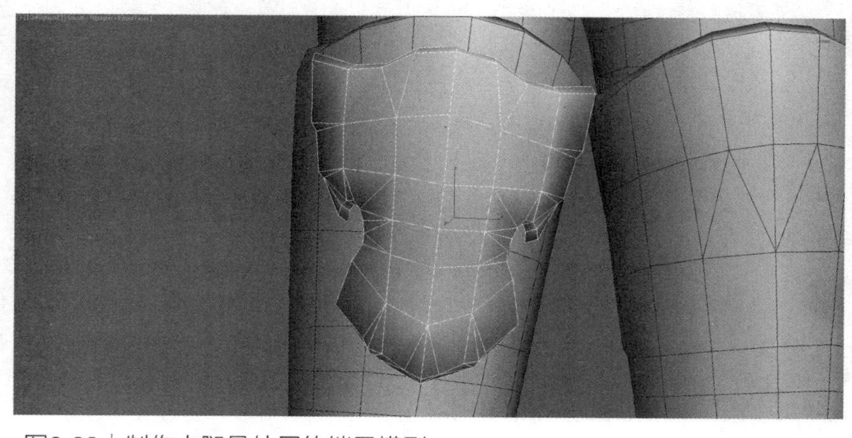

· 图8-33 | 制作大腿最外层的铠甲模型

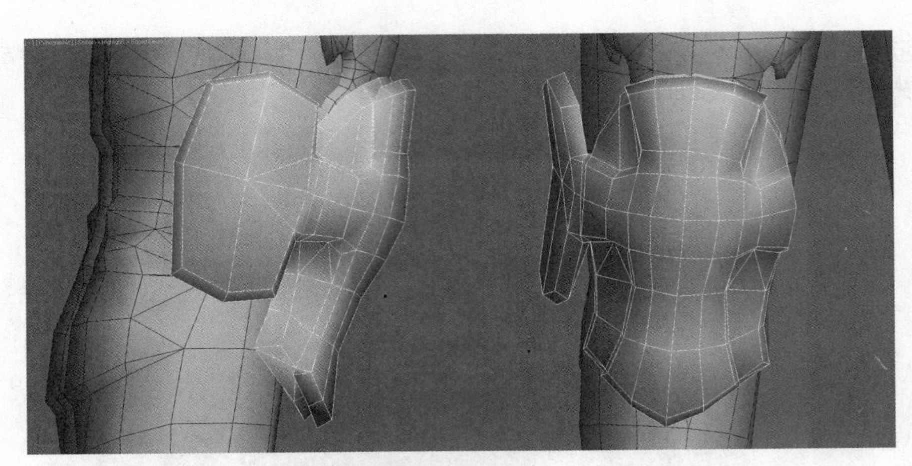

· 图8-34 | 制作膝关节最外层的铠甲模型

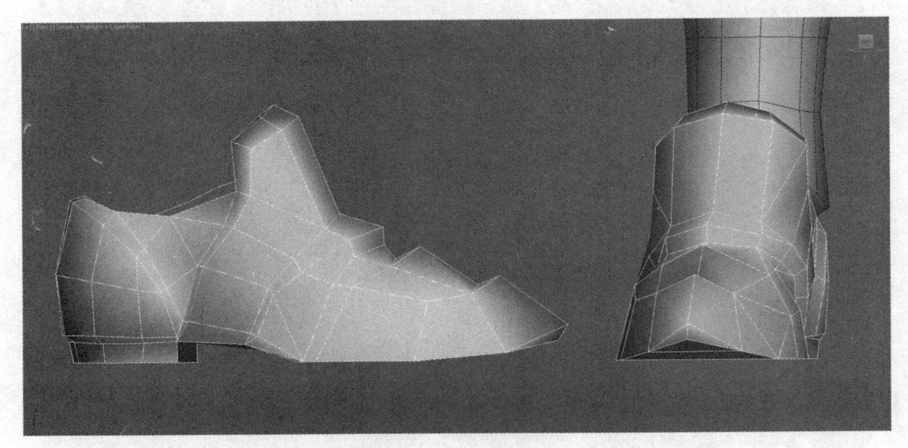

· 图8-35 | 制作足部的铠甲模型

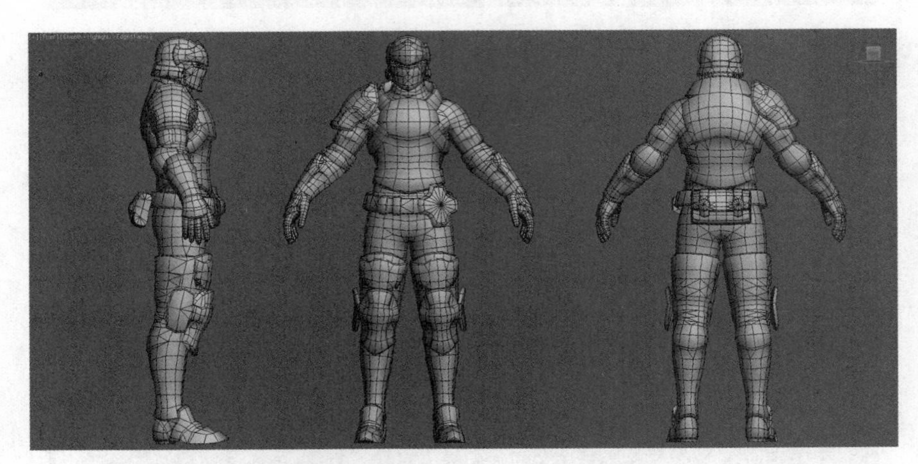

· 图8-36 | 最终制作完成的角色模型效果

8.2.2 写实风格角色道具模型制作

在原画设定图中，除了角色，还有与之相配的武器。该武器为一柄双手持握的巨剑，整体结构比较简单。下面首先来制作剑柄模型。在3ds Max视图中利用Cylinder模型制作出剑柄的基础模型（见图8-37），然后制作剑柄下端的模型（见图8-38）。接下来制作出剑格模型（见图8-39），剑格是剑柄与剑刃之间的衔接结构，同时制作出剑格两侧的半球形装饰模型（见图8-40）。

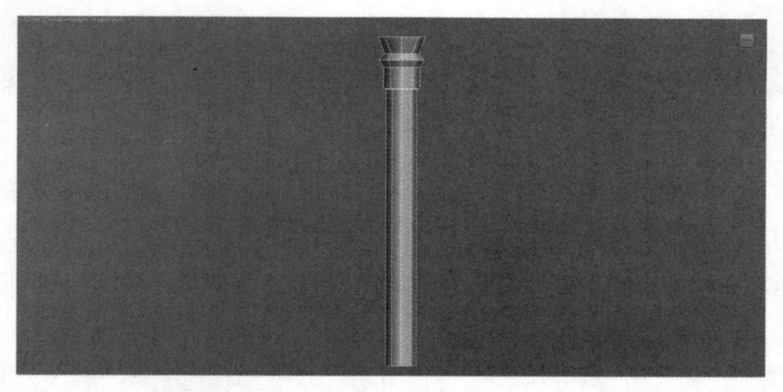

· 图8-37 | 制作剑柄的基础模型

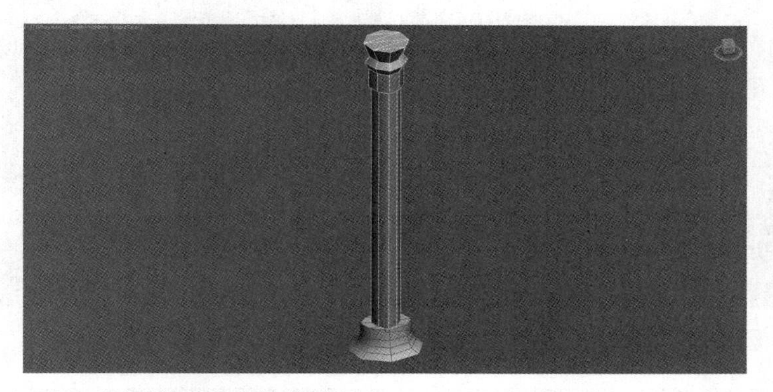

· 图8-38 | 制作剑柄下端的模型

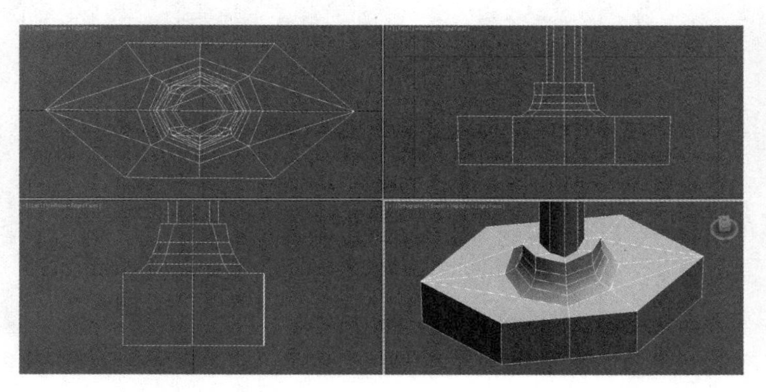

· 图8-39 | 制作剑格模型

· 图8-40 | 制作剑格侧面的装饰模型

最后制作出剑刃模型（见图8-41），剑刃的结构比较简单，要注意剑刃尖端弧度的处理，过渡要圆滑，尽量避免出现棱角，另外剑刃中间有隆起的剑脊结构。图8-42所示为最终制作完成的全部模型效果。通过多边形面计数工具可以看到，全部模型一共用了10655个多边形面。

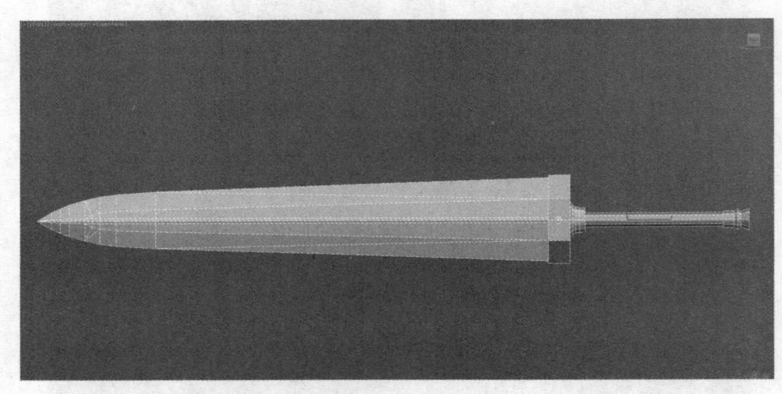

· 图8-41 | 制作剑刃模型

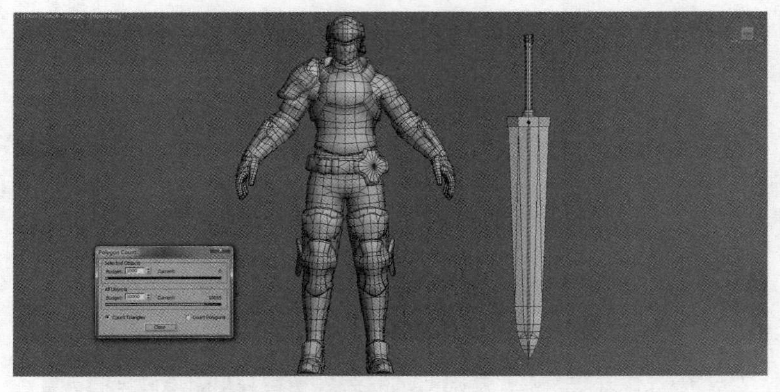

· 图8-42 | 最终制作完成的全部模型效果

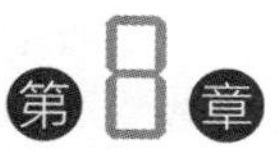

8.2.3 模型UV分展及贴图绘制

模型全部制作完成后，在绘制贴图之前，先要对模型UV进行分展。因为贴图的尺寸有限，加上角色模型细节丰富且部件较多，无法将模型UV全部平展在一张贴图上，所以需要根据角色模型的结构对UV进行分展。

首先将头盔模型进行UV分展（见图8-43）。注意将头盔外部模型UV的面积尽可能放大，并将内部模型UV的面积尽量缩小。

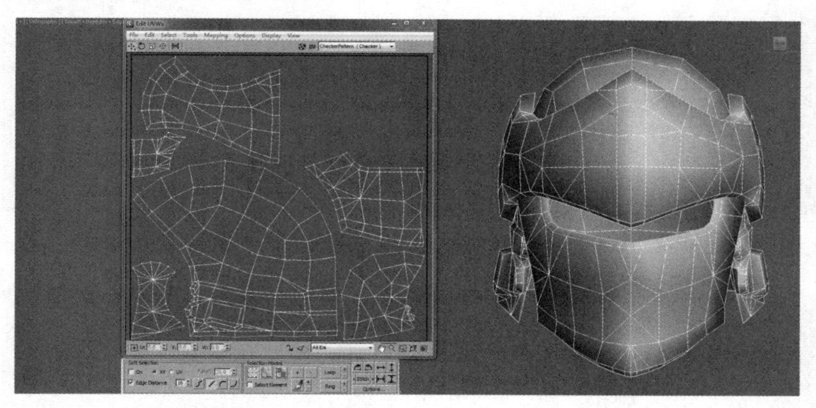

· 图8-43｜头盔模型UV分展

然后对衣领模型、躯干以及上臂处的衣服和铠甲模型的UV进行分展（见图8-44）。躯干上的铠甲模型后期要添加金属板甲贴图，为了让金属的质感及其表面的划痕纹理更加自然，可以不采用左右对称分展UV的方法，而是将躯干上的衣服和铠甲模型的UV按照正面和背面进行分展。衣领模型UV单独进行平展，上臂处的衣服模型的UV只平展一侧即可。

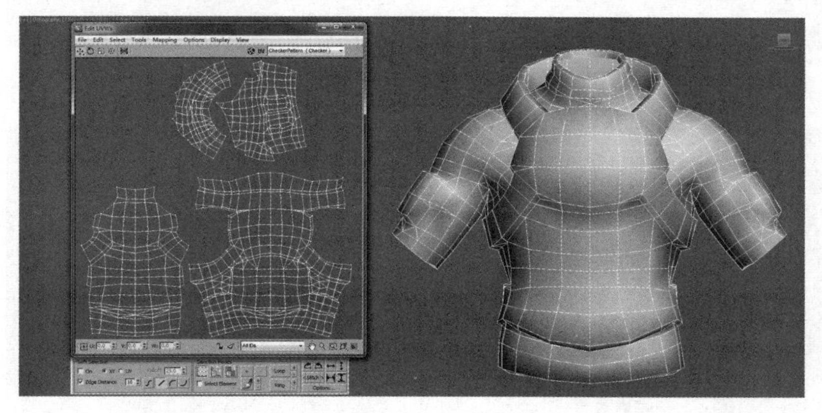

· 图8-44｜衣领模型、躯干以及上臂处的衣服与铠甲模型的UV分展

接下来对前臂、手部和肘部的衣服和铠甲模型的UV进行分展（见图8-45）。胯部、臀部及大腿上半部分的衣服模型由于材质不同要进行单独平展（见图8-46）。然后分展腿部其他部分（不含大腿最外层）、足部的铠甲模型的UV（见图8-47）。最后分展腰带以及大腿

最外层的铠甲模型的UV（见图8-48）。图8-49所示为角色道具模型的UV分展，只分展正面和背面中的一面即可。

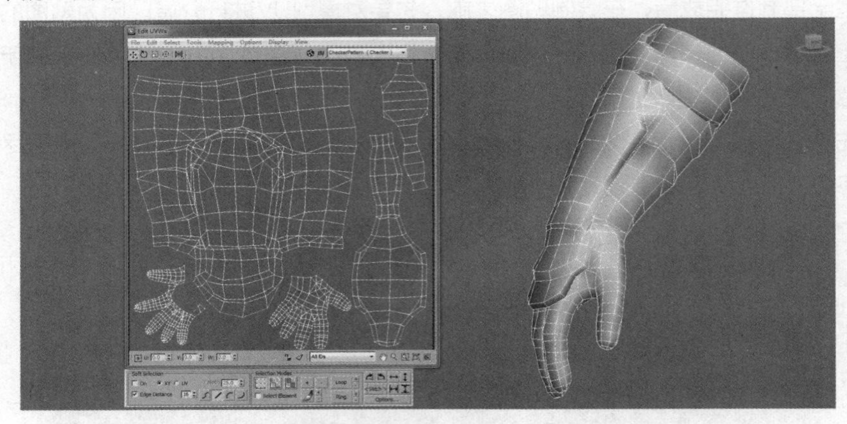

·图8-45｜前臂、手部和肘部的衣服和铠甲模型的UV分展

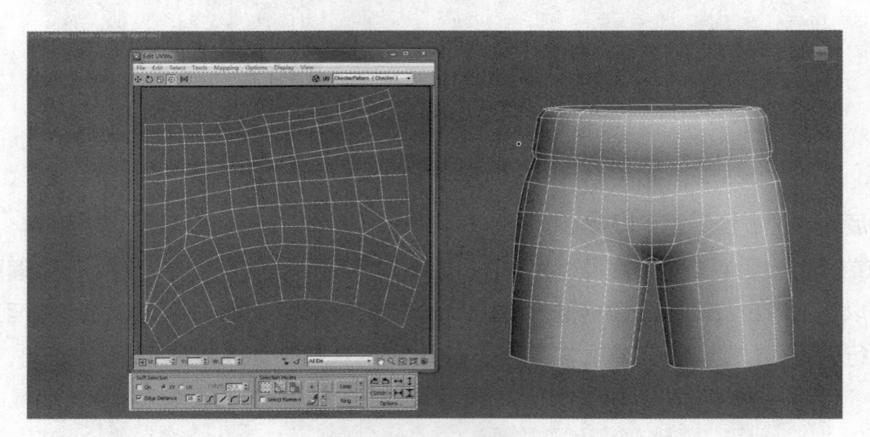

·图8-46｜胯部、臀部以及大腿上半部分衣服模型的UV平展

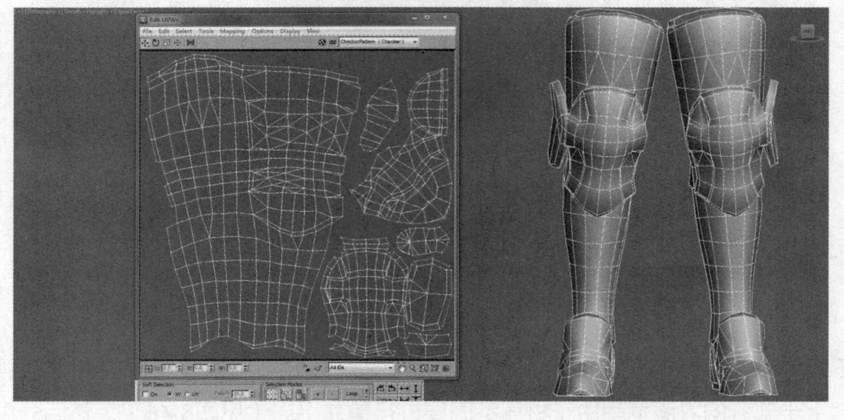

·图8-47｜腿部其他部分（不含大腿最外层）、足部的铠甲模型的UV分展

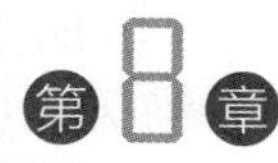

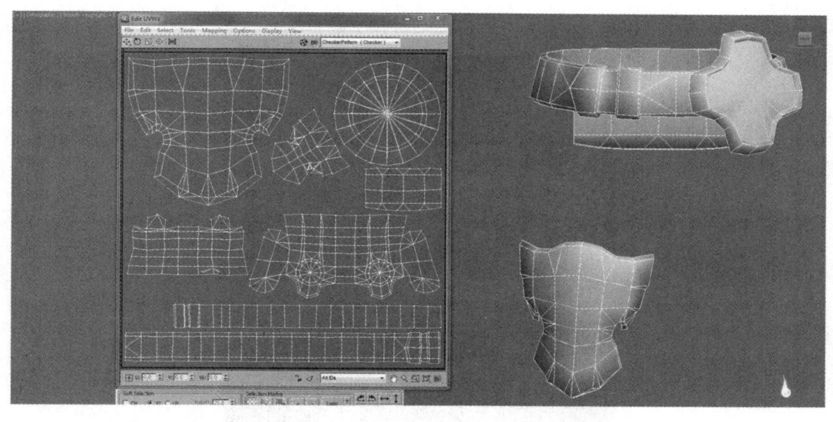

· 图8-48 | 腰带以及大腿最外层的铠甲模型的UV分展

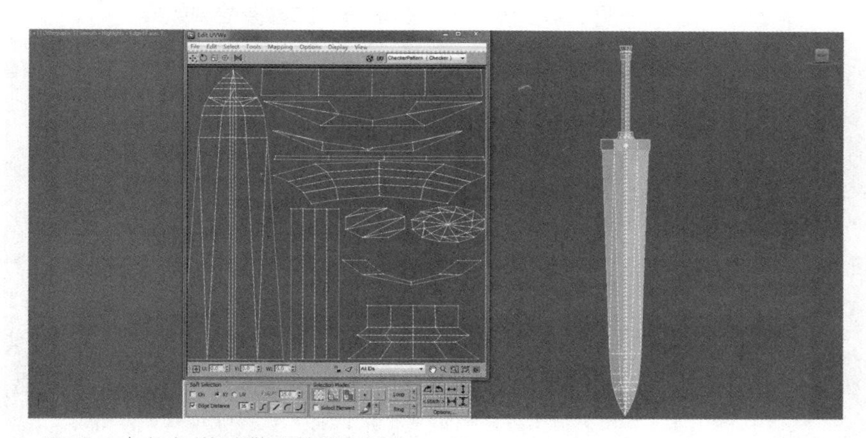

· 图8-49 | 角色道具模型的UV分展

模型UV拆分完成后，开始贴图的绘制。整个角色模型的材质主要分为三大类：金属、皮革和布料。需要按照原画设定图，将角色头盔、胸甲、肩甲、护手、护肘，以及腿部和足部铠甲等的贴图绘制出来，注意表现金属质感，同时进行做旧处理。腰带、前臂和腿部铠甲覆盖下的衣服为皮革材质，其余衣服为布料材质。

贴图的绘制分为以下几个步骤：首先将UV网格导入Photoshop，新建图层，按照UV网格的区域绘制底色；然后绘制贴图的明暗区域，打造立体感；接下来在UV网格边缘以及结构转折处勾勒暗色边线，提亮贴图的高光区域，注意对光泽度的把握（皮革的反光度不能超过金属，布料的反光度最低，但金属部分由于要进行旧处理也不宜具有过高的反光度）；最后叠加划痕等纹理图片对金属部分进行做旧处理，增强贴图的真实感，丰富贴图的细节。图8-50所示为角色模型躯干部分的贴图绘制效果，对于其他贴图的绘制效果，读者可以参考本书素材中的实例制作文件。

贴图绘制完成后，将其添加到模型上，图8-51所示为模型添加贴图后的效果。如果想要制作细节更加丰富的模型或者次世代游戏角色模型，可以添加法线和高光贴图，增强模型的质感，丰富模型的细节，渲染后的效果如图8-52所示。

・图8-50｜角色模型躯干部分的贴图绘制效果

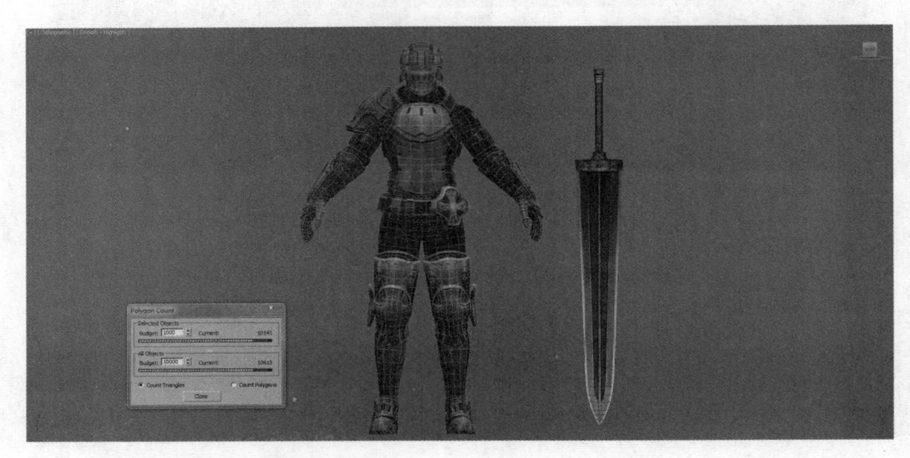

・图8-51｜为模型添加贴图的效果

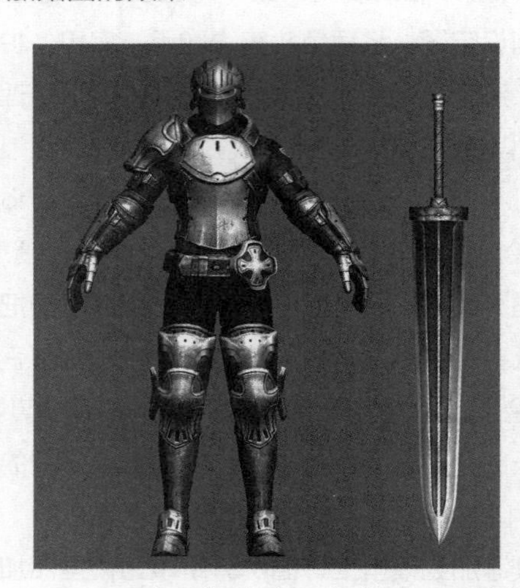

・图8-52｜添加法线和高光贴图后的模型渲染效果

8.3 | 项目总结

本章主要针对3D动漫中写实风格角色模型进行制作，在实际的动漫项目中，除了本章中的介绍，还会有具有各种外形的写实风格角色模型，大家应根据不同动漫项目的要求进行制作。下面针对本章内容做简单总结。

（1）要根据原画设定图中绘制的角色掌握其基本的外形特征。

（2）要善于利用基础的几何体模型进行角色部位建模。

（3）建模时，可以按照由简到繁的步骤来布线，要把握整体与细节的处理，在适当范围内用更多的模型面来表现角色服装和道具的细节。

（4）分展模型的UV时，要尽量充分地利用UV框的空间，模型主体结构的UV要尽量充分平展，而其他次要结构的UV则要尽量缩减面积。

8.4 | 项目拓展

在本章的项目拓展中要求制作一个穿着中式铠甲的写实风格角色模型。图8-53所示为该角色的原画设定图，同样可以按照头部、躯干和四肢的结构顺序来进行制作。下面是制作的基本步骤。

（1）制作头盔模型。

（2）制作面部模型。

（3）制作躯干部分的模型。

（4）制作腰部和胯部的模型。

（5）制作角色道具模型。

（6）制作四肢部分的模型。

（7）制作肩甲模型。

（8）合理分展模型UV。

（9）根据相应的模型UV绘制贴图。

· 图8-53 | 角色原画设定图

第9章

动漫项目实例——幻想风格角色模型制作

知识目标：

- 了解幻想风格角色模型的概念和特点；
- 掌握常见幻想风格角色模型的创建方法；
- 掌握正确的模型UV分展方式和基本的模型贴图绘制方式。

能力目标：

- 能够熟练运用三维制作软件进行基础建模；
- 能够正确进行模型结构的布线，适当增加模型面数；
- 能够合理分展模型UV，并绘制模型贴图。

素养目标：

- 培养想象力，以应对各种动漫项目对幻想风格角色模型的制作要求。

9.1 | 项目分析

本章要制作幻想风格的角色模型。所谓幻想风格是针对写实风格而言的。写实风格角色的形象通常是现实世界中真实存在的生物形象，而幻想风格角色的形象则是以现实生物形象为基础，通过想象力创造设计出的非现实生物形象。幻想风格角色在动漫作品中十分常见。

图9-1所示为角色原画设定图。从图9-1中可以看到，这是一个人形角色，但除了具有头部、颈部、躯干和四肢等基本人体结构特征外，角色的身体结构都非现实生活中的人体结构。角色身上多处覆有羽毛，头上长有羽翼，背部有两对巨大的翅膀，手部为锋利的爪子，腿部长满尖锐的鳞片。图9-1所示的角色是对人类与鸟类进行融合化设计的结果，这类角色也是幻想风格角色的一种基本类型。

· 图9-1 | 动漫作品中的幻想风格角色原画设定图

图9-2所示为角色模型的最终渲染效果图。该角色的设计与图9-1所示的角色的设计有相似之处，都是将人体与鸟类进行融合化设计。角色整体的形态模拟了人类的站立姿势，除了躯干、大腿和手臂接近于人体结构外，其他身体结构都进行了融合化设计：小腿模拟鸟类下肢的结构、手部只有4根手指且长有锐利的指甲、足部为鸟类的爪子，头顶长有细长的羽毛，背部有3对翅膀，除此以外，全身大部分还覆盖着金属铠甲。

· 图9-2 | 本实例制作的角色模型的最终渲染效果图

在分析了基本的身体结构后，下面简单介绍一下此角色模型的制作流程：首先制作角色的身体模型，包括头部、颈部、躯干和四肢的模型；然后制作铠甲模型，包括肩甲、臂甲和腿甲等的模型；最后利用Plane模型制作背后的翅膀、腰上悬挂的羽毛装饰及其他后期要添加Alpha贴图的面片结构等。

微课视频

幻想风格角色模型制作

9.2 | 项目实施

9.2.1 主体模型制作

首先制作出角色的头部模型（见图9-3）。利用Box模型和Edit Poly命令制作，除了眼部和嘴部轮廓，其他结构尽量简单制作，节省模型面数，后期通过贴图来进行细节表现。然后沿着颈部往下，制作出躯干模型（见图9-4），这里可以先留出肩膀的位置，注意整体的布线规律和技巧。另外，由于角色的对称性特征，这里仍然只制作一侧的模型，另一侧通过Symmetry修改器镜像复制出即可。

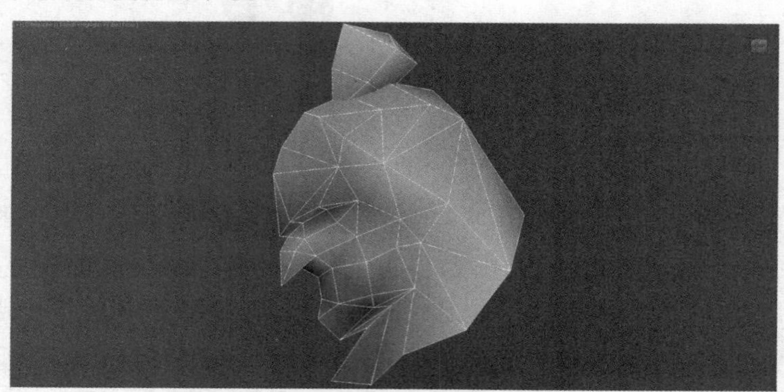

· 图9-3 | 制作头部模型

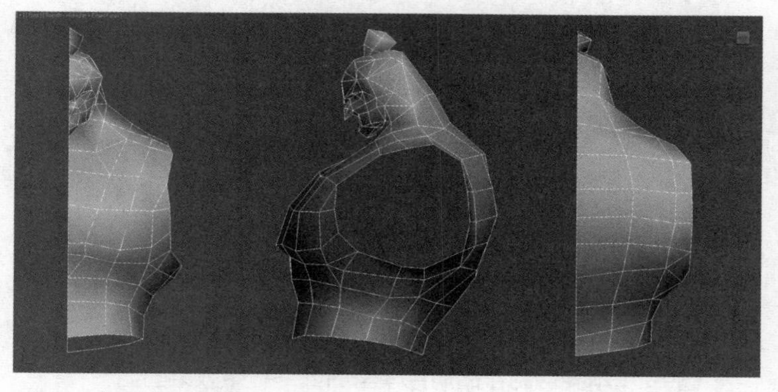

· 图9-4 | 制作躯干模型

接下来制作出肩膀模型（见图9-5）。因为角色整体健硕，所以整个上半身呈倒三角的形态，而肩膀更是非常粗大。沿着肩膀向下制作上臂模型（见图9-6），然后制作肘关节和前臂模型（见图9-7），最后制作手部模型（见图9-8）。手部的基本结构跟人体相同，只是少一根手指；另外指关节末端的顶点需要焊接，以形成锐利的爪子结构。

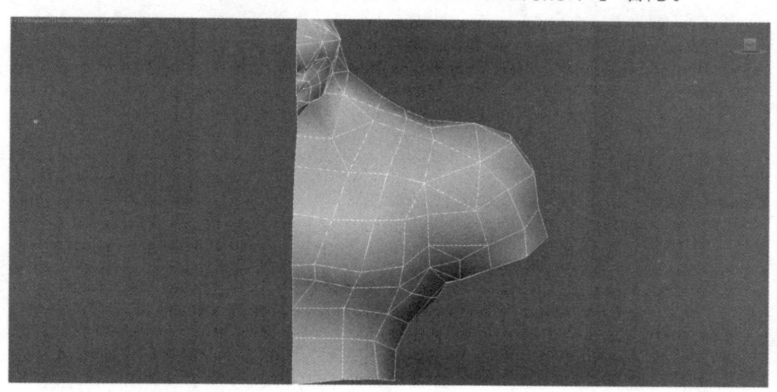

· 图9-5 | 制作肩膀模型

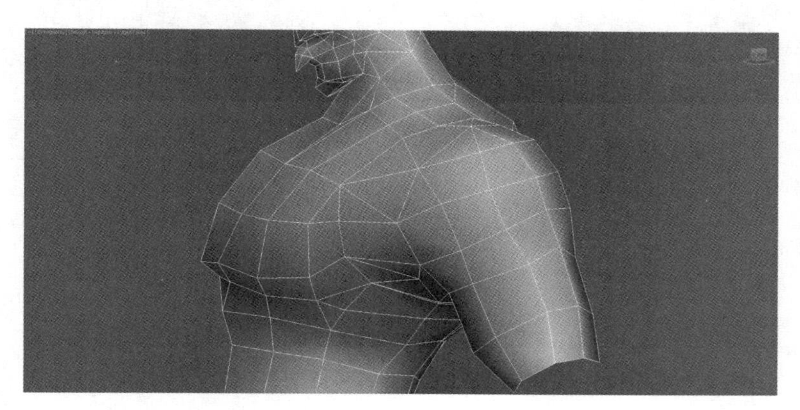

· 图9-6 | 制作上臂模型

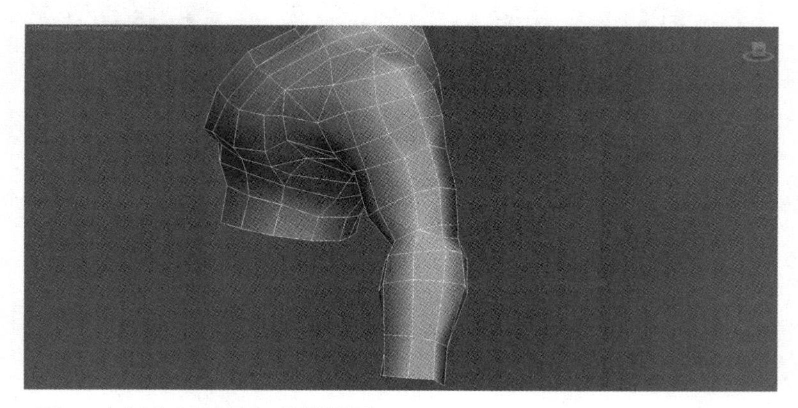

· 图9-7 | 制作肘关节和前臂模型

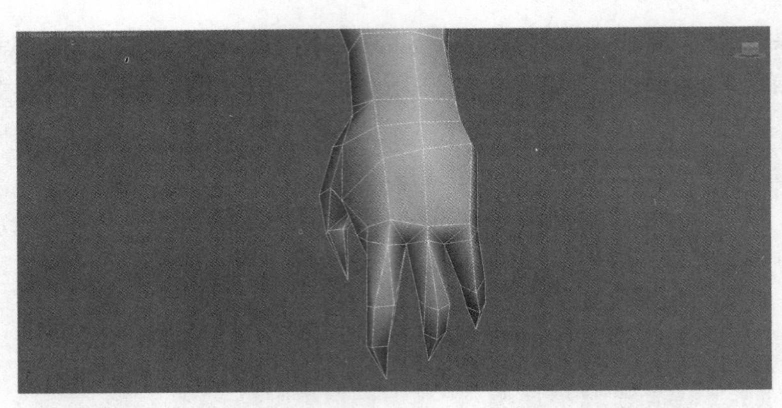

· 图9-8 | 制作手部模型

接下来在颈部周围进行切割布线。利用“Polygon”层级下的“Extrude”命令，制作出类似于衣领的模型，将其作为胸甲的一部分（见图9-9）。然后在胸前进行切割布线，利用“Extrude”“Chamfer”等命令制作出胸甲前方的装饰模型，如图9-10所示。

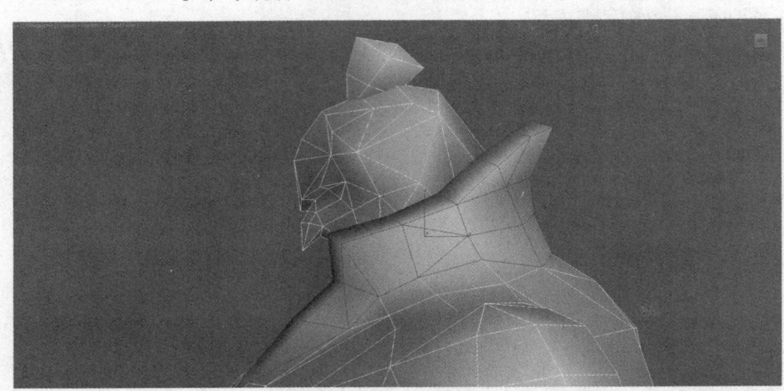

· 图9-9 | 制作胸甲领部模型

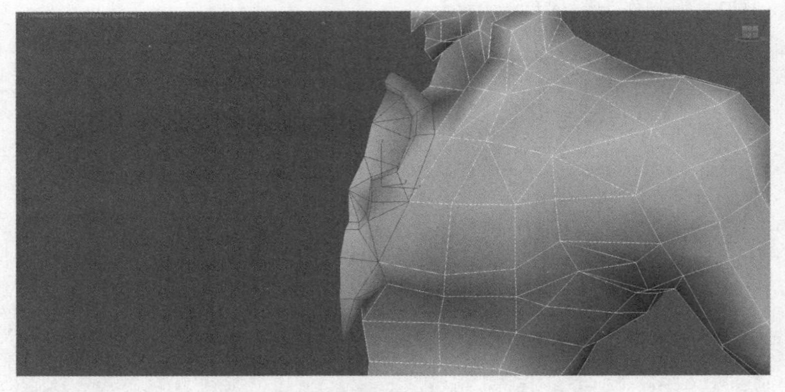

· 图9-10 | 制作胸甲前方的装饰模型

然后制作出胯部模型（见图9-11），为了下一步制作胯部的铠甲，这里要制作出有一定厚度的结构。然后向下制作出大腿和小腿的模型（见图9-12、图9-13），要注意膝关节的布线方式，在节省模型面的前提下考虑到后期的骨骼绑定和动作调节，其次小腿模拟的是鸟类下肢的结构，与人体结构不同。最后制作足部模型，足部类似于鸟类爪子的结构（见图9-14）。这样整个角色主体模型的一侧就制作完成了，效果如图9-15所示。

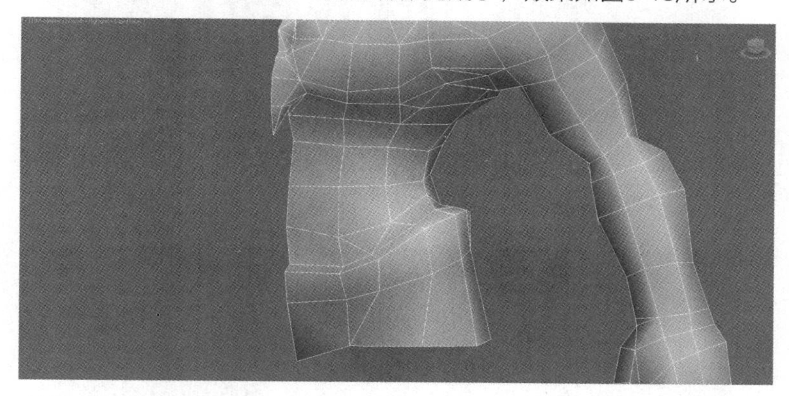

· 图9-11｜制作胯部模型

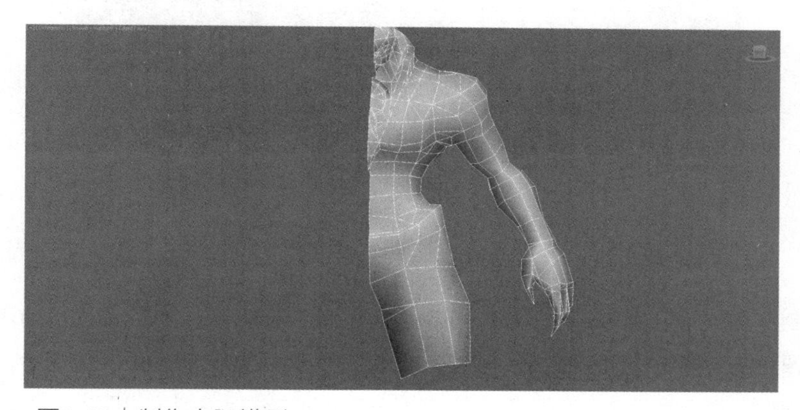

· 图9-12｜制作大腿模型

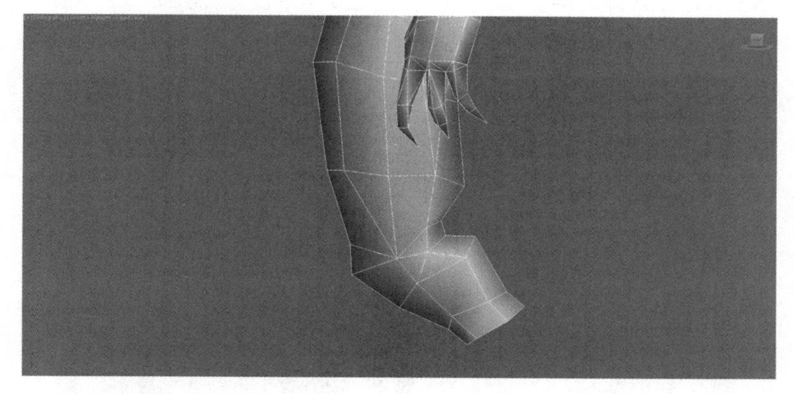

· 图9-13｜制作小腿模型

· 图9-14 | 制作足部模型

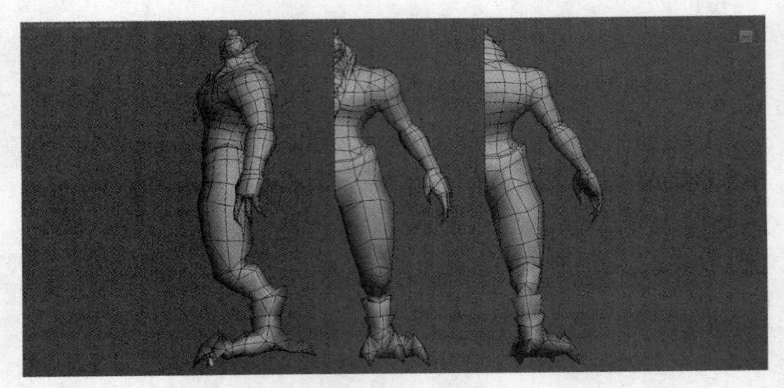

· 图9-15 | 角色主体模型一侧的整体效果

9.2.2 装饰模型制作

首先制作角色所穿戴的铠甲模型。先来制作胯部及腿部的铠甲模型，对之前在胯部制作的有一定厚度的结构进行切割布线，在“Polygon”层级下执行“Extrude”命令，制作出胯部的铠甲模型。然后利用Box模型编辑制作出腿部侧面的铠甲模型（见图9-16），并将腿部侧面的铠甲模型向下延伸制作（见图9-17）。图9-18所示为胯部和腿部铠甲模型的整体效果。

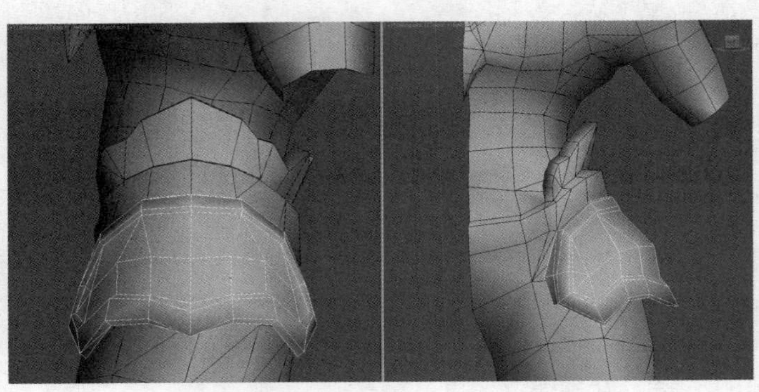

· 图9-16 | 制作腿部侧面的铠甲模型

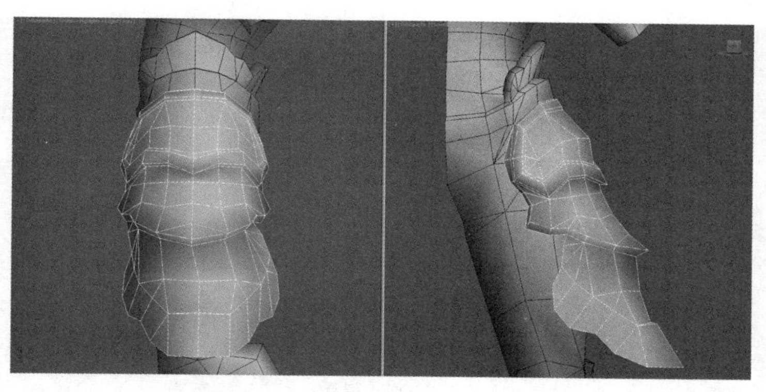

・图9-17｜向下延伸制作腿部侧面的铠甲模型

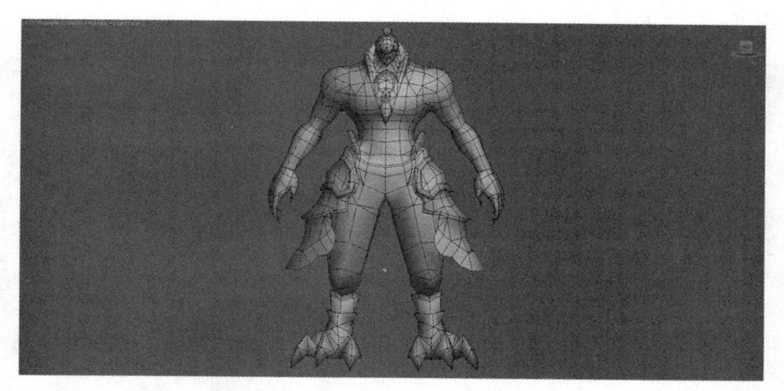

・图9-18｜胯部和腿部铠甲模型的整体效果

接下来利用Plane模型和Edit Poly命令制作出肩甲模型（见图9-19），因为肩甲为前后对称的结构，所以只需要制作一侧，另一侧镜像复制出即可。将肩甲模型放置在角色肩膀处并进行调整，同时制作出肩甲下方的面片结构（见图9-20），这是为了便于后期添加Alpha贴图。同样利用对称制作的方法，制作出角色前臂处的臂甲模型（见图9-21）。图9-22所示为角色铠甲模型制作完成后的效果。

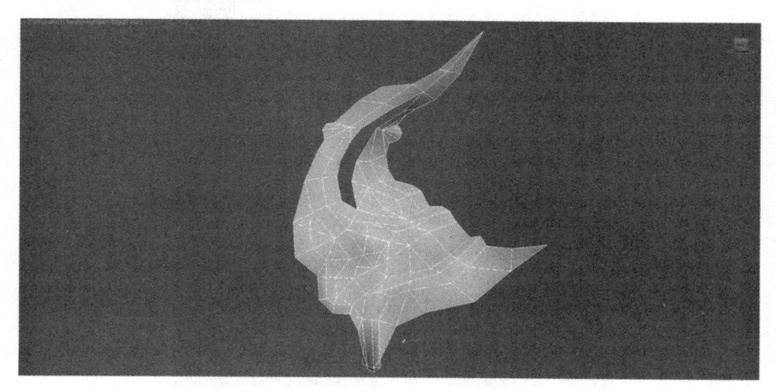

・图9-19｜制作肩甲模型

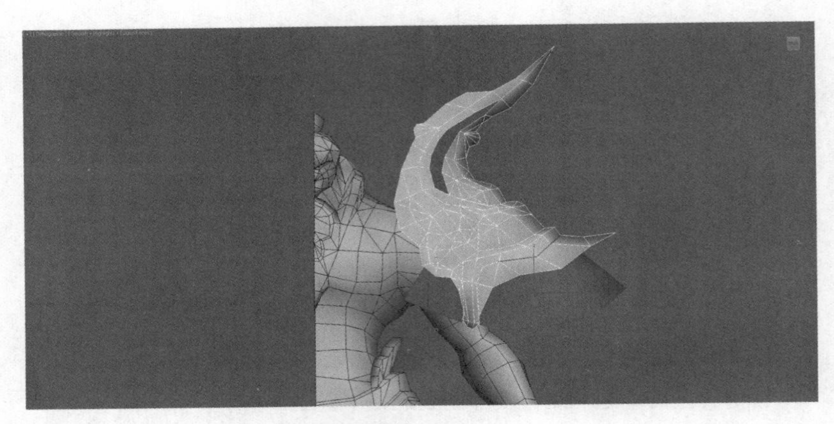

· 图9-20 | 制作肩甲下方的面片结构

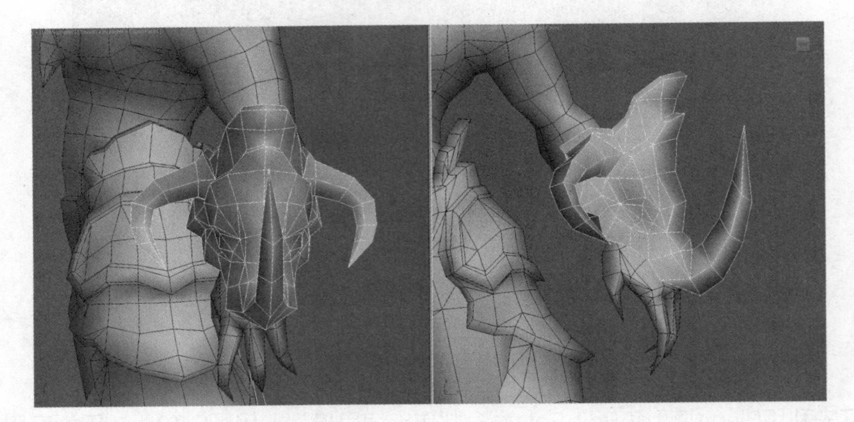

· 图9-21 | 制作臂甲模型

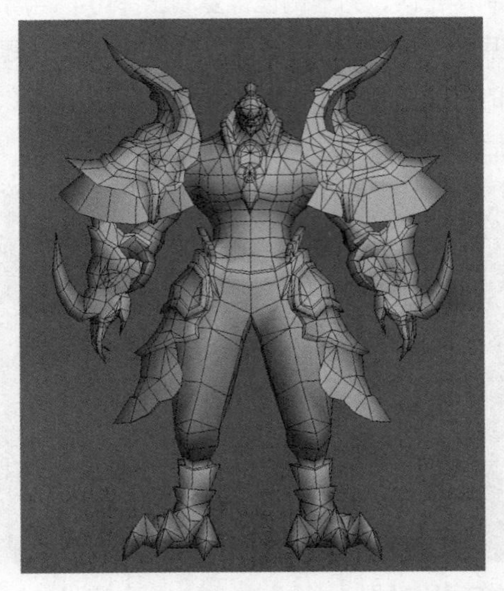

· 图9-22 | 角色铠甲模型制作完成后的效果

接下来制作角色的翅膀模型。在视图中利用Plane模型制作出3个不同形态的翅膀模型（见图9-23），然后将3个翅膀模型进行组合，形成一侧的完整翅膀模型（见图9-24），另一侧的翅膀模型可以通过镜像复制得到。

· 图9-23｜制作3个不同形态翅膀模型

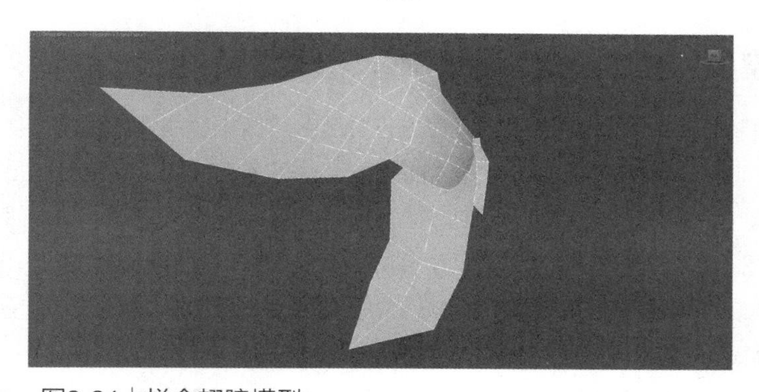

· 图9-24｜拼合翅膀模型

为了避免用Plane模型制作的翅膀模型缺少体量感，要在翅膀的顶部正面制作出一个有厚度的结构（见图9-25）。最后制作出其他装饰模型，如头顶的羽毛、肩膀处的羽翼、头部装饰及腰间悬挂的装饰等。最终制作完成的角色模型效果如图9-26所示。整个角色模型所用多边形面数不到5000面，完全符合动漫项目中对于3D角色制作的要求。

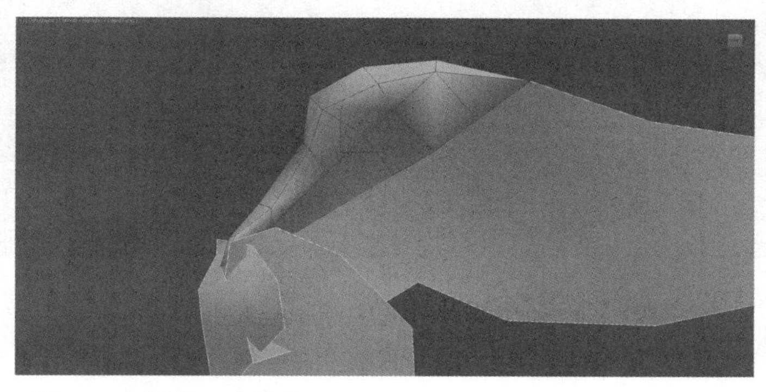

· 图9-25｜制作厚度结构

· 图9-26 | 模型完成的最终效果

9.2.3 模型UV分展及贴图绘制

角色模型制作完成后，先要对模型UV进行分展。可以根据角色的模型结构将UV分展到几张贴图上，但仍然要尽可能地减少贴图的张数。对于本实例制作的角色模型，我们将UV拆分为3部分。第一部分主要是角色主体模型UV，包括头部、颈部、躯干、四肢以及腿甲模型的UV（见图9-27）。第二部分主要是角色的身体铠甲及附属装饰模型UV，包括肩甲、臂甲及各种附属装饰等模型的UV（见图9-28）。因为角色的翅膀体积比较大，所以第三部分为角色的翅膀模型UV（见图9-29）。

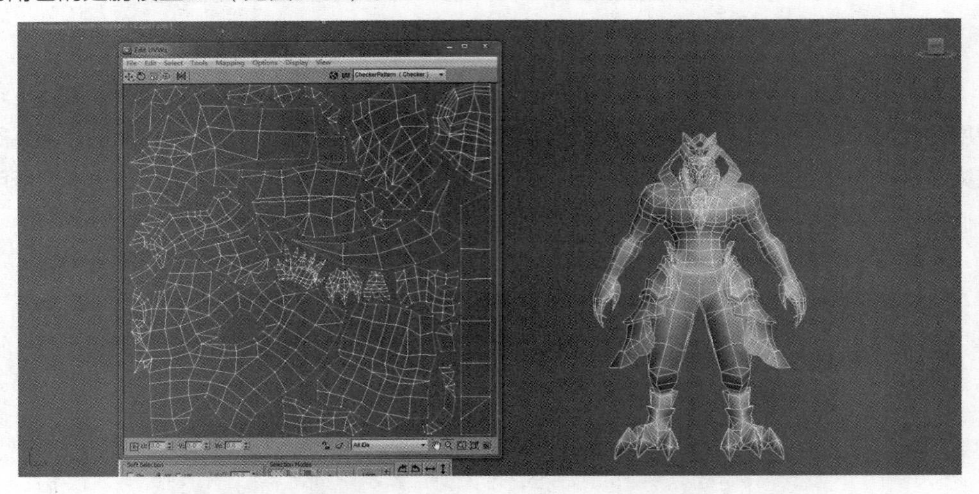

· 图9-27 | 角色主体模型UV分展

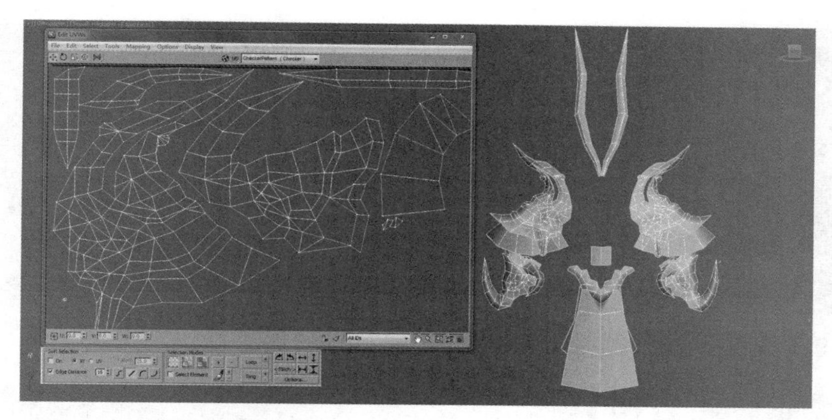

・图9-28｜铠甲及附属装饰模型UV分展

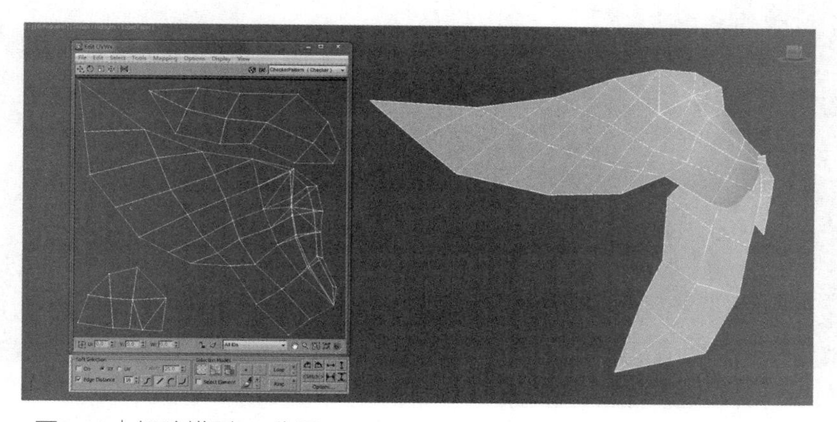

・图9-29｜翅膀模型UV分展

模型UV分展完成后，开始绘制贴图。本章中的模型贴图主要有两方面的作用：一是表现角色所穿戴的铠甲的金属质感（见图9-30），二是表现角色背后及铠甲装饰的翅膀。其中，翅膀边缘的羽毛效果是利用Alpha贴图来制作的，具体原理见图9-31。为模型添加贴图后的效果如图9-32所示。

・图9-30｜铠甲贴图的绘制效果

· 图9-31 | 利用Alpha贴图制作翅膀边缘的羽毛效果的原理

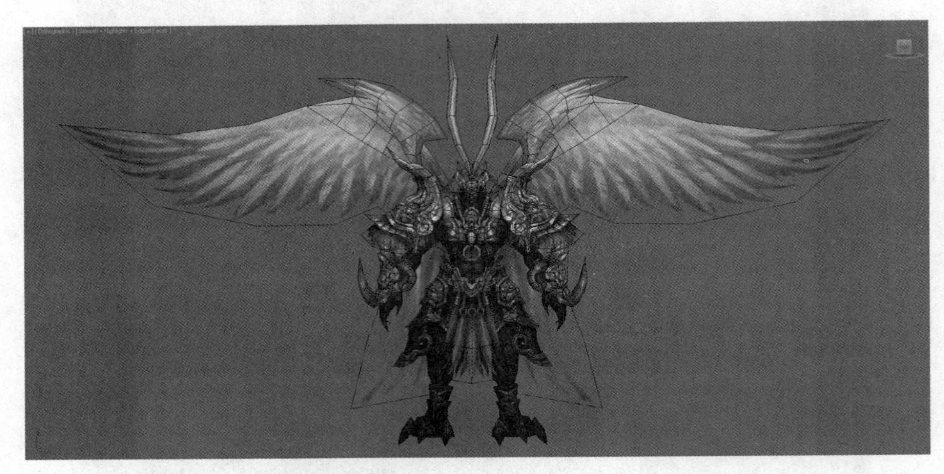

· 图9-32 | 为模型添加贴图后的效果

9.3 | 项目总结

本章主要针对幻想风格角色模型进行实例制作，在实际的动漫项目中，除了本章中的介绍，还会有具有各种外形的幻想风格角色模型，大家应根据不同项目的需求进行制作。下面针对本章内容做简单总结。

（1）要根据原画设定图中绘制的角色掌握其基本的外形特征。

（2）首先制作角色的主体模型，再制作装饰模型。

（3）建模时，可以按照由简到繁的步骤来布线，要把握整体与细节的处理，角色铠甲部分适当用更多的模型面数来表现。

（4）分展模型UV时，要尽量充分地利用UV框的空间，铠甲等面积较大的结构包含的细节更多，其UV要尽量充分平展，而其他次要结构的UV则要尽量缩减面积。

9.4 | 项目拓展

在本章的项目拓展中要求制作一个幻想风格的怪物角色模型。图9-33所示为该怪物角色的原画设定图，同样可以按照头部、颈部、躯干和四肢的结构顺序来进行制作。下面是制作的基本步骤。

（1）制作头部、颈部模型。

（2）制作头部犄角的模型。

（3）制作躯干模型。

（4）制作手臂和腿部模型。

（5）制作手脚处的爪子模型。

（6）制作尾巴模型。

（7）制作背部突刺模型。

（8）合理分展模型UV。

（9）根据相应的模型UV绘制贴图。

· 图9-33 | 角色原画设定图

第10章

动漫项目实例——机械类角色模型制作

知识目标：

- 了解机械类角色模型的概念和特点；
- 掌握常见机械类角色模型的创建方法；
- 掌握正确的模型UV分展方式和基本的模型贴图绘制方法。

能力目标：

- 能够熟练运用三维制作软件进行基础建模；
- 能够尽量用高精度模型表现所有结构；
- 能够合理分展模型UV，并绘制模型贴图。

素养目标：

- 培养敏锐的观察能力，提高学用致用的能力，以应对各种动漫项目对机械类角色模型的制作要求。

10.1 | 项目分析

前面几章分别讲解了角色模型、动物模型、写实风格角色模型及幻想风格角色模型的制作方法。以上讲到的这些生物体模型都属于软体模型的范畴，也就是它们能够根据自身结构的特点发生形变。除此以外，还有一类模型称为硬体模型，这类模型的结构坚硬，每一块独立的模型自身不能进行形变而产生运动。本章将要讲的机械类角色模型就属于硬体模型。

10.1.1 机械类角色

所谓机械类角色，是指3D动漫或游戏作品中利用机械结构和部件组合而成的角色类型。在三维制作领域，常见的机械类角色主要有三大类：人形机械角色、非人形机械角色及半生物机械角色。下面分别进行介绍。

1. 人形机械角色

人形机械角色是指模仿人体比例和外形，利用机械结构组成的角色类型，例如变形金刚、高达以及本实例中制作的“钢铁侠”都属于人形机械角色。图10-1所示为电影中的机械角色。它就是典型的人形机械角色，角色整体虽然是由汽车的机械部件构成的，但整个角色的形体比例和身体结构都模仿了人体形态，其头部、颈部、躯干、四肢都是仿照人体结构进行设计和制作的，这也是人形机械角色的基本特征。

· 图10-1 | 机械类角色

除了形体结构，人形机械角色的运动方式也与人体基本相同。在实际制作中，角色模型制作完成后，需要对人形机械角色模型进行骨骼绑定，这可以通过利用3ds Max中的Bipe骨骼系统实现（见图10-2），甚至无须进行过多的手动修整。这种与人体相近的骨骼系统也是人形机械角色的重要特征。

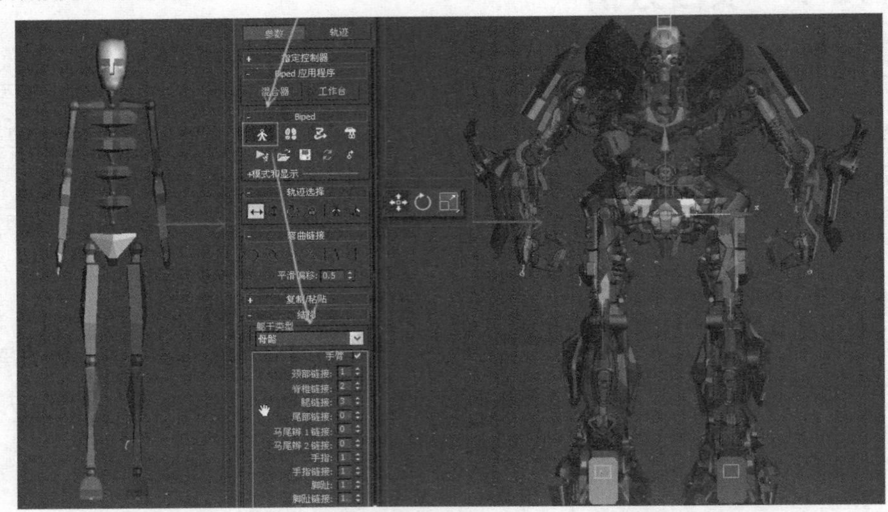

· 图10-2 | 利用Bipe骨骼系统对人形机械角色模型进行骨骼绑定

虽然人形机械角色模型和人体模型有众多相似之处，但由于分属两大不同的模型类型，两者也存在本质的区别。人体模型属于软体模型，在绑定骨骼后模型结构本身可以发生由运动带来的弯曲、扭曲等正常范围之内的形变；而人形机械角色模型属于硬体模型，就不能出现这种类似的形变。同时，人形机械角色模型在进行骨骼绑定的时候，必须要将骨骼关节匹配在模型的转折部件中心点上，然后将其他身体部件全部以刚体模式绑定在相应的骨骼上，如图10-3所示；也可以不利用骨骼系统作为其驱动方式，而采用子父关系连接和运动约束的方式来实现其运动，并进行动作调节。

· 图10-3 | 人形机械角色模型的骨骼绑定方式

2. 非人形机械角色

非人形机械角色是相对于人形机械角色而言的，是指那些没有按照人体结构设计和制作的由机械结构构成的角色。非人形机械角色主要包含两类。第一类是指现实广义上的机器人，从整体来看更像“机器”而非“人”，如图10-4所示。这类角色整体由机械部件组合构成，虽然有头部、手臂以及躯干的功能区分，但每个部分都与人体结构相差甚远。第二类则是仿照动物的形态结构设计和制作的，也可以称为仿生机械角色，如图10-5所示的机械蝎子。虽然这类角色整体由非常具象的机械部件构成，但无论是身体比例，还是整体结构、形态以及运动方式都是模仿现实世界中的蝎子进行设计和制作的。

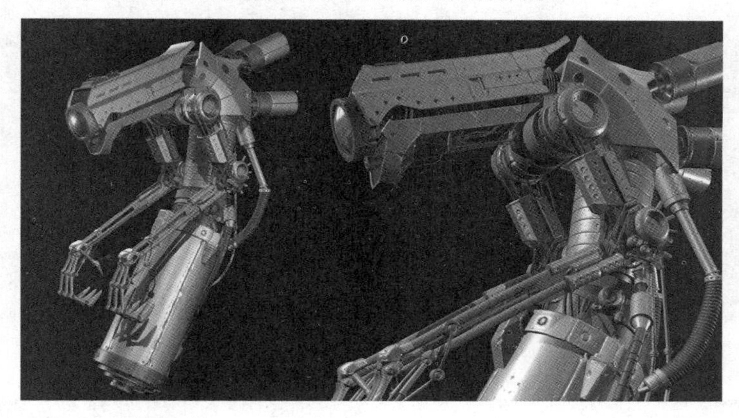

· 图10-4｜机器人

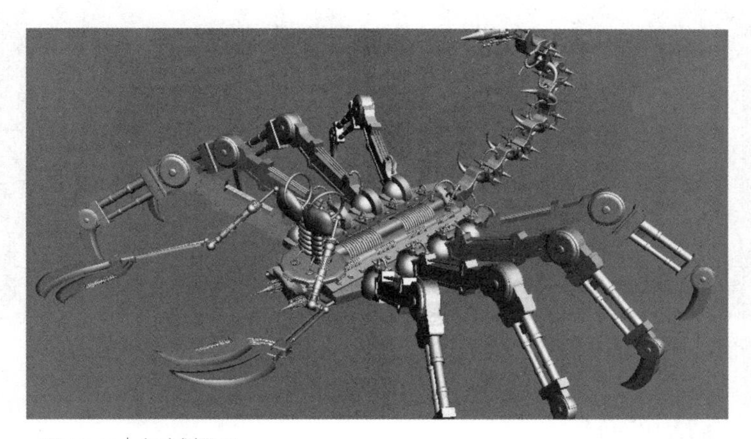

· 图10-5｜机械蝎子

3. 半生物机械角色

半生物机械角色基于对生物与机械的混合设计和制作，既有生物的特征，也有机械的特征。这种角色类似于第9章中讲过的幻想风格角色，两者都是通过对现实素材进行想象和加工而创造出来的。

图10-6所示为一种半生物机械角色，角色本体是人体形象，但除了头部、部分躯干和手臂，身体其他部分都被机械结构覆盖。这类角色的设计和制作与穿戴盔甲的角色有所不同，机械结构与人体结构必须有衔接关系，而不是将机械结构简单地放置在角色表面之上。图10-7所示的角色手臂部分就属于机械结构与人体结构的衔接，而图10-8所示的则只是该生物角色穿戴了机械盔甲。

・图10-6｜半生物机械角色

・图10-7｜机械结构与人体结构的衔接

・图10-8｜生物角色穿着机械盔甲

10.1.2 高精度模型

高精度模型一般包含的多边形面数非常多，通常用于影视及动画的制作，而低精度模型由于多边形面数较少通常用于游戏制作。但实际上，高精度模型相对于低精度模型而言，其区别并不仅仅表现在模型面数上。现在由于游戏平台的发展，一些游戏中的角色模型面数也能高达10万面。目前的游戏角色模型示例如图10-9所示。所以单凭模型面数来区别高精度模型和低精度模型并不是绝对准确的。

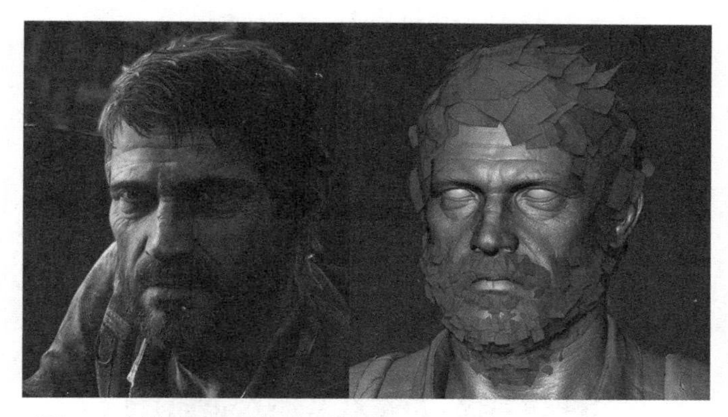

・图10-9｜游戏角色模型示例

高精度模型与低精度模型最大的不同，其实在于模型的制作流程和方法。虽然高精度模型和低精度模型都是利用三维软件中的Edit Poly命令制作出来的，但低精度模型在编辑制作完成后就变成了“成品”的状态，后面可以直接导入游戏引擎进行应用；而高精度模型在进行了多边形编辑后，还必须对模型整体添加Smooth命令，对模型整体进行更加精细的处理，这样最后通过渲染器渲染出来的图像效果才符合影视级别的要求。添加Smooth命令后的模型网格精度如图10-10所示。

・图10-10｜添加Smooth命令后的模型网格精度

模型添加了Smooth命令后，模型面数会成倍地增加，所以这样的模型只能用于影视和动画作品中，而不适合作为游戏角色模型。在影视和动画模型的制作中，虽然最终模型是通过渲染的方式来呈现的，可以不用像游戏角色模型的制作一样过多地考虑模型面数的问题，但也要考虑到在三维软件中进行视图操作时计算机硬件的负载。所以在实际制作中，对于高精度模型的制作，也要适当控制模型面数，尽量保证视图操作的流畅。对于模型中转折较大的结构，可以适当增加边线数和面数，保证添加Smooth命令后模型结构是正常的；而对于没有转折关系的平面，可以尽量减少多余的模型面，这样才能让制作出的模型面物尽其用，最终达到理想的模型效果。高精度模型的布线规律如图10-11所示。

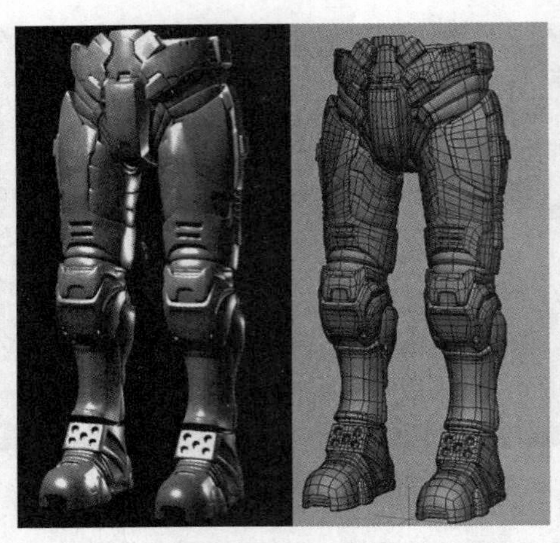

· 图10-11 | 高精度模型的布线规律

微课视频

机械类角色模型制作

10.2 | 项目实施

10.2.1 机甲模型制作

图10-12所示为机甲模型的原画设定图，从不同角度展示了该模型各个部分的结构和细节。该模型整体的制作流程与人体模型大致相同，仍可以按照头部、躯干和四肢的顺序来进行制作，制作过程中要特别注意模型棱角和结构转折处的处理，在这些地方增加布线数量和模型面数，以便后面为模型添加Smooth命令。因为这是一个机械类角色高精度模型，所以不能按照之前一体化模型的制作方式来制作，可以先制作出每一部分的模型，之后进行模型的整合和拼装。下面开始讲解实际的制作过程。

· 图10-12 | 机甲模型原画设定图

首先制作头部的模型。其实高精度模型是由低精度模型细化而来的，制作高精度模型时需要先制作基础模型，然后通过进一步布线来增加模型细节。在3ds Max视图中，可通过编辑多边形制作出头部的基础模型（见图10-13）。利用复合对象菜单中的布尔命令，通过减掉Cylinder模型制作出顶部的孔洞结构（见图10-14）。

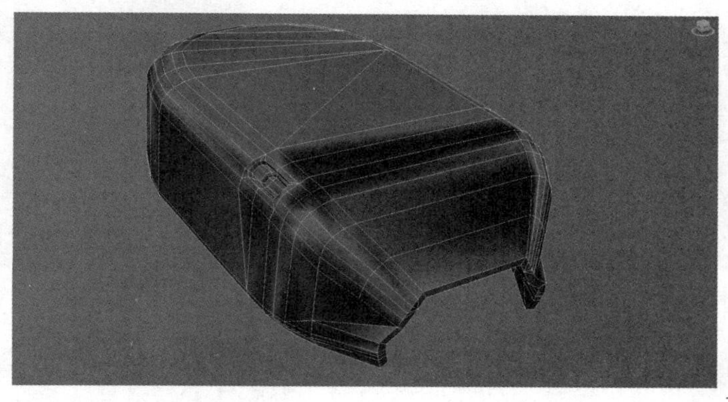

· 图10-13 | 制作头部的基础模型

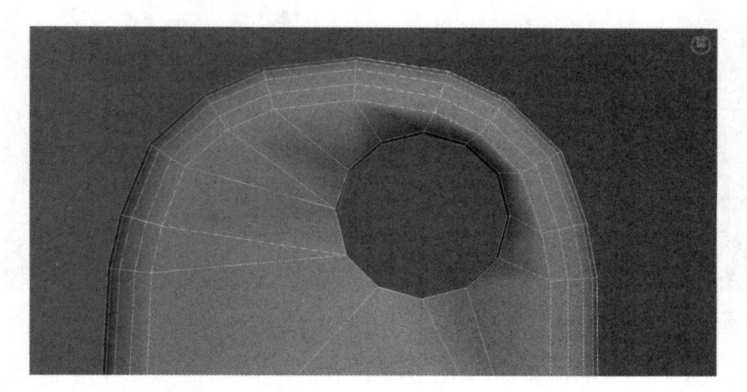

· 图10-14 | 制作孔洞结构

继续通过编辑多边形制作出头部底面的模型（见图10-15），之后制作出头部周围的机甲模型（见图10-16、图10-17）。

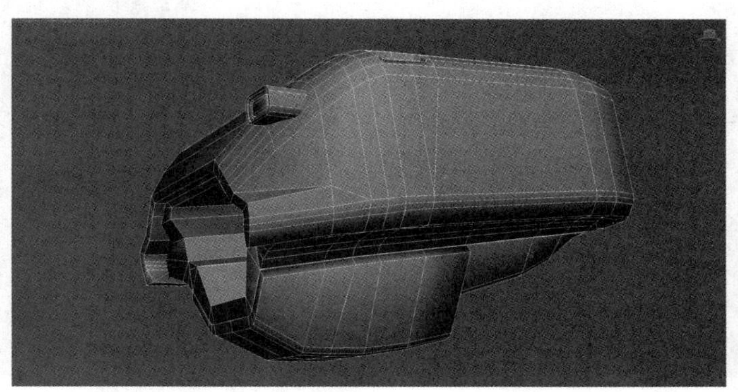

· 图10-15 | 制作头部底面的模型

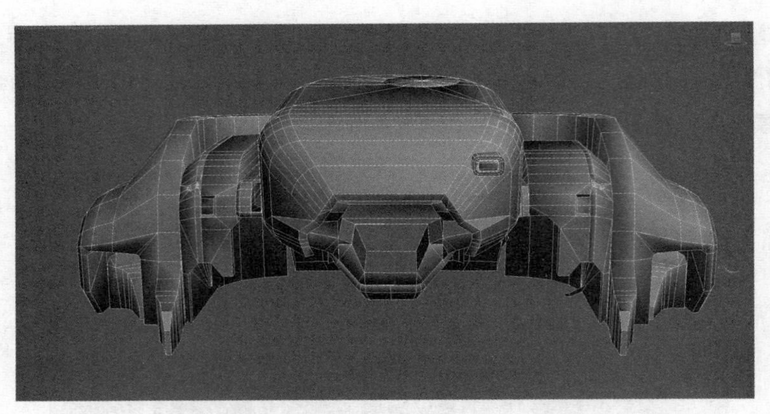

· 图10-16 | 制作头部周围的机甲模型（正面）

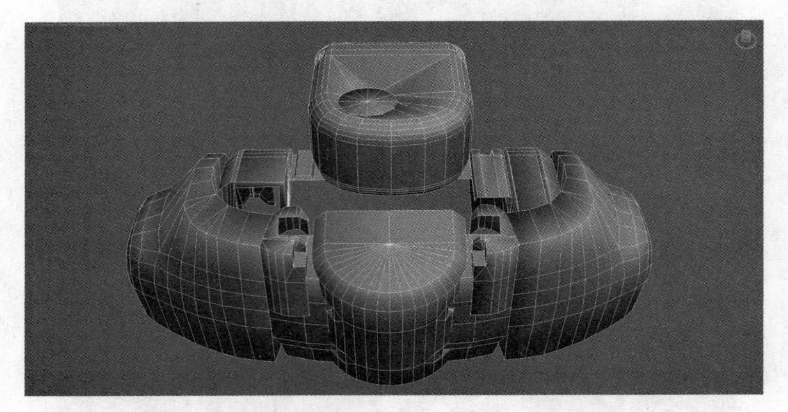

· 图10-17 | 制作头部周围的机甲模型（背面）

在头部模型中间的空间中制作出眼球模型以及周围的管线模型（见图10-18）。管线模型可通过编辑Cylinder模型制作，注意表现出该模型的复杂结构。制作出头部与周围机甲模型之间的连接结构（见图10-19）。

· 图10-18 | 制作眼球模型以及周围的管线模型

·图10-19｜制作头部与周围机甲模型之间的连接结构

最后制作头部下方背面的机甲模型，此处的模型主要用于跟躯干模型进行连接（见图10-20、图10-21）。

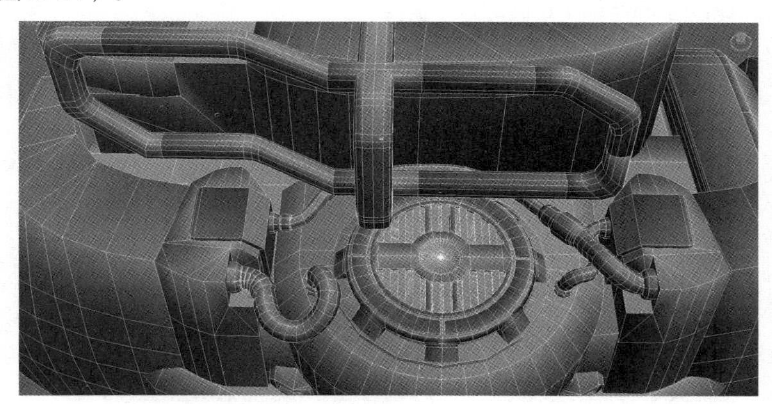

·图10-20｜头部下方背面的机甲模型

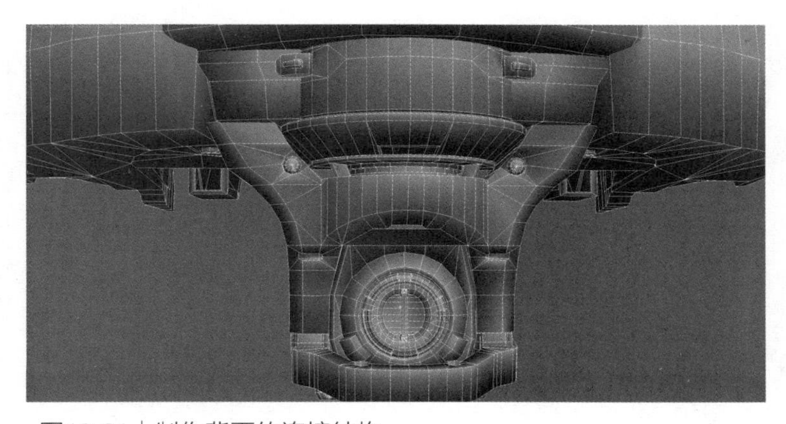

·图10-21｜制作背面的连接结构

头部模型制作完成后，接下来制作躯干部分。首先制作出躯干正面的机甲模型（见

图10-22）。之后延伸制作出躯干正面两侧的机甲模型的大致形态（见图10-23），通过编辑多边形深入刻画细节（见图10-24）。

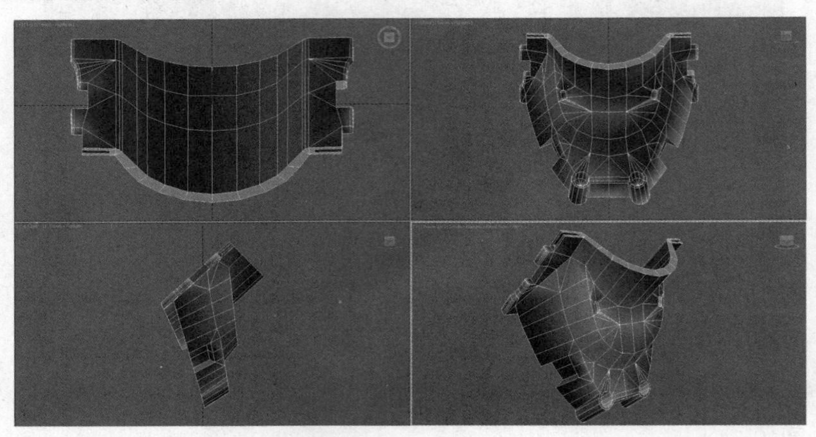

·图10-22｜制作躯干正面的机甲模型

·图10-23｜制作两侧机甲模型的大致形态

·图10-24｜深入刻画细节

在躯干两侧利用Cylinder模型制作出扩展的机甲模型（见图10-25），然后深入刻画躯干背面的模型细节（见图10-26）。

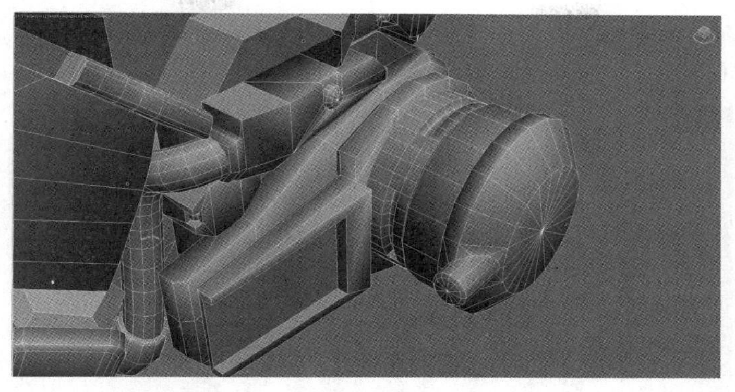

· 图10-25｜制作两侧扩展的机甲模型

· 图10-26｜深入刻画躯干背面的模型细节

接下来制作出躯干下方的机甲模型，这部分模型与人体模型的腰部、胯部相似，主要用来连接上方的躯干模型和下方的腿部模型（见图10-27）。

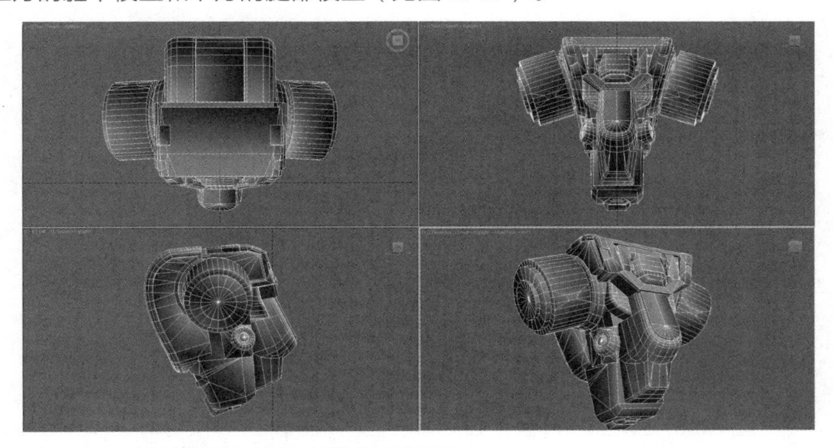

· 图10-27｜制作腰部、胯部的机甲模型

接下来制作上肢模型，由于是对称结构，只需要制作一侧的模型。利用Cylinder模型制作出肩部模型（见图10-28），然后向下延伸制作出上臂模型（见图10-29），为上臂模型增加细节（见图10-30）。

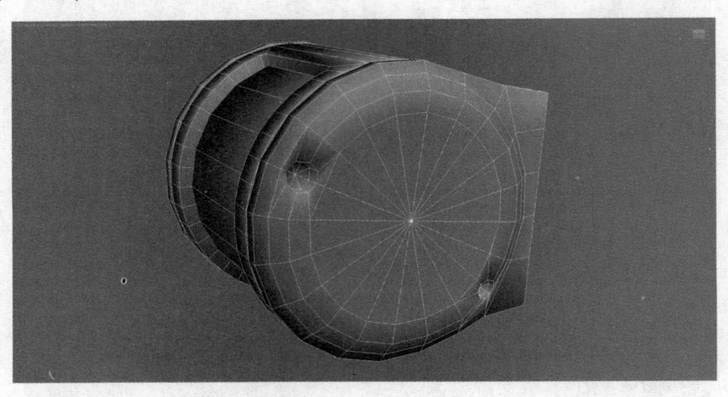

・图10-28｜制作肩部模型

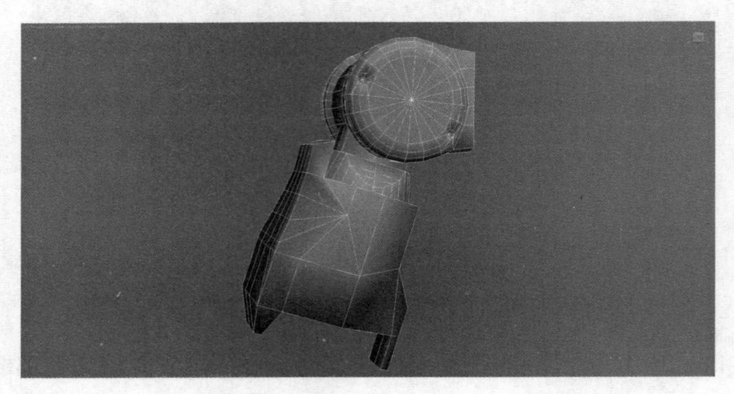

・图10-29｜制作上臂模型

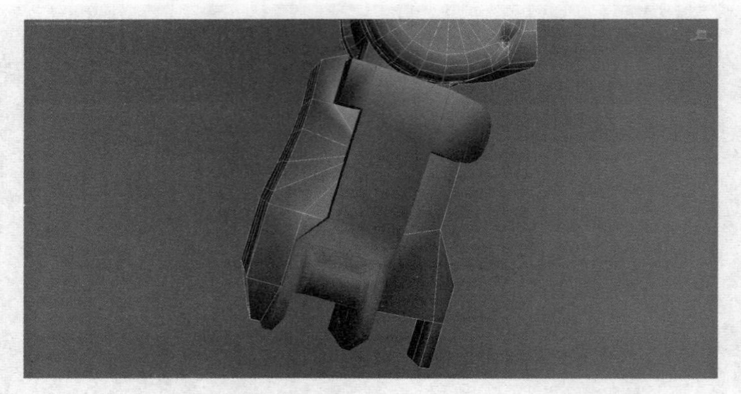

・图10-30｜增加上臂模型细节

接下来在上臂模型的内凹结构中制作出上臂与前臂的连接结构（见图10-31），然后制作出前臂模型（见图10-32），这主要是利用Cylinder模型进行制作的。继续向下制作出手部模型（见图10-33），这里要注意手指关节的连接结构，这些连接结构都是后期需要进行骨骼绑定的结构。

· 图10-31 | 制作上臂与前臂的连接结构

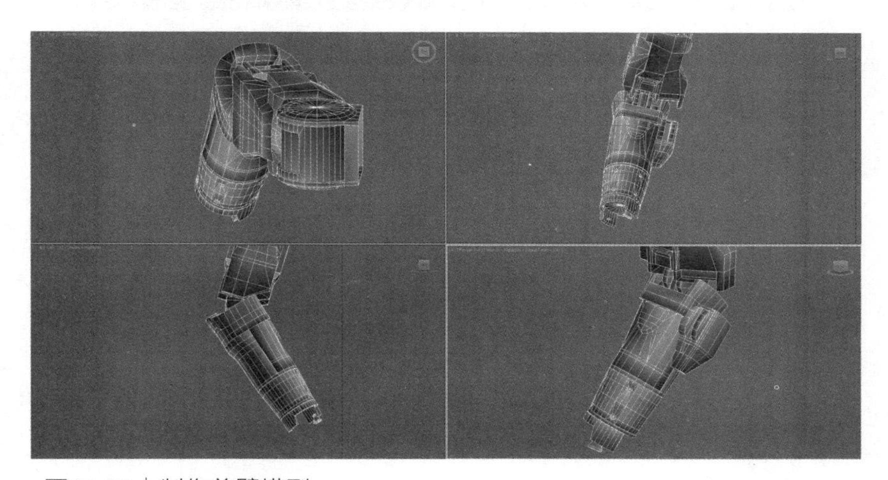

· 图10-32 | 制作前臂模型

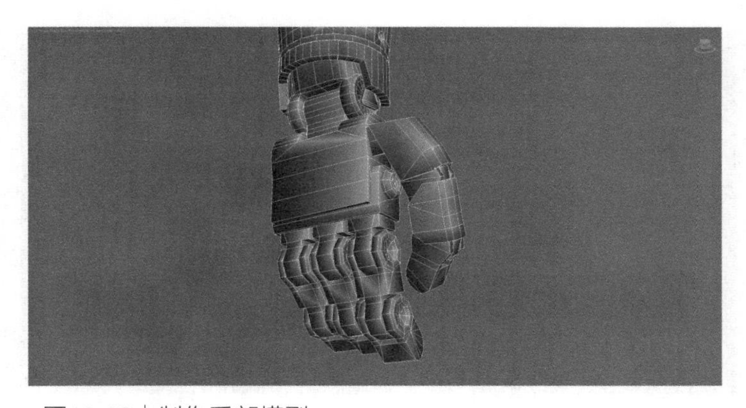

· 图10-33 | 制作手部模型

最后来制作下肢模型，仍然只需制作一侧的模型。首先制作大腿模型（见图10-34）。图10-35所示为大腿模型的背面结构。接下来制作大腿与小腿之间的连接结构，其实就是一个圆柱体模型（见图10-36）。最后制作小腿和足部模型（见图10-37、图10-38）。图10-39所示为小腿模型的背面结构。

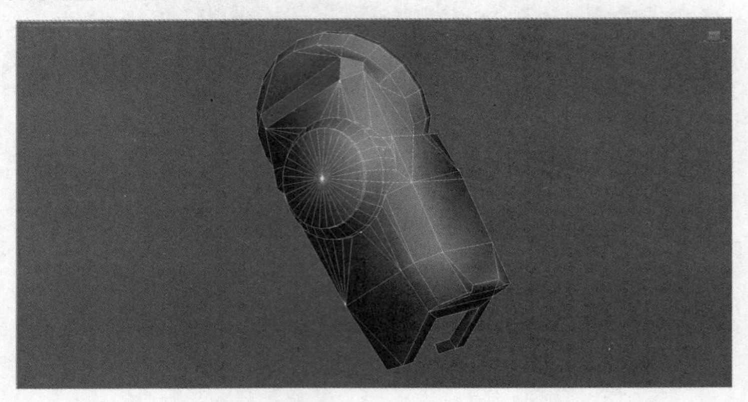

・图10-34｜制作大腿模型

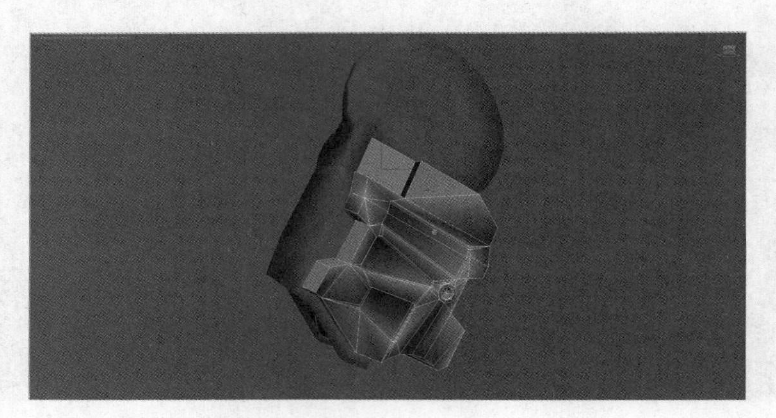

・图10-35｜大腿模型的背面结构

・图10-36｜制作连接结构

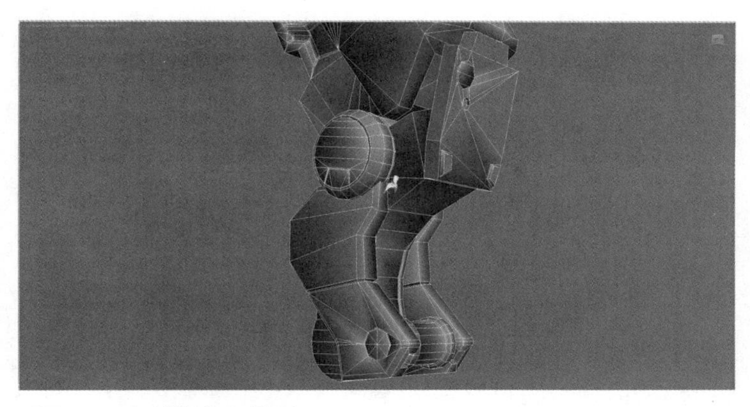

· 图10-37 | 制作小腿模型

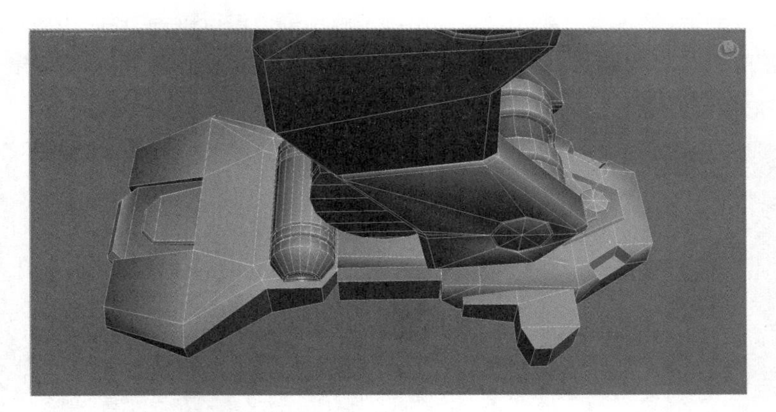

· 图10-38 | 制作足部模型

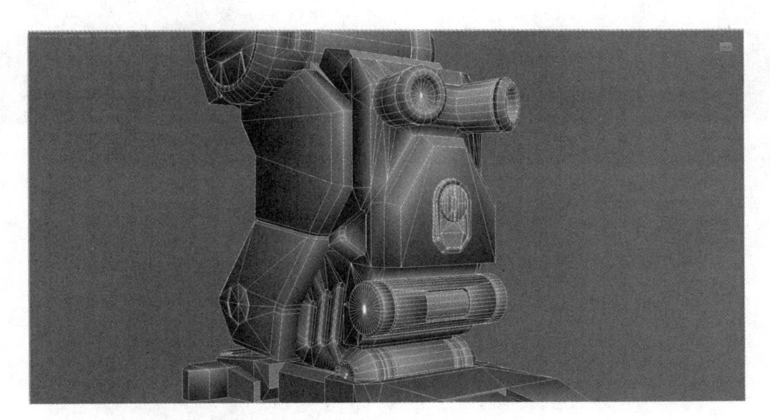

· 图10-39 | 小腿模型背面的结构

10.2.2 模型整合

下面将制作完成的所有模型进行整合。首先将制作完成的头部、躯干、上肢和下肢等模型相应摆放到视图中（见图10-40）。

· 图10-40 | 摆放制作完成的模型

接下来直接将头部模型、躯干模型与腰部、胯部模型进行拼装组合（见图10-41）。然后将上肢和下肢模型拼装到刚才组装完成的模型上（见图10-42）。最后镜像复制出另一侧的上肢和下肢模型（见图10-43）。

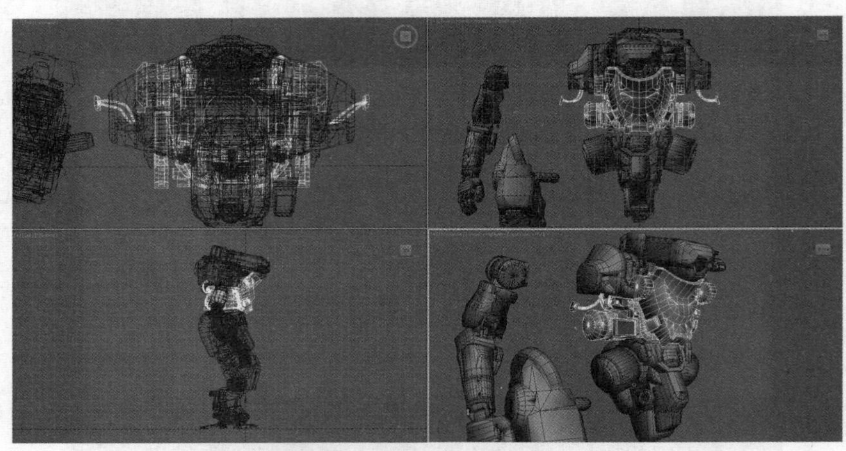

· 图10-41 | 拼装头部、躯干与腰部、胯部模型

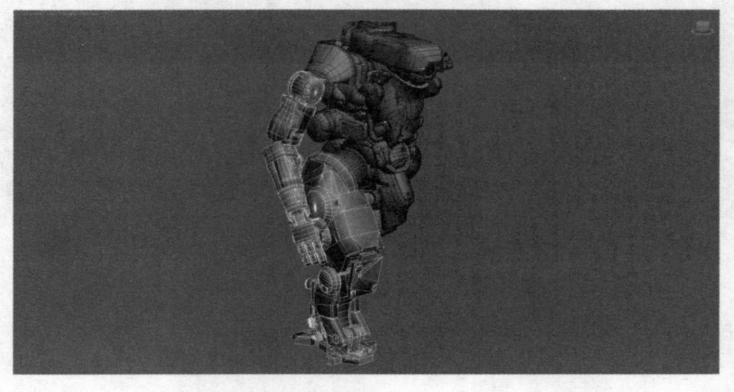

· 图10-42 | 拼装上肢和下肢模型

· 图10-43 | 镜像复制出另一侧的上肢和下肢模型

首先对不同部分的模型进行UV分展（见图10-44），然后为模型绘制并添加贴图，最后给制作完成的模型添加MeshSmooth修改器，将其制作为高精度模型。制作完成的模型效果如图10-45所示。

· 图10-44 | 模型UV分展

· 图10-45 | 制作完成的模型效果

高精度模型的制作实际上是一个十分复杂的过程，尤其是影视级别的高精度模型，其制作往往要花费数月。本章主要侧重于对机械类角色高精度模型的整体制作流程和关键技法进行讲解，让大家了解机械类角色模型及高精度模型的基本概念和制作方法。

10.3 | 项目总结

本章主要针对机械类角色模型进行实例制作，在实际的动漫游戏项目中，除了本章中的介绍还会有各种类型的机械类角色模型，大家需要根据不同项目的需求进行制作。下面针对本章内容做简单总结。

（1）要根据原画设定图中绘制的角色掌握其基本的外形特征。

（2）要对角色的不同部位和结构分别进行建模。

（3）建模时，要按照角色的结构特点来进行布线，要注意线面的转折关系。

（4）根据模型不同的部位和结构进行UV分展并设置相应的材质球，要能够表现材质的质感与细节。

（5）给制作完成的模型添加MeshSmooth修改器，将其制作为高精度模型。

10.4 | 项目拓展

在本章的项目拓展中要求制作一个科幻风格的人形机械角色模型。图10-46所示为该角色的原画设定图，同样可以按照头部、躯干、四肢和附属配件的结构顺序来进行制作。下面是制作的基本步骤。

（1）制作头部盔甲模型。

（2）制作躯干模型。

（3）制作肩甲模型。

（4）制作腰部和胯部模型。

（5）制作上肢和下肢模型。

（6）制作机械翅膀和武器模型。

（7）合理分展模型UV。

（8）为模型设置材质球，绘制并添加贴图。

· 图10-46 | 角色原画设定图